智能电网技术与装备丛书

智能配电网运行状态估计技术

State Estimation Techniques for Smart Distribution System Operation

严　正　徐潇源　孔祥瑞　李亦言　著

科学出版社

北　京

内 容 简 介

本书介绍同步相量测量技术在配电网中的应用，重点论述配电网状态估计与运行状态评估方法。全书分为三篇：第一篇介绍配电网量测环境分析与测量装置优化配置问题；第二篇阐述混合量测环境下配电网状态估计方法，包括传统的静态状态估计与动态状态估计，以及基于人工智能技术的状态估计；第三篇阐述配电网运行状态评估方法，涉及配电网的结构脆弱性分析、运行状态不确定性分析以及孤岛检测等方面。本书力求阐明配电网运行状态估计的本质和规律，简明、清晰地介绍各种分析方法，突出新的理论和技术在配电网运行状态估计问题中的应用。

本书可以作为电力系统及其自动化专业的研究生教材，也可供本专业本科高年级学生以及从事电力系统工作的科研和工程技术人员参考。

图书在版编目(CIP)数据

智能配电网运行状态估计技术=State Estimation Techniques for Smart Distribution System Operation / 严正等著. —北京：科学出版社，2021.5

(智能电网技术与装备丛书)

国家出版基金项目

ISBN 978-7-03-068775-3

Ⅰ. ①智… Ⅱ. ①严… Ⅲ. ①智能控制-配电系统-研究 Ⅳ. ①TM727

中国版本图书馆CIP数据核字(2021)第089353号

责任编辑：范运年 霍明亮 / 责任校对：王萌萌

责任印制：吴兆东 / 封面设计：蓝正设计

科学出版社 出版

北京东黄城根北街 16 号

邮政编码：100717

http://www.sciencep.com

北京中科印刷有限公司 印刷

科学出版社发行 各地新华书店经销

*

2021 年 5 月第 一 版 开本：720 × 1000 1/16

2023 年 1 月第二次印刷 印张：13

字数：260 000

定价：116.00 元

(如有印装质量问题，我社负责调换)

“智能电网技术与装备丛书”编委会

“智能电网技术与装备丛书”序

国家重点研发计划由原来的国家重点基础研究发展计划(973 计划)、国家高技术研究发展计划(863 计划)、国家科技支撑计划、国际科技合作与交流专项、产业技术研究与开发基金和公益性行业科研专项等整合而成，是针对事关国计民生的重大社会公益性研究的计划。国家重点研发计划事关产业核心竞争力，整体自主创新能力和国家安全的战略性、基础性、前瞻性重大科学问题，重大共性关键技术和产品，为我国国民经济和社会发展主要领域提供持续性的支撑和引领。

“智能电网技术与装备”重点专项是国家重点研发计划第一批启动的重点专项，是国家创新驱动发展战略的重要组成部分。该专项通过各项目的实施和研究，持续推动智能电网领域技术创新，支撑能源结构清洁化转型和能源消费革命。该专项从基础研究、重大共性关键技术研究到典型应用示范，全链条创新设计、一体化组织实施，实现智能电网关键装备国产化。

“十三五”期间，智能电网专项重点研究大规模可再生能源并网消纳、大电网柔性互联、大规模用户供需互动用电、多能源互补的分布式供能与微网等关键技术，并对智能电网涉及的大规模长寿命低成本储能、高压大功率电力电子器件、先进电工材料以及能源互联网理论等基础理论与材料等展开基础研究，专项还部署了部分重大示范工程。“十三五”期间专项任务部署中基础理论研究项目占 24%；共性关键技术项目占 54%；应用示范任务项目占 22%。

“智能电网技术与装备”重点专项实施总体进展顺利，突破了一批事关产业核心竞争力的重大共性关键技术，研发了一批具有整体自主创新能力的装备，形成了一批应用示范带动和世界领先的技术成果。预期通过专项实施，可显著提升我国智能电网技术和装备的水平。

基于加强推广专项成果的良好愿景，工业和信息化部产业发展促进中心与科学出版社联合以智能电网专项优秀科技成果为基础，组织出版“智能电网技术与装备丛书”，丛书为承担重点专项的各位专家和工作人员提供一个展示的平台。出版著作是一个非常艰苦的过程，耗人、耗时，通常是几年磨一剑，在此感谢承担“智能电网技术与装备丛书”重点专项的所有参与人员和为丛书出版做出贡献的作者和工作人员。我们期望将这套丛书做成智能电网领域权威的出版物！

我相信这套丛书的出版，将是我国智能电网领域技术发展的重要标志，不仅可供更多的电力行业从业人员学习和借鉴，也能促使更多的读者了解我国智能电网技术的发展和成就，共同推动我国智能电网领域的进步和发展。

刘建明

2019年8月30日

前　言

随着分布式电源大规模接入，电动汽车充电负荷快速增长，电网与用户供需互动日益频繁，配电网出现源荷智能化、网络电力电子化等新特征，配电网的源荷呈现出常态化的随机性和间歇性，另外还有潜在的微网、孤岛等运行形态，均对配电网的运行状态准确感知提出了挑战。同步相量测量技术的发展和应用为保障新形势下配电网的安全可靠运行提供了新的方法与手段。本书以部署了同步相量测量装置的配电网为研究对象，在分析配电网量测环境与测量装置优化配置的基础上，提出混合量测环境下的配电网状态估计及运行状态评估方法。

本书由绪论和三篇组成。绪论综述配电网同步相量测量技术、配电网状态估计和配电网运行状态评估研究现状，并介绍本书研究的主要内容。

第一篇为第2～4章，研究配电网量测环境分析与测量装置优化配置问题。第2章从源荷电力电子化、配电网运行特点等方面论述同步相量测量装置在配电网中应用的必要性，综述同步相量测量装置在混合量测环境下的配电网状态估计、高频动态状态估计、预测辅助的状态估计、参数辨识及虚假数据攻击等方面的应用现状。第3章探讨配电网PMU优化配置问题，以提高测量装置配置经济性、状态估计精度、监测节点电压越限情况等为目标，介绍基于单目标优化以及多目标优化的PMU配置方法。第4章介绍配电网状态估计的灵敏度分析方法，重点阐述全局灵敏度分析理论与方法，并用于辨识影响状态估计精度的关键量测不确定性因素及其位置，并建立基于不确定性因素重要性排序的测量装置优化配置方法，以提高配电网状态估计的精度。

第二篇为第5～7章，研究混合量测环境下配电网状态估计方法。第5章分析混合量测环境下的配电网静态状态估计问题，建立交直流混合配电网的三阶段状态估计模型，并阐述基于拉格朗日松弛法及交替方向乘子法的静态状态估计求解方法。第6章介绍配电网动态状态估计方法，构建基于扩展卡尔曼滤波与配电网潮流计算的快速动态状态估计架构，并引入CPU+GPU异构并行加速策略，以实现对大规模状态估计问题的快速求解，以及对配电网运行状态的准确快速跟踪。第7章引入深度学习理论，介绍数据驱动的非完全实时可观配电网状态估计方法，生成对抗网络和营销数据是生成大量节点注入功率样本的两种途径。用于离线训练状态估计器，并介绍基于深度神经网络的配电网状态估计方法，仅采用少量的实时量测即可准确估计配电网状态。

第三篇为第8～10章，研究配电网运行状态评估方法。第8章分析源荷中的不确定性因素对配电网运行状态的影响，主要以概率潮流计算及全局灵敏度分析为手段，针对传统配电网及处于孤岛运行模式的微电网，分析随机性源荷对潮流分布的影响。第 9 章从拓扑层面研究配电网运行的鲁棒性，阐述考虑网络变结构特性的配电网供电能力评估方法，并分析事故后配电网自愈形式及能力，为配电网故障后的自愈能力评估提供了有效参照。第 10 章研究分布式电源渗透率持续上升背景下的具有高识别精度的孤岛检测问题，基于同步相量测量装置的高密采样量测，介绍基于深度学习的孤岛与扰动检测方法。

本书部分研究工作先后得到了国家重点研发计划(2017YFB0902800)的资助，特此致谢。本书是我们近年来科学研究工作的总结，部分内容取材于本课题组所培养的博士王晗，硕士孟雨田、马骏宇、赵小波、何琨、王澍的学术论文或学位论文。本课题组的陈嘉梁协助校对了本书的初稿。上海交通大学电气工程系和国家能源智能电网(上海)研发中心为本书的撰写提供了良好的条件，在此一并表示感谢。

希望本书能够起到抛砖引玉的作用，能为能源系统研究人员提供一些参考，推动我国配电网运行技术水平的发展。尽管在本书的撰写过程中已经对结构脉络、体系安排、素材选择和文字描述方面竭尽全力、精益求精，但囿于作者水平，书中难免存在不足之处，真诚期待读者批评和指正。

作　者

2021 年 1 月于上海交通大学

目　录

第三篇　配电网运行状态评估方法

第1章 绪 论

1.1 配电网及同步相量测量技术发展现状

由于能源和环境的双重约束，我国在大力发展分布式电源、电动汽车充换电设施及需求响应资源。在这样的目标背景下，配电网也将发生重大变革：大规模分布式电源接入配电网，电动汽车充电负荷快速增长，电网与用户供需互动日益频繁，使配电网出现源荷智能化、网络电力电子化等新特征，配电网的源、网、荷具有更强的时空不确定性，呈现出常态化的随机波动性和间歇性。另外，还有潜在的微网、孤岛等运行形态。图 1-1 展示了新形势下配电网的运行特点。

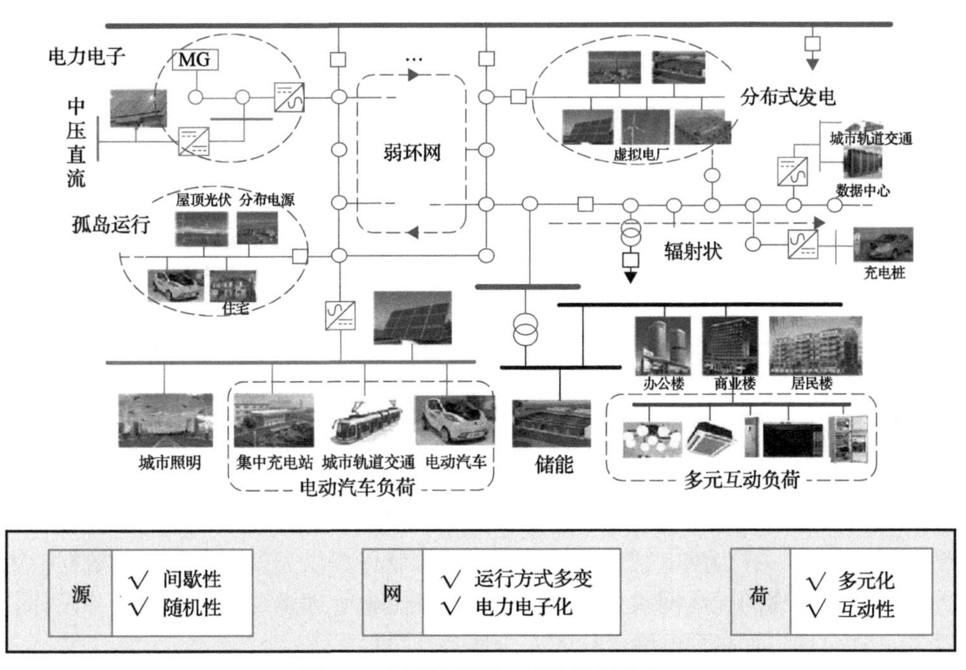

图 1-1 新形势下配电网的运行特点

这一系列新形势将给配电网的发展带来挑战：大规模分布式电源、电动汽车接入及用户与电网供需互动，极大地增加了配电系统的复杂程度与管控难度。在配电网层面新能源随机性的影响显著，动态负荷波动的无序性特征明显，源荷具有更强的时空不确定性，给配电网安全可靠运行带来巨大挑战。从感知角度而言，系统运行状态难以准确快速刻画；同时，源-网-荷运行特征更加复杂，安全运行难以准确描述。从控制角度来说，准确性差，缺乏主动控制能力。对配电网的准确感知是实现合理优化控制的前提条件。

配电网运行状态是指在一定时间与空间尺度下，由系统和设备运行状况、环境、市场及主体行为等因素所构成的系统状态。配电网运行状态感知则是基于广域量测系统及多种数据库，采用数据挖掘、动态状态辨识、运行状态分析、可视化等技术，实现配电系统运行关键动态数据的测量、处理和分析，达到对主要运行行为的测量、辨识和显示，实现对当前配电网运行状态的获取和理解。

传统配电网的量测体系主要基于监控与数据采集(supervisory control and data acquisition，SCADA)系统。SCADA 数据不具有统一时标，因此在源荷动态特性明显的配电网中，其量测数据的同步性与准确性无法得到保障，难以准确地获取新形势下的配电网运行状态。同步相量测量装置(phasor measurement unit，PMU)基于全球定位系统(global positioning system，GPS)，能够赋予系统内全局量测数据统一的时标，同时能够直接测量配电网中的相量信息，使量测数据同步性与准确性均能够得到保障。由于前期受限于投资成本，PMU 装置的相关研究与应用主要集中在输电网层面；微型化、低成本同步相量测量技术的发展和应用，为保障新形势下配电网的安全可靠运行提供了重要的新方法、新手段。

如何以适应配电网需求的 PMU 技术为基础，研究下一代配电网自动化系统关键支撑技术，保障配电网安全可靠运行，已经成为能源及电力系统领域的重大科学命题。因此，本书将针对大量分布式新能源接入、强波动源荷场景下的配电网，挖掘 PMU 量测特点及应用优势，对配电网安全运行状态的快速、准确感知问题进行深入研究。

1.2　配电网状态估计研究现状

配电网状态估计作为配电管理系统的重要组成部分，其主要功能是利用系统量测数据，根据最佳估计准则排除偶然的错误信息和少量不良数据，估计或预报系统运行状态，并为配电管理系统的高级应用软件提供完整可靠的实时数据。因此，高效、可靠的配电网状态估计有利于保证配电管理系统的正常工作并发挥其功能，从而最终提高配电网运行的安全性和经济性。

目前，在高压输电网调度控制方面，状态估计方法已进行了深入研究和广泛应用。但与输电网相比，配电网存在众多不同的特点。例如，①配电网结构复杂，点多面广；②三相线路不对称，分支多且线路阻抗比值较大；③存在大量单相和两相负荷，三相负荷不平衡；④配电网测量装置少，实时量测数据不足，存在大量负荷功率伪量测等。因此，现有的输电网状态估计方法不能直接应用于配电网。另外，现有的配电网状态估计方法主要通过负荷历史数据估计或预测的负荷功率伪量测来改善系统的可观测性，其状态估计性能和结果精度难以满足新形势下配电调度系统的需求。因此，深入研究适合配电网自身特点的三相状态估计方法势在必行，这具有重要的研究价值和现实意义。

配电网状态估计是在给定配电网结构的条件下，利用量测数据的冗余度来提高系统实时信息的可靠性与完整性，估计或预报系统的实时运行状态。配电网状态估计可直接利用的实时量测数据主要是节点电压幅值、支路电流幅值和少量的功率量测，而且在配电网状态估计研究初期受配电网自动化水平低的影响，通常无法采集到负荷节点功率量测。为了有效地利用冗余的量测数据，配电网状态估计需要综合考虑配电网模型和系统量测量特征，建立相应的量测方程来处理各种不同类型的量测量，保证状态估计结果的准确性。因此，配电网状态估计问题的重难点是如何根据配电网模型和量测配置特点，建立相应的量测方程，并按照最佳估计准则快速、准确地获得最佳估计值。

1. 网络模型

我国配电网接线方式主要有三相三线制和含中性线的三相四线制两种方式。针对配电网三相不平衡问题，国内外文献现已深入地研究了两种配电网的三相模型，其中，配电网三相潮流模型的研究文献较多，配电网三相状态估计方法研究则相对较少，且主要侧重于研究三相三线制配电网状态估计。目前，直接研究三相三线制和三相四线制混合系统的状态估计方法的文献十分少见，而这种结构在我国电力系统中则十分常见，如10kV/380V电网等。

2. 负荷模型

配电网状态估计中使用的量测数据包括实时量测、虚拟量测和伪量测。实时量测是由SCADA或PMU实时采集变电站和关键负荷节点的量测量，具体包括电压幅值、电流幅值、节点注入功率、支路功率量测等；虚拟量测是无须测量装置即可得到且能保证总是正确的数据，如配电网中联络节点的零注入功率；伪量测(pseudo measurement)则是根据经验或历史数据人工增加且实际上不存在的量测，其精度较低。实用中，对于没有配置测量装置的负荷节点，为满足系统可观测性经常要求根据经验或历史数据(如通过营销系统获得的滞后数据)人工增加注入功率量测。

在配电网自动化水平较低时，同时兼顾经济性和实际可行性，配电网实时量测配置较少，一般只是在配电网变电站和部分关键节点配有测量装置，所以系统实时量测数据不足，特别是大量负荷节点无法获得功率量测。为了使量测系统具有足够的冗余度，保证系统的可观测性和提高状态估计精度，在配电网状态估计中需要解决的关键问题是如何处理系统量测，特别是负荷功率伪量测。

3. 配变电源节点状态估计模型

在配电网状态估计中，由于配电网结构复杂且规模庞大、实时量测信息少，以及各条馈线除了变电站根节点外无电气联系，现有研究文献一般是把变电站节点作为根节点对各条馈线分别进行状态估计。

在正常情况下，配电 SCADA 系统能够及时地获得变电站节点的实时量测信息，包含三相节点电压幅值、三相支路功率和三相支路电流幅值量测。在配电网三相潮流计算过程中一般是将变电站节点或馈线根节点处理为平衡节点，假设三相电压对称且已知，在潮流计算过程中选取变电站节点电压作为相位参考而不参与迭代计算。在配电网三相状态估计中，现有文献对变电站节点的处理方法类似于三相潮流计算中的处理方法，认为变电站电源节点的实时量测信息精度较高，都假设变电站高压侧节点的三相电压对称且已知，在状态估计求解过程中不参与迭代计算。

4. 配电网状态估计算法

电力系统状态估计算法就是根据状态估计的量测方程和系统所有量测量，按照最佳估计准则获取系统最优状态估计值的计算方法。根据状态变量的选取不同，配电网状态估计算法可以分为以节点电压为状态变量、以支路电流为状态变量和以支路功率为状态变量的方法。同时随着新理论技术的发展，也出现了其他新的配电网状态估计方法。

(1) 以节点电压为状态变量：该类方法将节点电压作为状态变量，可以说是广义的潮流计算方法，通过建立雅可比矩阵，迭代求解目标函数。基于最小二乘法类算法的状态估计模型简单，计算效率较高，保证了有效性、无偏性、一致性和稳健性，能适应多种类型的网络及量测。但是由于雅可比矩阵在每次迭代中都要重新计算且不对称，导致计算量大、计算时间长。因此后续研究引入了量测变换技术，将电压、电流幅值和功率量测等效变换成节点注入电流相量量测，从而实现量测雅可比矩阵常数化。但是，利用量测变换得到的等效量测并非真实量测，而且电压电流幅值量测权重与电压电流相量量测权重的变换过程并不等价，也将影响状态估计效果。

(2) 以支路电流为状态变量：该类方法以支路电流相量为状态变量，利用量测变换方法将负荷功率量测和支路功率量测等效转换为相应的负荷电流相量量测和支路电流相量量测。但该方法难以处理电压幅值量测，对于存在大量电压幅值和支路电流幅值量测的情况，该方法估计效果较差。

(3) 以支路功率为状态变量：与基于等效支路电流量测变换的思想类似，这类方法利用量测变换技术，将节点注入功率转换为等效支路功率量测，得到三相解耦的雅可比常数阵，因此，该方法能够有效地处理大量的功率量测，且不要求有功和无功成对出现。但是这类方法最早提出时只适用于仅有实时功率量测的系统，且没有给出电压和电流幅值量测的处理方法。

现代配电网节点数多、规模大，对快速配电网动态状态估计而言，计算结果的时效性非常重要，因此对于快速动态状态估计的计算时间有着严格的要求。目前，单核中央处理器(central processing unit，CPU)的频率已经超过了3GHz，目前主频的提升空间已经不大，因此现代的动态状态估计算法需要引入并行算法发挥现代计算机架构的多核CPU与图形处理器(graphics processing unit，GPU)的运算能力，缩短状态估计时间。

相对于串行计算，并行计算可以划分为时间并行和空间并行。时间并行指的是流水线并行，空间并行包括指令并行、数据并行和线程并行。时间并行指流水线技术，让多个处理过程在时间上相互错开，轮流重叠地使用同一套硬件设备的各个部分，以加快硬件周转而赢得速度。空间并行则导致两类并行机的产生，分为单指令流多数据流(single instruction multiple data，SIMD)和多指令流多数据流(multiple instruction multiple data，MIMD)，常用的串行机也称为单指令流单数据流(single instruction single data，SISD)。MIMD类的机器又可分为常见的5类：并行相量处理机(parallel vector processor，PVP)、对称多处理机(symmetrical multi processor，SMP)、大规模并行处理机(massively parallel processor，MPP)、工作站机群(cluster of workstations，COW)、分布式共享存储处理机(distributed shared memory，DSM)。随着GPU及相应接口的出现，大型电力系统的状态估计有了新的方法。对于节点数众多而支路数和节点数接近的配电网，其导纳矩阵是稀疏的，为基于CPU+GPU的异构并行计算提供了良好的条件。

综上所述，现有的配电网状态估计方法在模型方面，主要存在的问题是未能综合考虑网络结构特点和各种量测类型及特征；在算法方面亟须解决的难题是物理量量测利用或变换、量测权重分配或权值函数的选取等问题；在计算机程序设计方面需要利用并行计算/分布式计算进行加速，提高状态估计的计算效率。随着配电网的发展和系统规模的扩大，配电网的运行状态更加复杂，对配电网状态估计方法也提出了更高要求，因此迫切要求进一步完善和创新。

1.3　配电网运行状态评估研究现状

当前阶段，国内外对配电网运行状态评估的研究主要聚焦于配电网运行的安全性、可靠性以及经济性等。文献[1]和[2]对主动配电网运行状态的各项状态指标进行了分析研究，构建了综合评估指标体系与方法；文献[3]和[4]将安全域方法应用于配电系统，建立了基于N–1安全性准则的配电网安全域的概念和模型，并基于安全域提出配电网安全高效运行的新模式。

配电网安全性是指当互联系统正常运行过程中发生事故或故障时，保证能够对负荷持续供电的能力，其涉及配电系统的运行现状及潜在的突发故障。配电系统静态安全分析主要包括事故筛选、预想故障分析及相应的安全控制，其中前两项工作是安全分析的基础，其具体的研究流程通常是在事故后果严重程度指标的基础上进行的。由于配电网相对输电网而言有着相对更低的电压等级，相对较轻的负荷水平及相对较少的动态元件，一般认为配电系统中显著的暂态过程并不普遍存在[5]。并且配电网通常具有闭环设计、开环运行的特点，这样的特征决定了配电系统的安全分析主要指静态安全分析，且不能完全照搬输电系统的安全性准则与分析控制手段。输电网安全供电分析中，评估事故严重程度的指标及其应用已经非常成熟。而对配电网安全分析的研究则在近些年才逐步引起关注；并且在分布式新能源、互动负荷及交直流混合配电网的发展趋势下，配电网形态也发生了诸多改变，对配电网安全分析的研究也在持续改进、深化过程当中。

随着配电网中不确定性因素的增加，配电网的运行风险不断提升，近年来国内外学者基于风险理论对电网的安全运行分析展开了众多研究，通过引入风险指标，能够对配电网安全性作出细致的评估，取得了较好的效果，但研究重点多集中于输电网络。文献[6]提出了相对完备的配电网安全运行风险评价方法。风险理论在配电网安全运行分析的应用中，多数风险因子基于给定的分布开展相关研究，但一些实证研究表明复杂场景下遵循给定分布的假设是不合理的。针对这一问题，文献[7]基于对正态分布偏度的考虑，提出了基于偏度 VaR 法的购电组合优化策略。但是 VaR 法缺乏次可加性，同时其对尾部损失的测量也并不充分[8, 9]。除此之外，常规的风险评估方法对极端事件发生的可能性估计不足，主要包括两方面：一是对风险分布的尾部认识模糊；二是未能做到对极端风险的科学识别和评估[10]。总体上讲，配电网中对处于尾部分布的极端事件所带来的损失评估问题尚未得到很好的解决。

随着分布式新能源在配电系统中的渗透率逐步提升，配电网接入分布式新能源后的运行、结构也将出现新的特征，对事故后的自愈能力展开评估能够为后续的故障恢复等相关控制措施提供有意义的指导与参考。文献[11]介绍了智能电网自愈的基本概念、配电网自愈功能及相关技术，提出了评价配电网自愈能力的指标体系，分别选取了电网供电恢复速度和恢复负荷比例作为自愈速度指标与自愈率指标，对系统故障时刻自愈能力进行了评估。文献[12]计及负荷与分布式电源的波动性，补充了对故障操作复杂度的衡量，开展了对配电网故障后的自愈能力评估。

综上所述，目前国内外已在配电网的安全、可靠、经济运行方面开展了一定的研究，同时逐步聚焦分布式新能源、互动负荷等趋势下的配电网安全分析研究，在此基础上对配电网安全分析的研究也在持续推进当中。然而当前国内外尚未形成对配电网运行状态的总体客观评估，对 PMU 装置部署后量测环境变化对配电网安全分析的增量价值也缺乏相应的深入研究，对发生突发状况后的配电网分区独立供电能力尚未进行深入研究，且配电网中某些分布式电源的可控性较差，储能设备、可控负载也需要统一的控制。故而为了能够充分地发挥配电网的调控能力，并为协调优化控制等高级应用提供相应的技术理论支撑，对诸多新形势下配电网的安全运行进行整体详尽的分析评估势在必行。

参考文献

[1] 张心洁, 葛少云, 刘洪, 等. 智能配电网综合评估体系与方法[J]. 电网技术, 2014, 38(1): 40-46.

[2] 冯新龙, 孙岩, 林声宏, 等. 配电网综合评价指标体系及评估方法[J]. 广东电力, 2013, 26(11): 20-25.

[3] 肖峻, 贺琪博, 苏步芸. 基于安全域的智能配电网安全高效运行模式[J]. 电力系统自动化, 2014, 38(19): 52-60.

[4] 肖峻, 谷文卓, 王成山. 面向智能配电系统的安全域模型[J]. 电力系统自动化, 2013, 37(8): 14-19.

[5] 郭志忠, 刘伟. 配电网安全性指标的研究[J]. 中国电机工程学报, 2003, 23(8): 85-90.

[6] 刘若溪. 基于风险理论的配电网静态安全性评估指标研究[J]. 电力系统保护与控制, 2011, 39(15): 89-95.

[7] 陈彦州, 赵俊华, 文福拴, 等. 偏度风险价值下供电公司/电力零售公司动态购电组合策略[J]. 电力系统自动化, 2011, 35(6): 25-29.

[8] 刘皓明, 韩蜜蜜, 侯云鹤, 等. 供电公司多能量市场最优购电组合的加权 CVaR 模型[J]. 电网技术, 2010, 34(9): 133-138.

[9] Alexander S, Coleman T F, Li Y. Minimizing CVaR and VaR for a portfolio of derivatives[J]. Journal of Banking and Finance, 2006, 30(2): 583-605.

[10] 黄志凌. 商业银行压力测试[M]. 北京: 中国金融出版社, 2010: 1-15, 33-36.

[11] 李天友, 徐丙垠. 智能配电网自愈功能与评价指标[J]. 电力系统保护与控制, 2010, 38(22): 105-108.

[12] 李振坤, 赵向阳, 朱兰, 等. 智能配电网故障后自愈能力评估[J]. 电网技术, 2018.

第一篇

配电网量测环境分析与测量装置优化配置问题

第 2 章　配电网混合量测环境特性分析

本章论述配电网量测环境与数据特性，在此基础上分析 PMU 装置功能及其在配电网中的应用，探讨混合量测数据的融合方式及配电网状态估计的可观性问题，为全书内容厘清量测数据基础与研究重点。

2.1　考虑同步相量量测的配电网量测环境分析

2.1.1　同步相量量测数据特点

PMU 装置的量测特点主要包括以下方面。

(1) 量测数据包含相角信息。在 PMU 配置于配电网之前，SCADA 等已有的量测手段仅能够获取配电网节点电压与支路电流幅值，而 PMU 装置在准确测量上述电气量幅值信息的同时，还能够测量配电网中电压与电流的同步相量信息。

(2) 量测信息实时性强。PMU 量测数据的同步授时精度能够达到 1μs 甚至更高的水平。

(3) 量测精度高。PMU 量测数据的精度高。

(4) 采样频率高。PMU 装置采样频率高，采样频率为 200～160000Hz，能够获取高密量测数据。

2.1.2　配电网量测环境特性

配电网的量测环境包括：PMU 量测、SCADA 量测与高级量测体系(advanced metering infrastructure，AMI)，主要分布在配电系统变电站的连接开关及关键节点上，SCADA 量测往往能够实现对全网络的覆盖，AMI 量测则通常面向用户侧负荷进行状态信息测量。三种量测数据的具体比较见表 2-1，能够看出三者在各方面均存在差异。

表 2-1　配电网测量体系比较

测量方法	PMU 量测	SCADA 量测	AMI 量测
数据成分	电压相量、电流相量	节点电压幅值、支路电流幅值、节点注入功率、支路功率	用户信息、节点电压幅值、支路电流幅值、节点注入功率、支路功率
数据精度	0.05 级	2 级	0.5 级
时标	有	无	有
时延	小	较大	大
刷新频率	10ms	2s	15min
拓扑信息	无	有	有

2.2 同步相量测量装置功能及在配电网中的应用

2.2.1 同步相量测量装置研究现状

同步相量测量装置能够实现以 3000Hz 以上的采样频率对电网运行过程中的电流、电压等相量信息进行测量采集，并通过计算获得测点的功率、相位、功角等信息。PMU 装置经由 GPS 中的同步时间信号授时，保障了整个系统状态量的同时性，实现电网运行信息的实时同步监测。

PMU 已广泛地应用于输电系统，但在配电系统中面临以下问题[1, 2]：①与主网相比，配电网覆盖范围广，分支众多，PMU 的设备成本必须大幅降低；②配电系统线路两端电压相位差精度受馈线线路长度的限制必须小于 0.1°，这是输电系统测量误差的十分之一或几十分之一；③配电网运行环境复杂，负荷变化很大，同时电力电子化的趋势明确，易受到潜在的噪声和谐波的严重影响，电压相量的计算比输电网更加困难；④配电网中 PMU 装置与通信系统的结合是 PMU 装置在配电网中规模化部署的关键。

现阶段，国内外同步相量测量技术相关研究工作正逐步接近能够满足配电网中实时测量、感知及控制等要求。同步相量测量装置需进一步降低经济成本，提高采样频率及测量精度，才能够强化并发挥其适用于配电网系统中的实际价值与作用，从而规模化部署在配电系统中，提升配电系统实时测量与感知能力。

2.2.2 同步相量测量技术在配电网状态估计中的应用

配电系统中分布式电源、互动负荷等日益增长，动态源荷呈现出常态化的间歇性和不确定性，极大地增加了配电网运行的复杂性。其一，电力电子化源荷为配电系统运行带来了形态多样的强噪声信号，常规配电网测量手段难以精确地提取故障特征。其二，配电网具有孤岛运行惯量低，动态过程时间尺度小，变换器间相互作用强等运行特点，常规测量装置与状态估计方法难以准确地刻画动态过程全貌。其三，配电系统中信息监测盲点多，功率振荡抑制、合环控制及源荷协调难度大。

实现对配电网运行状态的准确、全面掌握，是进行快速决策、正确控制、高效优化的前提条件。同步相量测量装置在采样频率与测量精度方面均优于配电网现阶段已有的常规测量手段，并且可以测量系统中的相量信息。规模化部署同步相量测量装置，能够提高对配电网的测量、感知与控制能力，这在配电网发展建设过程中具有很强的实际工程价值。同步相量测量技术在配电网状态估计中具有广泛的应用前景。

1. 基于同步相量量测的参数辨识

针对配电系统辐射状分布的网架特点，近些年有研究者提出了基于支路潮流的配电系统状态估计。除此之外，系统中网络参数的不确定性也是配电系统建模过程中常常面临的问题，不少研究中将不确定的网络参数作为状态量引入状态估计模型中。有研究采用不同时段 SCADA 的功率和电压幅值量测信息，解决配电系统参数估计问题。然而单独利用线路两端 SCADA 量测信息，难以对线路参数进行有效估计；当线路传输功率相对较大时，基于 PMU 数据或 PMU 与 SCADA 的混合量测数据，可以对系统中长线路的阻抗和对地导纳参数进行有效估计。

2. 混合量测环境下的配电网状态估计

配电网现阶段的测量装置主要包括 SCADA、智能表计等，PMU 装置受限于造价成本较高的问题，短期内难以全面替代常规测量，因此在配电网运行中存在混合测量环境。在配电网混合测量环境下，针对 PMU 装置的优化布点能够在保证电网可观前提下进一步地降低经济成本。

现阶段关于混合测量环境下的配电网状态估计已取得的成果包括：在配电网状态估计中引入 PMU 量测数据从而提升状态估计精度[3]；基于 SCADA 与 PMU 数据的差异性研究，能够应用于混合量测状态估计的数据处理方法[4]；采用分段曲线拟合方法在 PMU 上传时刻对 SCADA 数据空缺进行填补，并构建多时间尺度混合量测预处理数据集，能够应用于多时间尺度下的配电网状态估计。

3. 高频动态状态估计

随着强间歇性、不确定性动态源荷的持续化渗透，对配电网运行中快速变化状态信息进行准确把握的难度也在日益增加。基于远程终端单元（remote terminal unit，RTU）、PMU 及 AMI 等多种量测手段的主动配电网混合状态估计方法[5]包含了线性静态状态估计、非线性静态状态估计及线性动态状态估计三种状态估计方式。其中线性动态状态估计充分地利用了 PMU 高采样频率的量测优势，有效地缩短了动态状态估计的启动周期，可以实现节点注入功率的实时跟踪，使得节点注入的有功、无功功率在下一个非线性静态状态估计周期内尽可能地与实际状态一致，为系统非线性静态状态估计补充了准确的虚拟量测，缩短了非线性静态状态估计计算周期，并使得多种量测数据之间互为初值，互相校验，不仅实现了非线性静态状态估计精度的提升，同时提高了预测配电网运行态势的能力。

4. 预测辅助的动态状态估计

超短期负荷预测基于高密历史数据对未来 5min 至若干小时的负荷进行预测，

能够实现对电网短期状态的实时跟踪。PMU 高密采样量测特点能够为超短期负荷预测提供相比常规量测手段更充分的基础数据[6, 7]，为动态状态估计中的预测步提供高精度的状态预测数据，预测值再经由卡尔曼滤波等方法进行滤波修正，最终实现校正后系统状态的输出。

5. *虚假数据攻击*

电力系统信息化的深化与发展推动了信息网络与物理网络的融合，随之而来的信息物理安全问题也受到了广泛关注。电网在数字化与网络化的过程中，同样面临受到网络攻击而产生大量量测坏数据影响电网安全运行的威胁[8]。状态估计是坏数据检测与辨识的重要方法。PMU 同步性的量测特点使得攻击者难以向 PMU 量测中注入虚假数据。基于这样的量测优势，利用 PMU 量测数据校验基于 RTU 量测数据的状态估计值是一种较好的保护策略[9]。在电网脆弱节点上配置受保护的 PMU 装置，通过提高攻击者攻击成本的思路对电网对抗虚假数据攻击的能力进行提升[10]，从而提高电力系统抵抗虚假数据攻击的能力。

综上，PMU 在配电网运行状态感知中应用待解决的主要问题包括：PMU 装置的优化布点、PMU 数据与 SCADA 数据融合，在配电网运行状态感知中充分地发挥 PMU 量测优势。

2.3　基于数据差异的混合量测数据融合

在配电网中，PMU 量测数据与 SCADA 量测数据存在较大差异，难以直接进行状态估计，主要的数据差异包括量测精度的差异、数据同步性的差异等[11]，本节重点考虑精度和同步性的差异性，讨论混合数据的融合方式。

不同类型量测数据的精度存在差异，合理分配各个量测的权重能够提高状态估计精度。一般选取各个量测量的方差倒数作为权重值。

考虑到量测信息同步性的差异，量测精度可用式(2-1)表示：

$$\varepsilon = \varepsilon_{\mathrm{m}} + \varepsilon_{\mathrm{t}} \tag{2-1}$$

式中，ε 为量测信息整体误差；ε_{m} 和 ε_{t} 分别为测量装置的测量误差和时间同步性引起的误差，即时延误差。

ε_{t} 被定义为

$$\varepsilon_{\mathrm{t}} = kt_{\mathrm{d}} \tag{2-2}$$

式中，k 和 t_{d} 分别为变化率系数和量测时延。

测量误差通常已知。针对时延误差，由于 PMU 量测与 AMI 量测都带有统一时标，重点考察 SCADA 量测，其时延服从式(2-3)表示的概率密度：

$$f(t_{\mathrm{d}})=\frac{1}{\sigma_i\sqrt{2\pi}}\mathrm{e}^{-(t_{\mathrm{d}}-t)^2/(2\sigma_i)^2} \tag{2-3}$$

式中，t 为标准时刻；σ_i 为 t_{d} 的标准差。

进一步，整体量测误差可以表示为

$$E[\varepsilon\varepsilon]^{\mathrm{T}}=E[\varepsilon_{\mathrm{m}}\varepsilon_{\mathrm{m}}]^{\mathrm{T}}+E[\varepsilon_{\mathrm{t}}\varepsilon_{\mathrm{t}}]^{\mathrm{T}}=E[\varepsilon_{\mathrm{m}}\varepsilon_{\mathrm{m}}]^{\mathrm{T}}+k^2E[t_{\mathrm{d}}t_{\mathrm{d}}]^{\mathrm{T}} \tag{2-4}$$

式中，$E[\varepsilon_{\mathrm{m}}\varepsilon_{\mathrm{m}}]^{\mathrm{T}}$、$k^2E[t_{\mathrm{d}}t_{\mathrm{d}}]^{\mathrm{T}}$ 分别表示测量误差方差 σ_{m}^2 与同步性误差方差 σ_{t}^2，测量误差方差与同步性误差方差可以基于事先的实验统计方式获得。对应的权重矩阵可以表示为

$$\boldsymbol{R}^{-1}=\frac{1}{E[\varepsilon\varepsilon]^{\mathrm{T}}} \tag{2-5}$$

PMU 量测的精度高于 SCADA，应给予其更大的权重幅值。

2.4　配电网状态估计的可观测性

可观测性分析方法分为拓扑分析法[12, 13]、数值分析法[14, 15]和拓扑-数值混合分析法[16, 17]。

拓扑分析法将配电网看成一棵树，基于支路功率和节点注入功率等量测数据对其进行分析，根据分析结果判断其可观测性或最大可观测范围。这类方法综合考虑整个配电网的量测配置情况，以构造最大满秩树，在构造满秩树的过程中若发现系统不可观测，可以快速划分最大可观测岛。该方法的优点是可以独立于状态估计的求解过程，计算时间较短，且避免了数值计算的舍入误差。缺点是需要知道变压器分接头位置，若系统变压器分接头位置未知，无法使用该方法分析可观测性。

数值分析法称为增益矩阵的三角分解法，通过判断雅可比矩阵是否满秩或者增益矩阵是否奇异来确定系统的可观测性。如果雅可比矩阵是列满秩，或者增益矩阵的主对角线元素不为 0，则说明系统满足可观测性。该方法无须知道变压器分接头位置，且可以和状态估计的求解过程结合。缺点是需要进行大量数值计算，计算速度较慢，且数值计算会造成舍入误差，当增益矩阵主对角线元素数值很小时无法判断是由于舍入误差引起的还是该值为 0，从而影响可观测性的判断。优点是当判断出系统不可观测时，可以直接在零对角线元素出现的位置添加数值，以追加量测配置。

拓扑-数值混合分析法综合了拓扑分析法和数值分析法的优点。首先采用拓扑分析法，通过支路功率量测将系统整合成为几个潮流岛，再根据每个潮流岛的节点电压量测及边界注入功率量测构造增益矩阵，采用数值分析法判断系统的可观测性。

配电网状态估计的难点在于实时测量装置不足，系统非全局可观，通常引入伪量测以满足可观测性要求。传统的配电网状态估计通常利用历史数据进行负荷预测得到伪量测。目前，随着 AMI 的广泛使用，智能电表记录了大量低压用户的用电信息和负荷数据，基于 AMI 的量测信息构造伪量测有利于减小伪量测的误差，提高状态估计的精度，尤其适用于大规模配电网的状态估计[18]。该方法首先对智能电表采集到的量测数据进行分析，借助节点间负荷的历史相关性构造节点注入伪量测模型，从而满足配电网的可观测性要求。

配电网的不可观测区域示意图如图 2-1 中虚线部分所示，以具有实时量测的节点 i 和 j 为边界将配电网分为多个子区域，子区域内的节点无实时量测，将这些无量测节点与首端节点 i 的功率之比记作负荷比例系数 α。选取智能电表负荷量测数据中 N 组相同类型日的用电历史数据，计算 t 时刻无量测节点的负荷比例系数公式如下：

$$\begin{cases} \alpha_{P_{k,t}} = \dfrac{\sum\limits_{n=1}^{N} P_{k,n} / P_{i,n}}{N} \\ \alpha_{Q_{k,t}} = \dfrac{\sum\limits_{n=1}^{N} Q_{k,n} / Q_{i,n}}{N} \end{cases}, \quad t = 1,2,\cdots;T, n = 1,2,\cdots,N \tag{2-6}$$

式中，$\alpha_{P_{k,t}}$ 和 $\alpha_{Q_{k,t}}$ 分别为节点 k 时刻 t 的有功、无功负荷比例系数；$P_{k,n}$ 和 $Q_{k,n}$ 分别为节点 k 的第 n 组相同类型日的有功、无功功率；$P_{i,n}$ 和 $Q_{i,n}$ 分别为首端节点 i 的第 n 组相同类型日的有功、无功功率。

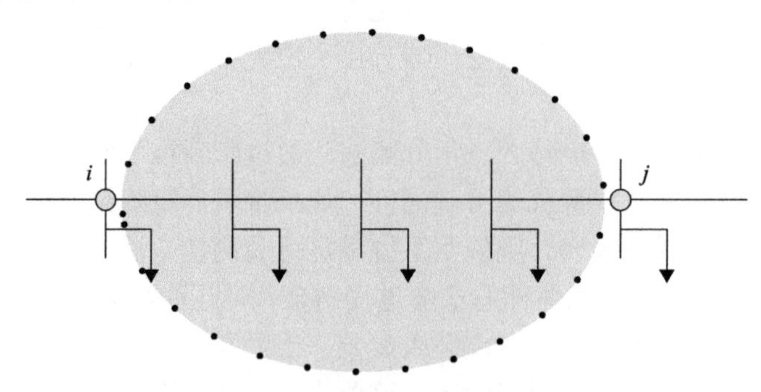

图 2-1　配电网的不可观测区域示意图

AMI 数据采样间隔为 15min，但配电网需要在更短的周期对系统进行状态估计，考虑到配电网中存在大量的无量测节点和状态估计计算速度的要求，采用分段线性插值求得各节点中间时刻的负荷比例系数，具体方法如下：

$$\alpha_{k,t_m} = \alpha_{k,t_n} + \frac{t_m - t_n}{T}(\alpha_{k,t_{n+1}} - \alpha_{k,t_n}), \quad t_m = t_n, t_n + 1, \cdots, t_n + 14, t_{n+1} \tag{2-7}$$

式中，α_{k,t_m}、α_{k,t_n} 分别为时刻 t_m、t_n 的负荷比例系数，t_n 为初始时刻，t_m 为中间时刻。

根据负荷比例系数及现有实时量测构造注入功率伪量测：

$$\begin{cases} \hat{P}_{k,t} = \alpha_{P_{k,t}} P_{i,t}^r \\ \hat{Q}_{k,t} = \alpha_{Q_{k,t}} Q_{i,t}^r \end{cases}, \qquad t = 1, 2, \cdots, T \tag{2-8}$$

式中，$\hat{P}_{k,t}$ 和 $\hat{Q}_{k,t}$ 分别为节点 k 时刻 t 的有功、无功功率伪量测；$P_{i,t}^r$ 和 $Q_{i,t}^r$ 分别为首端节点 i 时刻 t 的有功、无功功率实时量测。基于 AMI 量测信息构造的伪量测保证了配电网的可观测性，其与已有的实时量测一并为状态估计提供冗余度。

2.5 本 章 小 结

量测系统对配电网电气量进行高准确性、高同步性的测量，是开展运行状态估计、快速控制以及高效优化等高级应用的基础。本章介绍了同步相量量测数据的特点以及配电网量测环境；基于 PMU 装置的发展现状，本章分析了 PMU 在配电网参数辨识、配电网静态与动态状态估计以及虚假数据攻击防护等方面的应用价值；针对配电网实时量测较少的特点，本章介绍了基于拓扑分析与数值分析的配电网状态可观性分析方法。

参 考 文 献

[1] 王宾, 孙华东, 张道农. 配电网信息共享与同步相量测量应用技术评述[J]. 中国电机工程学报, 2015, 35(S1): 1-7.

[2] 严正, 孔祥瑞, 徐潇源, 等. 微型同步相量测量单元在智能配电网运行状态估计中的应用[J]. 上海交通大学学报, 2018, 52(10): 1195-1205.

[3] Powalko M, Rudion K, Komarnicki P, et al. Observability of the distribution system[C]. International Conference and Exhibition on Electricity Distribution, Prague, 2009: 1-4.

[4] 李从善, 刘天琪, 李兴源, 等. 用于电力系统状态估计的 WAMS/SCADA 混合量测数据融合方法[J]. 高电压技术, 2013, 39(11): 2686-2691.

[5] 王少芳, 刘广一, 黄仁乐, 等. 多采样周期混合量测环境下的主动配电网状态估计方法[J]. 电力系统自动化, 2016, 40(19): 30-36.

[6] 杨争林, 唐国庆, 宋燕敏, 等. 改进的基于聚类分析的超短期负荷预测方法[J]. 电力系统自动化, 2005, 29(24): 83-87.

[7] Zhao J, Zhang G, Dong Z Y, et al. Robust forecasting aided power system state estimation considering state correlations[J]. IEEE Transactions on Smart Grid, 2016, PP(99): 1.

[8] 王先培, 田猛, 董政呈, 等. 输电网虚假数据攻击研究综述[J]. 电网技术, 2016, 40(11): 3406-3414.

[9] Bobba R B, Rogers K M, Wang Q, et al. Detecting false data injection attacks on dc state estimation[C]. Proceedings of the 1st Workshop on Secure Control Systems, Stockholm, 2010: 1-9.

[10] Kim T T, Poor H V. Strategic protection against data injection attacks on power grids[J]. IEEE Transactions on Smart Grid, 2011, 2(2): 326-333.

[11] 王丽丽. 基于微型同步相量测量装置(μPMU)的配电网状态估计方法[D]. 长沙: 湖南大学, 2018.

[12] Quintana V H, Simoes-Costa A, Mandel A. Power system topological observability using a direct graph-theoretic approach[J]. IEEE Transactions on Power Apparatus and Systems, 1982, PAS-101(3): 617-626.

[13] Chen Y, Liu F, He G, et al. Maximum exponential absolute value approach for robust state estimation[C]. 2012 IEEE International Conference on Power System Technology (POWERCON), Auckland, 2012: 1-6.

[14] Slutsker I W, Scudder J M. Network observability analysis through measurement Jacobian matrix reduction[J]. IEEE Transactions on Power Systems, 1987, 2(2): 331-336.

[15] Gou B, Abur A. A direct numerical method for observability analysis[J]. IEEE Transactions on Power Systems, 2000, 15(2): 625-630.

[16] Korres G N, Contaxis G C. Identification and updating of minimally dependent sets of measurements in state estimation[J]. IEEE Transactions on Power Systems, 1991, 6(3): 999-1005.

[17] 汤振飞, 单渊达. 线性相关环及其在电力系统可观察性分析中的应用[J]. 电力系统自动化, 1999, 23(8): 35-38.

[18] Liu J, Tang J, Ponci F, et al. Trade-offs in PMU deployment for state estimation in active distribution grids[J]. IEEE Transactions on Smart Grid, 2012, 3(2): 915-924.

第3章　配电网同步相量测量装置优化配置

配电网点多面广，无法做到PMU全系统配置。因此需要选择最优的PMU配置方案，以充分地发挥PMU的价值。PMU优化配置的方法主要包括两类：基于满足系统可观性的优化方法与基于系统运行状态的优化方法。基于满足系统可观性的优化方法分为拓扑可观方法与数值可观方法。拓扑可观指系统中全部节点电压相量均能够直接或间接地被PMU测量；数值可观是指基于PMU量测构造的雅可比矩阵满秩。基于系统运行状态的优化方法主要包括计及状态估计精度，计及系统暂态稳定性，计及电压稳定性的 PMU 优化配置方法等。本章主要从状态估计角度，讨论配电网中PMU优化配置方法。

3.1　考虑节点电压越限特性的配电网同步相量测量装置优化配置

配电网的源荷具有显著的不确定性，导致系统运行状态复杂多变。对此，考虑在经常电压越限的节点配置PMU，以提高对系统的监控水平。本节首先给出负荷与分布式可再生能源发电的概率模型，然后采用概率潮流计算得到节点电压越限特性，最后以此为权重进行PMU优化配置。

3.1.1　配电网节点电压越限概率评估

采用正态分布函数表示节点负荷的不确定性，其概率密度函数为

$$\begin{cases} f(P_{\text{Load}}) = \dfrac{1}{\sigma_P\sqrt{2\pi}}\exp\left(\dfrac{-(P_{\text{Load}}-\bar{P}_{\text{Load}})^2}{2\sigma_P^2}\right) \\ f(Q_{\text{Load}}) = \dfrac{1}{\sigma_Q\sqrt{2\pi}}\exp\left(\dfrac{-(Q_{\text{Load}}-\bar{Q}_{\text{Load}})^2}{2\sigma_Q^2}\right) \end{cases} \tag{3-1}$$

式中，$\bar{P}_{\text{Load}}$为各节点有功负荷的平均值；$\bar{Q}_{\text{Load}}$为各节点无功负荷的平均值；σ_P和σ_Q分别为节点有功功率、节点无功功率的标准差。

针对光伏发电，首先采用Beta分布拟合光照强度的概率分布[1]，其概率密度函数为

$$f(r)=\frac{\Gamma(\alpha+\beta)}{\Gamma(\alpha)+\Gamma(\beta)}\left(\frac{r}{r_{\max}}\right)^{\alpha-1}\left(1-\frac{r}{r_{\max}}\right)^{\beta-1} \tag{3-2}$$

式中，α 和 β 分别为形状参数；$\Gamma(\bullet)$ 为 Gamma 函数；r 和 $r_{\max}$ 为实际光照强度、最大光照强度。

光伏电池输出的有功功率为

$$P_{\mathrm{PV}}=Ar\eta \tag{3-3}$$

式中，A 为光伏电池板的有效面积；η 为光伏电池板的能量转换效率。根据式(3-2)和式(3-3)可以求出光伏有功出力的概率分布。假设光伏发电以恒功率因数模式进行控制，并设置功率因数为 1。

采用双参数 Weibull 分布拟合风速的概率分布[1,3]，其函数形式为

$$f(v)=\frac{k}{c}\left(\frac{v}{c}\right)^{k-1}\exp\left[-\left(\frac{v}{c}\right)^{k}\right] \tag{3-4}$$

式中，k 和 c 为 Weibull 分布的形状参数和尺度参数。

风机的有功输出与风速的关系为

$$P_{\mathrm{w}}=\begin{cases}0, & v<v_{\mathrm{in}}\\ a+bv, & v_{\mathrm{in}}\leqslant v\leqslant v_{\mathrm{r}}\\ P_{\mathrm{r}}, & v_{\mathrm{r}}<v\leqslant v_{\mathrm{out}}\\ 0, & v>v_{\mathrm{out}}\end{cases} \tag{3-5}$$

式中，P_{w} 为风机有功输出；v_{in}、v_{r}、v_{out} 分别表示切入风速、额定风速与切出风速；P_{r} 为额定功率。

假设风机的功率因数 $\cos\varphi$ 恒定，则风机的无功输出为

$$Q_{\mathrm{w}}=\frac{\sqrt{1-\cos^2\varphi}}{\cos\varphi}P_{\mathrm{w}} \tag{3-6}$$

在配电网中，受到相近气象因素的影响，处于相邻位置的可再生能源发电之间表现出很强的相关性；并且，由于同一个区域中用户用电行为相似，不同节点负荷之间也存在一定的相关性。本节采用相关系数矩阵刻画不同随机变量之间的相关性。基于配电网源荷的概率模型，采用概率潮流计算获得节点电压的概率分布。假设电压下限为 U_{lower}，电压上限为 U_{upper}，则设置节点权重值为

$$w_i=\frac{1}{1-\left[P(U_i<U_{\mathrm{lower}})+P(U_i>U_{\mathrm{upper}})\right]} \tag{3-7}$$

式中，$P(U_i < U_{\text{lower}})$ 和 $P(U_i > U_{\text{upper}})$ 分别为节点 i 的电压小于 U_{lower} 和大于 U_{upper} 的概率。

3.1.2　考虑节点电压越限特性的配电网同步相量测量装置多阶段最优配置

本节以 PMU 配置总数最小为目标，并考虑在电压越限概率较大的节点配置 PMU，构建 PMU 多阶段最优配置模型。

一个含有 N 个节点 L 条支路的全周期 PMU 最优配置模型表示为

$$\begin{cases} \min \sum_{i=1}^{N} x_i - \dfrac{1}{M_e} \sum_{i=1}^{N} w_i x_i \\ \text{s.t. } \boldsymbol{AX} \geqslant [1,1,\cdots,1]^{\mathrm{T}} \\ \quad x_i \in \{0,1\} \end{cases} \tag{3-8}$$

式中，$x_i = 1$ 表示在节点 i 配置了 PMU，量测所有与节点 i 关联的支路电流相量与该节点电压相量；$x_i = 0$ 表示该节点没有配置 PMU；w_i 表示节点 i 电压越限概率，可采用概率潮流计算得到；M_e 为很大的正数，满足 $\sum_{i=1}^{N} w_i x_i / M_e < 1$，从而优先保证 PMU 配置数量最小的目标。$\sum_{i=1}^{N} x_i$ 表示配置 PMU 的总数量；$\boldsymbol{X} = [X_1, X_2, \cdots, X_N]^{\mathrm{T}}$；$\boldsymbol{A}$ 为 $N \times N$ 矩阵，表示系统的连接矩阵，其元素为

$$\boldsymbol{A}_{ij} = \begin{cases} 1, & i = j \text{ 或节点 } i, j \text{ 有支路直接相连} \\ 0, & \text{其他情况} \end{cases} \tag{3-9}$$

考虑到零注入节点约束，式(3-8)转换为

$$\begin{cases} \min \sum_{i=1}^{N} x_i - \dfrac{1}{M_e} \sum_{i=1}^{N} w_i x_i \\ \text{s.t. } \boldsymbol{AX} \geqslant \boldsymbol{U} \\ \quad x_i \in \{0,1\} \end{cases} \tag{3-10}$$

式中，$\boldsymbol{U}$ 为 $N \times 1$ 的列相量，其反映了零注入节点的影响。首先将系统中的全部节点分为集合 z 和集合 nz。集合 z 包含全部的零注入节点及其相邻节点，集合 nz 包含其他节点。进一步，集合 z 可以分为集合 $z_1, z_2, \cdots, z_n$，其中集合 z_i 表示第 i 个零注入节点及其相邻节点。$\boldsymbol{U}$ 的元素可表示为

$$\begin{cases} \boldsymbol{U}_k = 1, & k \in nz \\ \sum_{j} \boldsymbol{U}_j \geqslant n_i - 1, & j \in z_i \end{cases}$$

式中，n_i 为集合 z_i 中的元素个数。

在求得上述全周期 PMU 配置结果后，依照每个阶段允许配置 PMU 数量的上限，优化每个阶段的 PMU 配置数量。假设总共 s 个阶段配置 M 个 PMU，配置位置为 L^s，表示为

$$L^s = \{i \in N \mid x_i^s = 1\}$$

式中，N 为节点集合；L^s 根据式(3-8)或式(3-10)计算。

假设在第 i 阶段配置的 PMU 数量上限为 m^i，可知

$$\sum_{i=1}^{s} m^i = M$$

定义第 i 阶段配置的 PMU 位置集合为 l^i，则

$$l^1 \cup l^2 \cup \cdots \cup l^s = L^s$$

得到 PMU 全周期配置方案后，考虑在电压越限较大的节点优先配置 PMU，第 t 个阶段的 PMU 优化配置模型为

$$\begin{cases} \max \sum_{i=1}^{N} w_i x_i^t \\ \text{s.t. } \sum_i x_i^t = m^t \\ \quad l^t = \{i \mid x_i^t = 1\} \\ \quad i \in L^s - (l^1 \cup l^2 \cup \cdots \cup l^{t-1}) \end{cases} \tag{3-11}$$

3.2 计及状态估计精度的配电网同步相量测量装置优化配置

本节考虑配电网中分布式电源出力的随机性和负荷的波动性，以 PMU 配置的经济性和状态估计精度作为优化目标，构建计及状态估计精度的配电网 PMU 最优配置模型，并采用蝙蝠算法及差分进化算法求解 PMU 优化配置问题。

3.2.1 计及状态估计精度的配电网同步相量测量装置优化配置模型

考虑状态估计精度的 PMU 最优配置模型为

$$\begin{cases} \min F = \sum_{i=1}^{N} C_i X_i + \alpha e_{\mathrm{m}} + \beta e_{\mathrm{a}} \\ \text{s.t. } e_{\mathrm{m}} \leqslant e_{\mathrm{m,max}} \\ \quad e_{\mathrm{a}} \leqslant e_{\mathrm{a,max}} \end{cases} \tag{3-12}$$

式中，N 表示配电网节点个数；$X_i \in \{0,1\}$，$X_i = 1$ 表示该节点配置 PMU，$X_i = 0$ 表示该节点没有配置 PMU；C_i 表示节点 i 装设 PMU 的成本；e_{m} 和 e_{a} 分别表示节点电压幅值与相角估计误差的累积概率分布为 0.95 的对应值；α 和 β 分别表示电压幅值估计误差与电压相角估计误差的权重值；$e_{\mathrm{m,max}}$ 和 $e_{\mathrm{a,max}}$ 分别为节点电压幅值与相角估计误差允许上限。

考虑到配电网中源荷的不确定性，采用蒙特卡罗模拟方法获得源荷样本，并以潮流计算结果作为状态估计真值；在样本基础上叠加白噪声作为测量值，进行多组状态估计，通过与真值进行比较，获得状态估计误差样本；最后采用核密度估计方法，拟合节点电压幅值与相角估计误差的概率分布。

3.2.2 蝙蝠算法

蝙蝠算法是 Yang 等[4]受到蝙蝠基于回声信息优化定位的启发提出的一种智能算法。蝙蝠算法[4, 5]模拟了蝙蝠通过发射具有一定频率、脉冲发射率和响度的超声波搜寻猎物的过程，其间，蝙蝠根据返回的超声波不断地调整飞行速度、改变自身位置，同时调整发射超声波的参数，从而接近猎物。本节将元胞自动机思想[6]与蝙蝠算法相结合，求解 PMU 最优配置问题。

假设每一只蝙蝠的搜索空间为 s 维，第 i 只蝙蝠在第 t 次迭代时位置为 x_i^t，速度为 v_i^t，而蝙蝠种群中最优解的位置为 x_{pbest}，则蝙蝠种群位置与速度更新公式为

$$\begin{cases} F_i = F_{\min} + \mathrm{rand}(0,1) \times (F_{\max} - F_{\min}) \\ v_i^{t+1} = v_i^t + (x_{i,t} - x_{\mathrm{pbest}}) F_i \\ x_i^{t+1} = x_i^t + v_i^{t+1} \end{cases} \tag{3-13}$$

此外，为了增强蝙蝠算法的局部搜索能力，在蝙蝠种群最优解的附近继续进行搜索，更新该个体的位置

$$x_{\mathrm{pbest1}} = x_{\mathrm{pbest}} + \varepsilon A^t \tag{3-14}$$

式中，A^t 为当前代蝙蝠发出脉冲的响度平均值。

A_i^{t+1} 与 R_i^{t+1} 分别为蝙蝠发射脉冲的响度与速率，计算公式为

$$\begin{cases} A_i^{t+1} = \alpha A_i^t \\ R_i^{t+1} = R_i^0 (1 - \mathrm{e}^{-\gamma t}) \end{cases} \tag{3-15}$$

式中，α 和 γ 均为 0～1 的常数。由式(3-15)可知，蝙蝠发出脉冲的响度不断降低，速率不断提高，这也实现了全局搜索到局部搜索的转换。

元胞自动机是空间离散的系统。将元胞自动机原理与蝙蝠算法相结合，可以使蝙蝠在全局寻优的过程中，增强在个体邻域范围内的寻优过程，丰富蝙蝠种群

的多样性，增加了得到全局最优解的可能性。

采用改进蝙蝠算法求解 0-1 规划问题的具体步骤如下所示。

(1)初始化参数α、γ、ε，种群响度A_i^0与发射速率R_i^0，发射声波频率上下限$F_{\max}$、$F_{\min}$。

(2)初始化蝙蝠种群位置$x_{i,j}^0$：

$$x_{i,j}^0=\begin{cases}1, & \text{rand}(\bullet)\geqslant 0.5\\ 0, & \text{其他}\end{cases},\qquad i=1,2,\cdots,n,\ \ j=1,2,\cdots,s \tag{3-16}$$

式中，i表示第i只蝙蝠个体；j表示第j维空间位置。

(3)计算初始种群的适应度$f(x_{i,j}^0)$。

(4)判断是否满足迭代终止条件。如果满足，转到步骤(9)，否则转到步骤(5)。

(5)更新蝙蝠种群的个体速度与位置：

$$\begin{cases}v_i^{t+1}=v_i^t+(x_{i,t}-x_{\text{pbest}})F_i\\ x_{i,j}^{t+1}=\begin{cases}1-x_{i,j}^{t+1}, & \text{rand}(\bullet)\leqslant\left|\dfrac{2}{\pi}\arctan\left(\dfrac{\pi}{2}v_i^{t+1}\right)\right|\\ x_{i,j}^{t+1}, & \text{其他}\end{cases},\qquad i=1,2,\cdots,n,\ \ j=1,2,\cdots,s\end{cases} \tag{3-17}$$

(6)按照元胞自动机原理搜索蝙蝠个体邻域内位置，并记录个体邻域内最优解：

$$x_{i,\text{new}}^{t+1}=\begin{cases}x_{i,\text{newbest}}^{t+1}, & \text{rand}(\bullet)\geqslant R_i^t\\ x_i^{t+1}, & \text{其他}\end{cases} \tag{3-18}$$

式中，$x_{i,\text{newbest}}^{t+1}$为蝙蝠$i$邻域范围内最优解。

(7)计算$x_{i,\text{new}}^{t+1}$个体的函数值，并判断是否接受个体位置更新：

$$x_i^{t+1}=\begin{cases}x_{i,\text{new}}^{t+1}, & \text{rand}(\bullet)\leqslant A_i^t,\ f(x_{i,\text{new}}^{t+1})\leqslant f(x_i^{t+1})\\ x_i^{t+1}, & \text{其他}\end{cases} \tag{3-19}$$

(8)$t=t+1$，利用式(3-15)更新A_i^{t+1}、R_i^{t+1}，转到步骤(4)。

(9)输出当前的最优解。

改进的二进制蝙蝠算法流程图见图 3-1。针对配电网 PMU 最优配置问题，$f(x)$为 3.2.1 节所述目标函数，如式(3-12)所示，约束条件以惩罚项的形式加入目标函数中。x_i为N维 0/1 变量，N为配电网节点个数。在迭代过程中根据状态估计误差评估 PMU 配置效果。

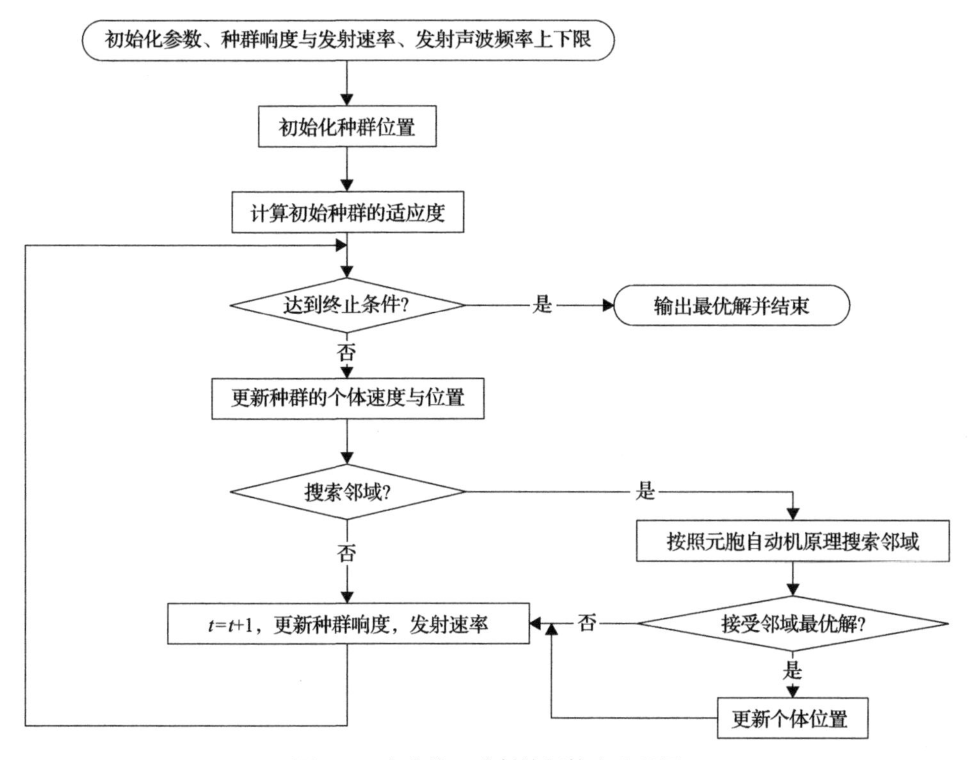

图 3-1　改进的二进制蝙蝠算法流程图

3.2.3　差分进化算法

进化算法包括差分进化算法、协同进化算法及遗传算法等，这些算法均是基于生物的遗传机制形成的，具有并行、自适应的特性[7]。差分进化算法是由 Storn 等[8]提出的一种原理简单、控制数少的进化算法，具有较好的鲁棒性与较高的收敛性。该算法与其他进化算法思想大致相似，在搜索方向上与其他算法存在原理上的差异。差分进化算法是以差分变异因子作为主要算子，充分地利用了个体之间的差异优化搜索方向及步长[9]。差分进化算法空间复杂度较低，更适于处理大规模优化问题。差分进化算法的流程图如图 3-2 所示。

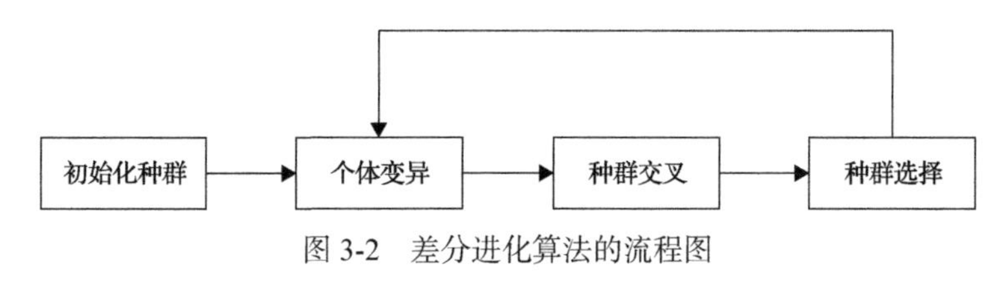

图 3-2　差分进化算法的流程图

本节将种群自适应思想与二进制差分算法结合，并引入元胞自动机思想，求解 PMU 最优配置问题。

如图 3-2 所示，差分进化算法迭代过程中需要考虑个体变异，本章选择 DE/current-to-best/1 策略进行种群间个体变异，具体公式为

$$\begin{cases} D_i^t = (x_{i1}^t \oplus x_{i2}^t) \,\&\, F_i^t \\ F_{ij}^t = \begin{cases} 1, & \text{rand}(0,1) \leqslant F \\ 0, & \text{其他} \end{cases} \\ V_i^t = x_{\text{best}}^t \oplus D_i^t \end{cases} \tag{3-20}$$

式中，x_{i1}^t 和 x_{i2}^t 为第 t 代种群中两个不同的个体；F_i^t 为变异尺度因子；因子 F 为常数；x_{best}^t 为当前代中最优个体；V_i^t 为变异之后的个体。

个体变异之后，个体间需要进行交叉。具体表示为

$$U_{ij}^t = \begin{cases} V_{ij}^t, & \text{rand}(0,1) \leqslant C_\text{r} \\ x_{ij}^t, & \text{其他} \end{cases} \tag{3-21}$$

式中，C_r 为交叉概率因子；j 为第 j 维空间；U_{ij}^t 为经过交叉操作之后的个体。

最后进行种群筛选，对经过变异和交叉之后的个体与原有个体进行比较，选择其中更优的个体予以保留。具体表示为

$$x_i^{t+1} = \begin{cases} U_i^t, & f(U_i^t) \leqslant f(x_i^t) \\ x_i^t, & \text{其他} \end{cases} \tag{3-22}$$

种群自适应调整为当连续几代种群最优值没有变化或种群规模低于下限时，在当前种群最优解的邻域随机生成一个新的个体加入种群，扩大种群规模；当连续几代种群最优值均优于上一代或种群规模超过上限时，将种群中最劣解删除，缩小种群规模，缩短计算时间。

在改进的二进制差分进化算法中，同样引入元胞自动机思想。将元胞自动机原理与改进的二进制差分进化算法相结合，可以使种群在变异、交叉及筛选过后，在当前种群最优解的邻域内随机搜索是否存在更优的解，如果有就加入当前种群。这增加了种群的多样性，也提高了得到全局最优解的可能性。

采用自适应二进制差分进化算法求解 0-1 规划问题的具体步骤如下所示。

(1) 初始化参数 F、C_r，设置最大迭代次数或其他终止条件。

(2) 利用式(3-16)初始化种群 $x_{i,j}^0$。式中，i 表示第 i 个个体；j 表示第 j 维空间位置。

(3) 计算初始种群的适应度 $f(x_{i,j}^0)$。

(4) 判断是否满足终止条件。如果满足，转到步骤(10)，否则转到步骤(5)。

(5) 利用式(3-20)对个体进行变异操作。

(6)利用式(3-21)对个体进行交叉。

(7)利用式(3-22)对变异、交叉之后的个体与原个体进行比较，筛选更优的个体予以保留。

(8)对种群规模进行自适应调整。

(9)按照元胞自动机原理对种群最优解邻域进行搜索，返回步骤(4)。

(10)输出当前最优解。

自适应二进制差分进化算法流程图见图 3-3。

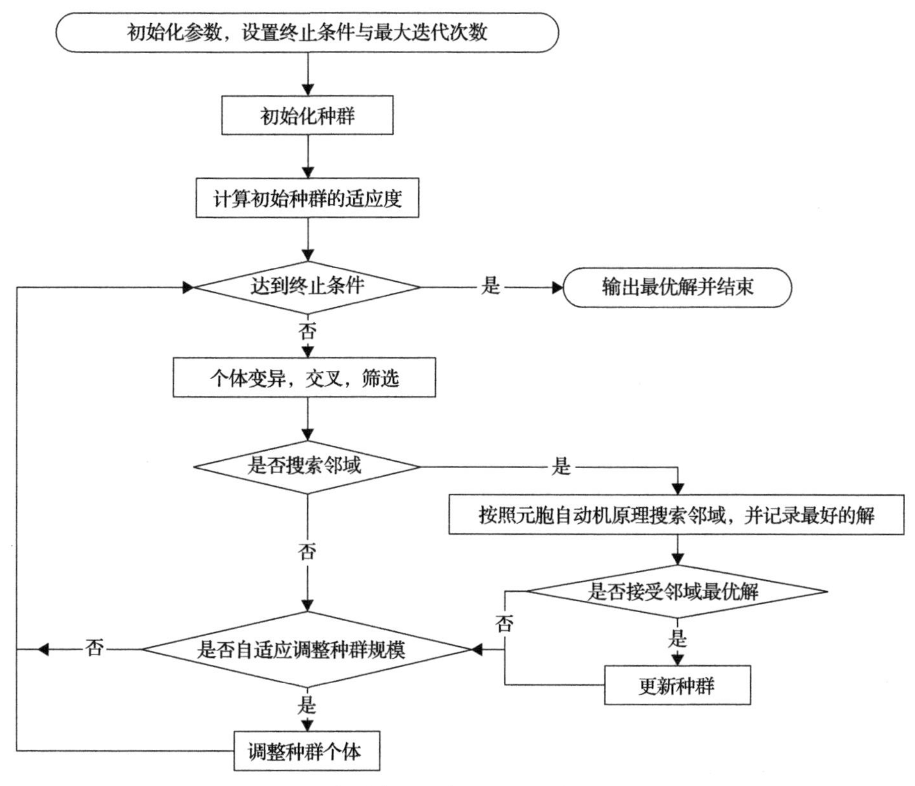

图 3-3　自适应二进制差分进化算法流程图

3.3　配电网同步相量测量装置多目标优化配置

本章 3.1 节和 3.2 节分别在考虑节点电压越限和计及状态估计精度的条件下进行 PMU 优化配置，而在实际配电网中配置 PMU 时，需要同时满足以上两个条件。本节在配电网原有量测系统的基础上配置 PMU，介绍一种将多种场景下状态估计的精度及配置节点的电压越限权重作为优化目标的多目标 PMU 最优配置模型，并采用改进的多目标二进制蝙蝠算法及自适应多目标二进制差分进化算法求解该

PMU 最优配置问题。

3.3.1 多目标优化原理与 Pareto 最优解

对于多个目标优化问题，目标函数可表示为

$$\min_{x}\{f_1(x), f_2(x), \cdots, f_n(x)\} \tag{3-28}$$

多目标优化问题的多个目标函数之间存在着不可公度性与矛盾性，所以得到的解通常是一组最优解集而非单个最优解。在解集中，一个目标函数逐步优化的同时，其他的目标函数必须在一定程度上妥协，且解集中各个解之间并不能直接比较优劣。通过定义 Pareto 最优解集的概念可以对多目标优化问题进行求解，从而得到多目标优化问题的结果。

Pareto 最优解的定义如下所示。

定义 3-1　Pareto 占优[10]：任意两个相同维数的相量 $\boldsymbol{u}$、$\boldsymbol{v}$，其中 $\boldsymbol{u}=\{u_1,u_2,\cdots,u_m\}$，$\boldsymbol{v}=\{v_1,v_2,\cdots,v_m\}$，对于 $\forall i\in\{1,2,\cdots,m\}$ 都存在 $u_i\leqslant v_i$，且 $\exists j\in\{1,2,\cdots,m\}$，使得 $u_j<v_j$，则称相量 $\boldsymbol{u}$ Pareto 占优相量 $\boldsymbol{v}$。

定义 3-2　Pareto 最优解[10]：在可行域内，对于一个解相量 $\boldsymbol{x}$，所对应的目标函数为 $\{f_1(\boldsymbol{x}),f_2(\boldsymbol{x}),\cdots,f_n(\boldsymbol{x})\}$。不存在另外一个解相量 $\boldsymbol{x}'$，使得 $\{f_1(\boldsymbol{x}'),f_2(\boldsymbol{x}'),\cdots,f_n(\boldsymbol{x}')\}$ 占优于 $\{f_1(\boldsymbol{x}),f_2(\boldsymbol{x}),\cdots,f_n(\boldsymbol{x})\}$，则称相量 $\boldsymbol{x}$ 为 Pareto 最优解。

综上所述，Pareto 最优解集是一组非劣解集，其中的解都是 Pareto 最优解，都不能够被其他的解所支配。在解集中某一个最优解的基础上，如果优化其中一个单一的目标，势必使得其他目标变差。多目标优化问题的目的是求出给定问题的 Pareto 最优解集，为决策者提供决策空间。

3.3.2 配电网同步相量测量装置多目标最优配置模型

考虑配电网负荷与可再生能源发电的随机性，构建 PMU 多目标最优配置模型，该模型以状态估计精度为约束，以 PMU 配置经济性，以节点幅值与相角估计精度，以配置节点电压越限权重为目标函数，可表示为

$$\begin{cases}\min\{F_{\text{obj1}},F_{\text{obj2}}\}\\ \text{s.t.}\quad F_{\text{obj1}}=\sum_{i=1}^{N}C_iX_i+\alpha e_m+\beta e_a\\ \qquad F_{\text{obj2}}=\sum_{i=1}^{N}C_iX_i-\dfrac{1}{M}\sum_{i=1}^{N}\omega_iX_i\\ \qquad e_{\text{m}}\leqslant e_{\text{m,max}}\\ \qquad e_{\text{a}}\leqslant e_{\text{a,max}}\end{cases} \tag{3-23}$$

式中，ω_i 为节点电压越限权重，表示为

$$\omega_i = \frac{1}{1-[P(U_i \leqslant U_{\text{lower}}) + P(U_i \geqslant U_{\text{upper}})]} \tag{3-24}$$

式中，U_{upper} 和 U_{lower} 分别为规定的节点电压幅值上、下限；目标函数 F_{obj1} 考虑 PMU 配置费用及状态估计中节点电压幅值与相角精度；目标函数 F_{obj2} 考虑 PMU 配置费用及配置节点的电压越限概率权重。

3.3.3　多目标二进制蝙蝠算法

由于 3.2.2 节中已经介绍过改进的蝙蝠算法，本节不再赘述其原理。改进的多目标二进制蝙蝠算法具体步骤如下所示。

(1) 初始化参数 α 、γ 、ε ，种群响度 A_i^0 与发射速率 R_i^0 ，发射声波频率上下限 $F_{\max}$ 、 $F_{\min}$ 。

(2) 利用式(3-16)初始化蝙蝠种群位置 x_i^0 。式中，i 表示第 i 只蝙蝠个体；j 表示第 j 维空间位置。

(3) 计算初始种群的适应度 $\{f_1(x_i^0), f_2(x_i^0)\}$ 并找出其中 Pareto 最优解集。

(4) 判断是否满足迭代终止条件。如果满足，转到步骤(11)，否则，转到步骤(5)。

(5) 令 $i=1$ 。

(6) 利用式(3-17)更新蝙蝠种群的个体速度与位置。此时，$x_{i,\text{pbest}}$ 为 Pareto 最优解集中随机选出的个体位置。

(7) 根据当前选出的 $x_{i,\text{pbest}}$ ，按照元胞自动机原理搜索 $x_{i,\text{pbest}}$ 邻域内位置，并对所有邻域解进行非劣排序，具体非劣排序原理见 3.3.4 节。根据非劣排序的结果筛选出邻域内最优解，记为 $x_{i,\text{pbest1}}$ 。

(8) 判断 $x_{i,\text{pbest1}}$ 是否能被当前 Pareto 最优解集里的解支配，如果不能，则将 $x_{i,\text{pbest1}}$ 加入现有 Pareto 最优解集，并对 Pareto 最优解集进行更新。

(9) 判断 i 是否小于种群规模数 n 。如果是，$i=i+1$ ，转到步骤(6)。否则转步骤(10)。

(10) $t=t+1$ ，利用式(3-15)更新 A_i^{t+1} 、 R_i^{t+1} ，转到步骤(4)。

(11) 输出当前的最优解。

在本节应用中，改进的多目标二进制蝙蝠算法与计及状态估计精度的配电网 PMU 多目标最优配置模型相结合，$\{f_1(x), f_2(x)\}$ 即为 3.2.1 节所述目标函数，约束条件以惩罚项的形式加入目标函数中。$\boldsymbol{x}_i$ 为 N 维 0/1 变量，N 为配电网中节点个数。$\boldsymbol{x}_i=1$ 表示在该节点配置 PMU。改进的多目标二进制蝙蝠算法流程图见图 3-4。

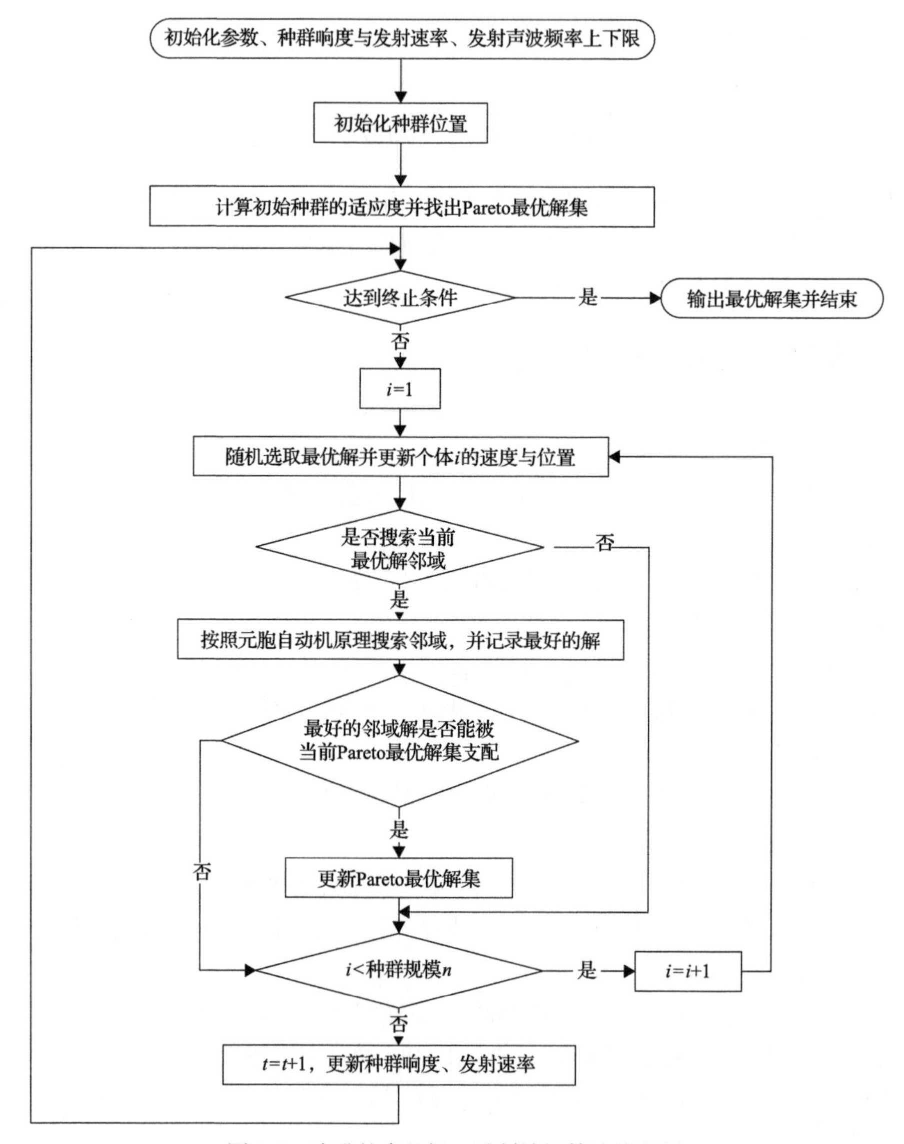

图 3-4　改进的多目标二进制蝙蝠算法流程图

3.3.4　多目标二进制差分进化算法

由于 3.2.3 节中已经介绍过自适应二进制差分进化算法，本节不再赘述其原理，仅简要介绍对算法的改进部分。

(1) 在应用自适应多目标二进制差分进化算法时，对种群规模进行自适应调整。在传统算法中，种群规模为常数，容易陷入局部最优解。在本章中，若进化过程中连续几代的 Pareto 最优解集均未更新，则在当前最优解集中随机选择一个个体，依据元胞自动机思想，在该个体邻域中，依据非劣排序的结果选择最优个体，并加入种群。若种群规模已到上限，则在种群中依据非劣排序的结果将适应度最低的个体删除。若进化过程中连续几代的 Pareto 最优解集均优于上一代且种群规模数量高于下限，则认为算法并不需要该规模的种群，在种群中依据非劣排序的结果将适应度最低的个体删除。

(2) 对具有多个目标函数的个体选择标准进行调整。传统的多目标优化算法在选择最优个体时以拥挤度为指标，并按照非劣排序的结果进行筛选。本书采用改进的非劣排序算法，表示为

$$\begin{cases} w_i = w_{1i}M^3 + w_{2i}M^2 + w_{3i}M^1 + w_{4i} \\ w_{1i} = [n_{\text{dnum}i} - \min(n_{\text{dnum}})]/10 + 1 \\ w_{2i} = [\max(r_{\text{area}}) - r_{\text{area}i}]/10 + 1 \\ w_{3i} = [\max(r_{\text{cong}}) - r_{\text{cong}i}]/10 + 1 \\ w_{4i} = [(f_{1i}^* + f_{2i}^*) - \min(f_1^* + f_2^*)]/10 + 1 \end{cases} \tag{3-25}$$

式中，w_{1i} 为个体 i 被种群中其他个体 Pareto 占优的标准化数据；$n_{\text{dnum}i}$ 为种群中可支配个体 i 的其他个体数目；w_{2i} 为个体 i 占据的多维体积指标的标准化数据；r_{area} 为多维体积指标[11]；w_{3i} 为个体 i 相对拥挤度指标的标准化数据；r_{cong} 为拥挤度指标；w_{4i} 为个体 i 目标函数求和指标的标准化数据；f_1^*、f_2^* 分别为归一化之后的目标函数值；M 为任意常数。w_i 越小则个体优先级越高。

(3) 本节对种群变异中的最优解选择规则进行调整。在传统的多目标二进制差分进化算法中，以归一化之后目标函数和最小为最优解的选择标准[12]，这容易导致 Pareto 前沿解不完整。本书在种群变异过程中选择最优解时，在 Pareto 最优解集中随机选择个体，从而增加了 Pareto 最优解集的丰富性。

自适应多目标二进制差分进化算法的具体步骤如下所示。

(1) 初始化参数 F 、C_r，设置最大迭代次数或其他终止条件。

(2) 利用式 (3-16) 初始化种群 x_i^0 。式中，i 表示第 i 个个体；j 表示第 j 维空间位置。

(3) 计算初始种群的适应度 $\{f_1(x_{i,j}^0), f_2(x_{i,j}^0)\}$，并找出其中的 Pareto 最优解集。

(4) 判断是否满足迭代终止条件。如果满足，转到步骤 (13)，否则，转到步骤 (5)。

(5) 令 $i=1$ 。

(6) 利用式 (3-20) 在 Pareto 最优解集中随机选择最优个体，对个体 i 进行变异。

(7) 利用式 (3-21) 对个体 i 进行交叉。

(8) 按照元胞自动机原理对当前选择的最优解邻域进行搜索，并判断是否更新最优解。

(9) 判断 i 是否小于种群规模数 n 。如果是，$i=i+1$，转到步骤 (6)。否则转

步骤(10)。

(10)将原种群与经过变异交叉之后的种群混合，根据本章更新的非劣排序规则对种群进行筛选。

(11)判断是否需要调整种群规模，如果需要，根据本章所述原则进行种群自适应调整。

(12) $t=t+1$，转步骤(4)。

(13)输出当前最优解。

在本书应用中，自适应多目标二进制差分进化算法与计及状态估计精度的配电网 PMU 多目标最优配置模型相结合，$\{f_1(x), f_2(x)\}$ 即为 3.2.1 节所述目标函数，约束条件以惩罚项的形式加入目标函数中。自适应多目标二进制差分进化算法流程图见图 3-5。

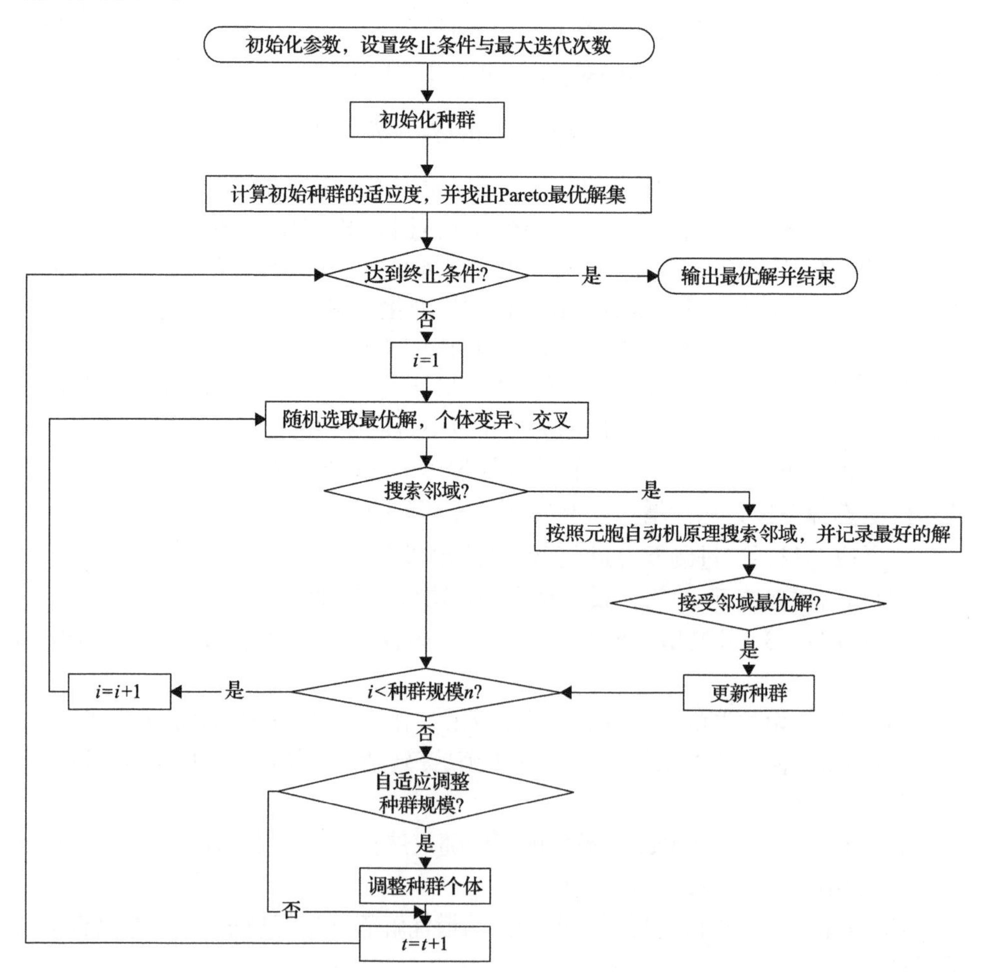

图 3-5　自适应多目标二进制差分进化算法流程图

3.4 算例分析

3.4.1 算例系统

本节采用改进的 IEEE33 节点系统[13]作为测试系统，分别分析考虑节点电压越限特性、计及状态估计精度的配电网同步相量测量装置优化配置问题，以及配电网同步相量测量装置的多目标优化配置问题。IEEE33 节点系统见图 3-6。

在节点 10 与节点 22 处接入光伏电池，在节点 33、节点 11 和节点 25 处接入 3 个风电机组，风电机组和光伏电池的参数见表 3-1 与表 3-2。表 3-1 中，P_r 为风机额定功率；v_{in} 为切入风速；v_r 为额定风速；v_{out} 为切出风速；K、C 分别为 Weibull 分布的形状态参数和尺度参数。表 3-2 中，A 为光伏电池板的有效面积；η 为光伏电池板的能量转换效率；r_{max} 为最大光照强度；α、β 分别为 Gamma 分布的形状参数。节点 1 为平衡节点，其他节点均为 PQ 节点，负荷的标准差设置为 0.25，负荷的相关性系数为 0.5，风机与光伏出力的相关系数设为 0.6。

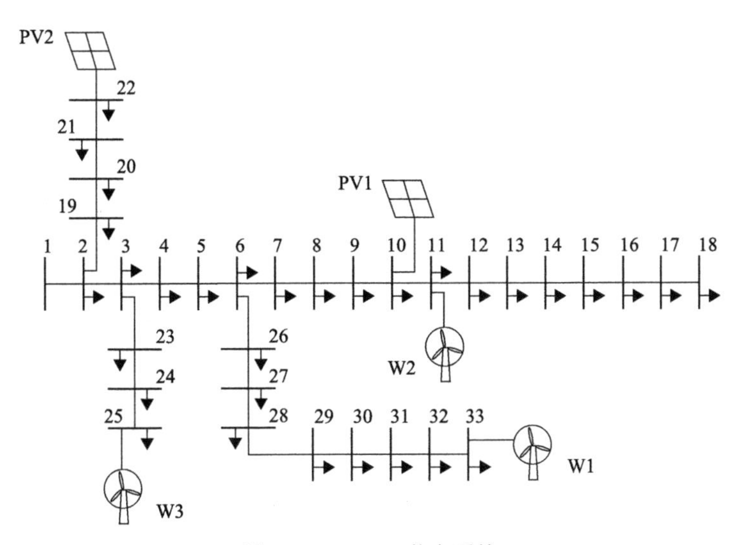

图 3-6　IEEE33 节点系统

表 3-1　风电机组参数

风电机组	P_r/kW	v_{in}/(m/s)	v_r/(m/s)	v_{out}/(m/s)	K	C
W1	500	3.5	14.5	20	3	7.5
W2	600	3.0	13.0	19	2	7
W3	500	3.5	15.5	20	2.5	6

表 3-2　光伏电池参数

光伏电池	A/m^2	η/%	r_{max}/(W/m^2)	α	β
PV1	7000	15	1200	0.4	8.6
PV2	6000	14	1100	0.45	9.2

3.4.2　考虑电压越限特性的测量装置配置

本节分析随机变量间的相关性对 PMU 配置结果的影响。图 3-7 和图 3-8 分别为不计相关性与考虑相关性的节点电压幅值的累积分布函数(cumulative distribution function，CDF)，预设电压上下限分别为 1.05p.u.和 0.95p.u.。由图 3-9 可知，考虑随机变量间的相关性使得节点权重产生变化。

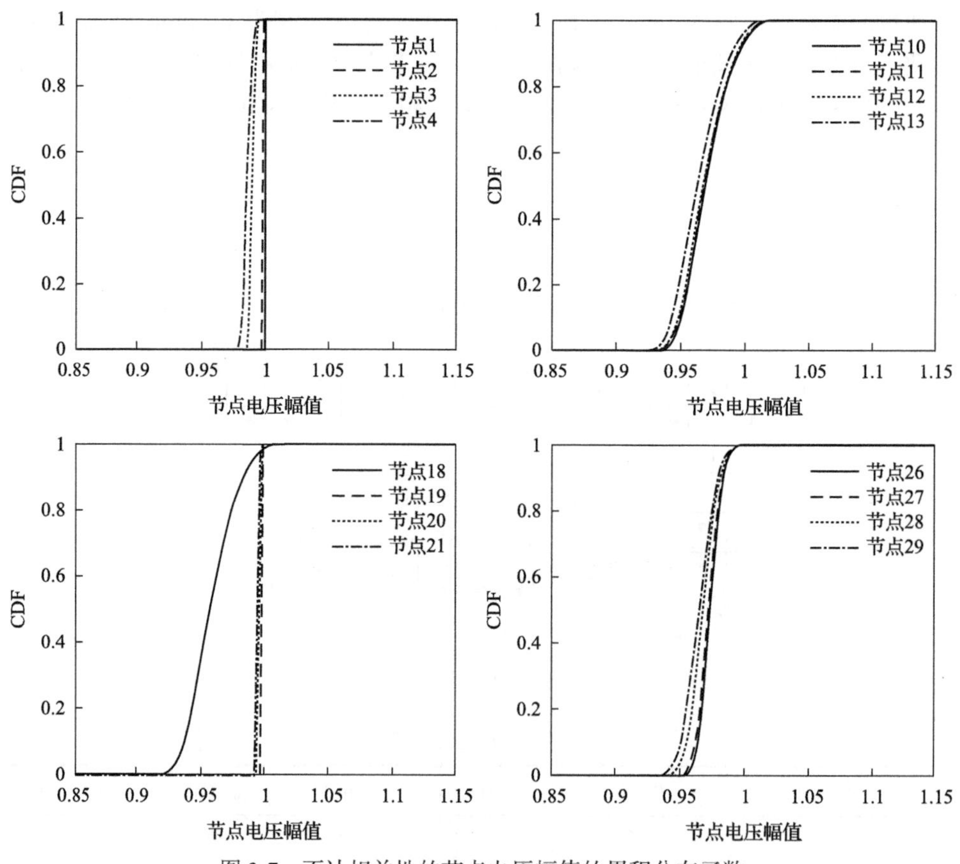

图 3-7　不计相关性的节点电压幅值的累积分布函数

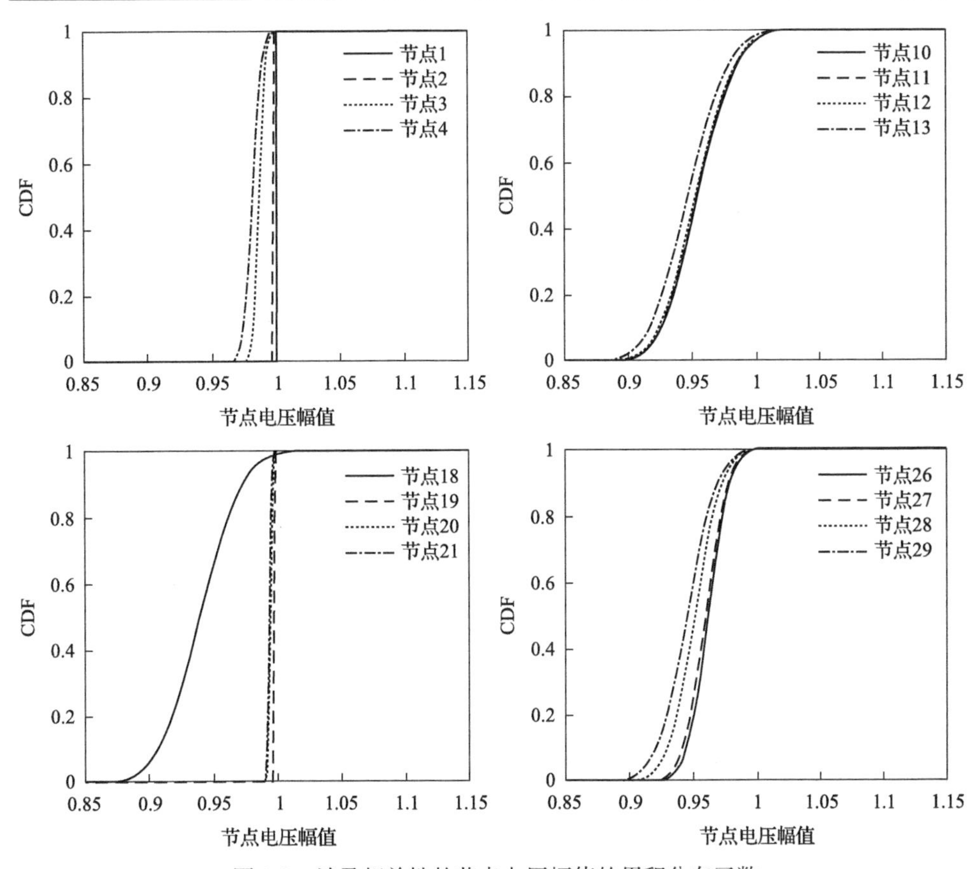

图 3-8　计及相关性的节点电压幅值的累积分布函数

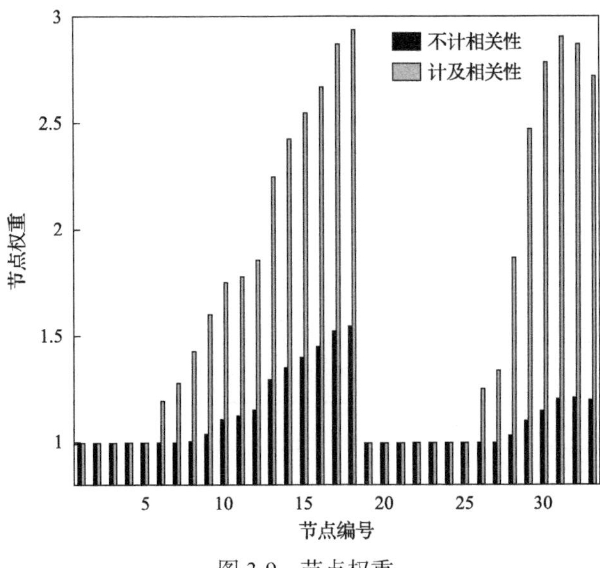

图 3-9　节点权重

表 3-3 表示是否考虑相关性对 PMU 配置结果的影响。由结果可知，虽然 PMU 总配置数量都为 11 台，是否计及相关性对总的 PMU 配置结果并无影响，但是在不同阶段配置 PMU 的具体位置发生了变化。

表 3-3　是否考虑相关性的 PMU 最优配置结果对比

	阶段(PMU 上限)	节点		阶段(PMU 上限)	节点
不计相关性	1(4)	14、17、30、32	计及相关性	1(4)	14、17、30、32
	2(5)	2、5、8、11、27		2(5)	5、8、11、21、27
	3(6)	21、24		3(6)	2、24

3.4.3　计及状态估计精度的测量装置配置

本节分析计及状态估计精度的配电网 PMU 最优配置问题，分别使用改进的蝙蝠算法、自适应二进制差分进化算法与遗传算法求解，比较算法的优劣。测试系统如图 3-6 所示。风电机组和光伏电池的参数如表 3-1 与表 3-2 所示。

假设负荷服从标准差为 0.25 的正态分布，除节点 1 为平衡点外，其余节点为 PQ 节点。节点 1～33 装设 SCADA 量测，节点 34～38 采用伪量测数据。假设 SCADA 有功、无功功率量测误差为 10%，伪量测的有功、无功功率误差为 20%，SCADA 电压幅值量测误差为 5%，PMU 电压幅值量测误差为 1%，电压相角量测误差为 0.5%，电流幅值量测误差为 1%，电流相角量测误差为 0.5%。

设定蝙蝠算法与自适应二进制差分进化算法的初始种群规模均为 50，蝙蝠算法中常数 $\alpha = 0.99$，$\gamma = 0.95$，自适应二进制差分进化算法变异尺度因子 $F = 0.2$，交叉概率因子 $C_r = 0.8$。

对经济性与状态估计精度结合的目标函数进行优化，得到的单目标 PMU 最优配置结果如表 3-4 所示，不同算法计算时间见表 3-5。模型中对状态估计结果的精度约束 $\varepsilon_{\max\text{mag}} = 0.015$，$\varepsilon_{\max\text{ang}} = 0.008$。

表 3-4　IEEE33 节点系统不同算法结果对比

算法	目标函数最小值	PMU 配置节点
自适应二进制差分进化算法	4.3288	12、16、25、31
遗传算法	4.3376	12、16、30、36
改进的蝙蝠算法	4.3288	12、16、25、31

表 3-5　不同算法计算时间

算法	计算时间/s
自适应二进制差分进化算法	277.8
遗传算法	936.8
改进的蝙蝠算法	130.9

由于智能算法容易陷入局部最优及存在随机性，本章对每种仿真方法进行多次计算，记录其中最佳结果与平均计算时间。由表3-4可知，自适应二进制差分进化算法的最优解与改进的蝙蝠算法相同，均优于遗传算法的最优解。在满足状态估计结果精度约束的前提下，通过上述三种算法求得最优解均需配置 4 台PMU，位置上有所差异。根据改进的蝙蝠算法与自适应二进制差分进化算法结果，节点12、16、25、31配置PMU是在费用相同的情况下，状态估计结果精度最高的方案。此时，状态估计结果中 $\mathrm{err}_{\mathrm{mag}95\%}=0.0141$，$\mathrm{err}_{\mathrm{ang}95\%}=0.0014$，均满足约束条件。

进一步探究状态估计精度约束对PMU最优配置结果的影响。对IEEE33节点系统状态估计结果的精度约束调整为 $\varepsilon_{\max\mathrm{mag}}=0.012$，$\varepsilon_{\max\mathrm{ang}}=0.007$，得到的单目标PMU最优配置结果如表3-6所示。

表3-6 不同算法结果对比

算法	目标函数最小值	PMU配置节点
自适应二进制差分进化算法	6.2578	8、13、16、21、24、31
遗传算法	6.315	9、15、16、21、24、30
蝙蝠算法	6.2578	8、13、16、21、24、31

由表3-6可知，加强状态估计精度约束之后，所需PMU数量增加到6台。同样地，自适应二进制差分进化算法与蝙蝠算法得到相同的最优解，均优于遗传算法。根据改进的蝙蝠算法与自适应二进制差分进化算法结果，节点8、13、16、21、24、31配置PMU是在费用相同的情况下，状态估计结果精度最高的方案。此时，状态估计结果中，$\mathrm{err}_{\mathrm{mag}95\%}=0.0111$，$\mathrm{err}_{\mathrm{ang}95\%}=0.0001$，均满足约束条件。

3.4.4 基于多目标优化的多目标优化测量装置配置

本节分析计及状态估计精度的配电网 PMU 多目标最优配置问题，分别使用改进的多目标二进制蝙蝠算法、自适应多目标二进制差分进化算法与带精英策略的非支配排序遗传算法求解，分析各种算法的有效性。

设定改进的多目标二进制蝙蝠算法与自适应多目标二进制差分进化算法的初始种群规模均为50，迭代次数上限为500，蝙蝠算法中常数 $\alpha=0.99$，$\gamma=0.95$，自适应多目标二进制差分进化算法变异尺度因子 $F=0.2$，交叉概率因子 $C_r=0.8$。节点电压越限权重如图3-10所示。

当节点电压幅值与相角精度约束 $\varepsilon_{\max\mathrm{mag}}=0.015$，$\varepsilon_{\max\mathrm{ang}}=0.008$ 时，三种算法得到的两个单目标最优解如表3-7与表3-8所示。Pareto前沿对比如图3-11所示。

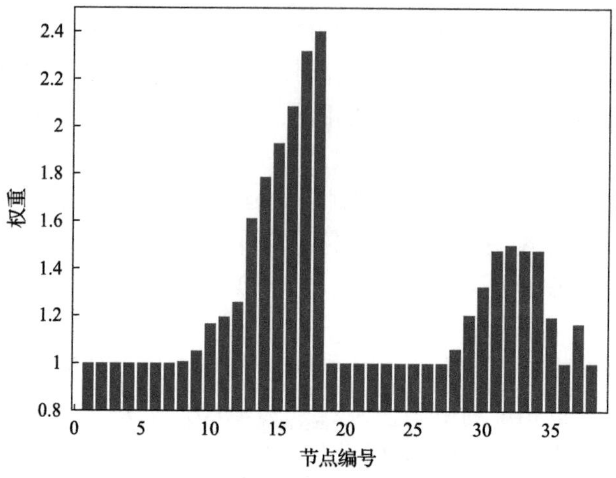

图 3-10　节点电压越限权重

表 3-7　单目标 F_{obj1} 结果对比

算法	目标函数最小值	PMU 配置节点
自适应多目标二进制差分进化算法	4.3288	12、16、25、31
带精英策略的非支配排序遗传算法	4.3376	12、16、30、36
改进的多目标二进制蝙蝠算法	4.3288	12、16、25、31

表 3-8　单目标 F_{obj2} 结果对比

算法	目标函数最小值	PMU 配置节点
自适应多目标二进制差分进化算法	3.93830	13、16、25、31
带精英策略的非支配排序遗传算法	3.93863	12、18、25、31
改进的多目标二进制蝙蝠算法	3.93830	13、16、25、31

由于智能算法容易陷入局部最优及存在随机性，所以本书对每种仿真算法进行多次计算，记录每种算法的最佳结果。由表 3-7 与表 3-8 可知，自适应多目标二进制差分进化算法的最优解与改进的多目标二进制蝙蝠算法相同，均优于带精英策略的非支配排序遗传算法最优解。在满足状态估计结果精度约束的前提下，通过上述三种算法求得最优解均需配置 4 台 PMU，位置上有所差异。根据改进的多目标二进制蝙蝠算法与自适应多目标二进制差分进化算法结果，节点 12、16、25、31 配置 PMU 是在费用相同的情况下，状态估计结果精度最高的方案。此时，状态估计结果中 $err_{mag95\%}=0.0141$，$err_{ang95\%}=0.0014$，均满足精度约束条件，此时配置节点的电压越限权重值为 5.8213。在节点 13、16、25、31 处配置 PMU 是在费用最低的情况下，实时监测节点电压越限权重值最大的方案。此时，状态估计结果中 $err_{mag95\%}=0.0149$，$err_{ang95\%}=0.0017$，满足精度约束条件，此时配置节点的电压越限权重为 6.1748。

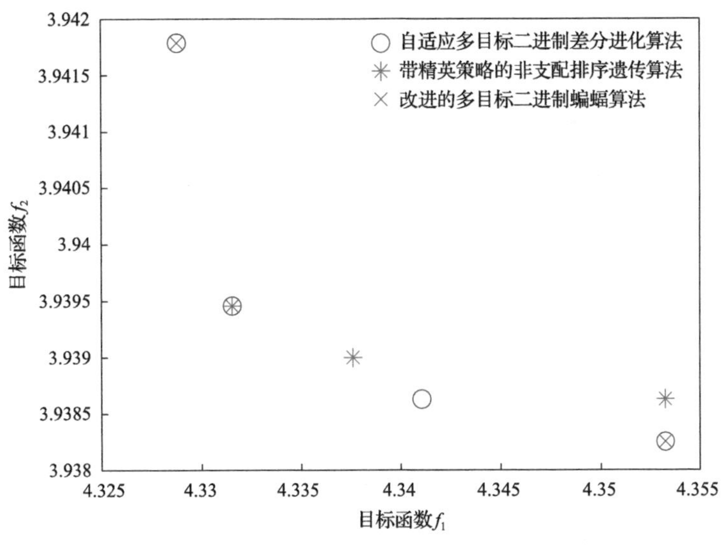

图 3-11　Pareto 前沿对比 1

由图 3-11 可知，自适应多目标二进制差分进化算法可以获得两个单目标全局最优解，且 Pareto 前沿上解的数目为 4。虽然改进的多目标二进制蝙蝠算法也可以获得两个单目标全局最优解，但其 Pareto 最优解集仅有 3 个解。带精英策略的非支配排序遗传算法并未找到单目标全局最优解。因此，相比于改进的多目标二进制蝙蝠算法，自适应多目标二进制差分进化算法可以更好地保证 Pareto 前沿的完整性。

进一步探究状态估计精度约束对算例结果的影响。将精度约束修改为$\varepsilon_{\max \text{mag}} = 0.012$，$\varepsilon_{\max \text{ang}} = 0.007$，得到的 Pareto 前沿对比如图 3-12 所示。

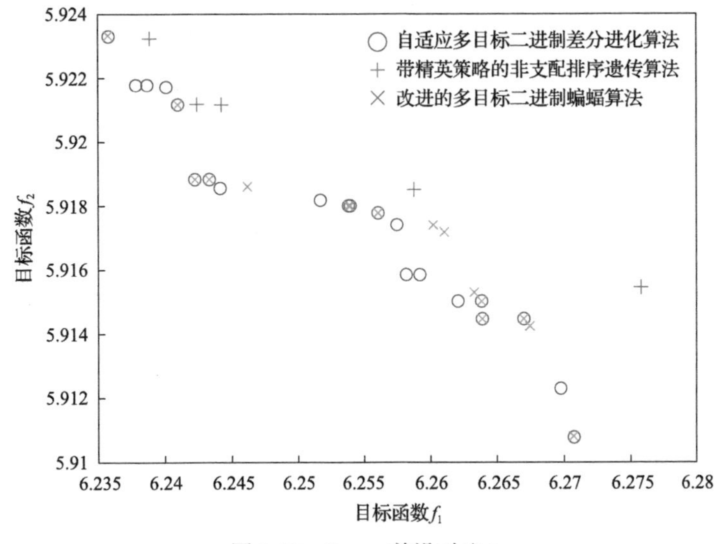

图 3-12　Pareto 前沿对比 2

由图 3-12 可知，加强精度约束后，所需 PMU 的数量由 4 台增加到 6 台。带精英策略的非支配排序遗传算法求得的 Pareto 最优解集中仅有 5 个 Pareto 最优解，改进的多目标二进制蝙蝠算法解的数目为 15，而自适应多目标二进制差分进化算法可以得到 21 个 Pareto 最优解。与上述结论相同的是，自适应多目标二进制差分进化算法与改进的多目标二进制蝙蝠算法均可以得到单目标全局最优解，优于带精英策略的非支配排序遗传算法。

3.5 本 章 小 结

本章首先介绍了以节点电压越限概率和测量装置配置经济性为目标的 PMU 多阶段优化配置问题，随后介绍了计及状态估计精度的配电网 PMU 最优配置模型，最后介绍了以状态估计精度、PMU 配置经济性以及配置节点电压越限权重为目标函数的 PMU 多目标最优配置模型。算例分析结果表明：随机变量间的相关性会影响节点电压幅值的累积概率分布，从而影响 PMU 配置结果。在 PMU 最优配置问题和多目标最优配置问题中，改进的多目标二进制蝙蝠算法、自适应多目标二进制差分进化算法能提高求解结果的全局最优性。

参 考 文 献

[1] Karaki S H, Chedid R B, Ramadan R. Probabilistic performance assessment of autonomous solar-wind energy conversion systems[J]. IEEE Transactions on Energy Conversion, 1999, 14(3): 766-772.

[2] Abouzahr I, Ramakumar R. An approach to assess the performance of utility-interactive wind electric conversion systems[J]. IEEE Transactions on Energy Conversion, 1991, 6(4): 627-638.

[3] 曹佳, 严正, 李建华, 等. 含风电场交直流混联系统的概率潮流计算[J]. 电力自动化设备, 2016, 36(11): 94-101.

[4] Yang X S, Gandomi A H. Bat algorithm: A novel approach for global engineering optimization[J]. Engineering Computations, 2012, 29(5): 464-483.

[5] 李枝勇. 蝙蝠算法及其在函数优化中的应用研究[D]. 上海: 上海理工大学, 2013.

[6] 李枝勇, 马良, 张惠珍. 0-1 规划问题的元胞蝙蝠算法[J]. 计算机应用研究, 2013, 30(10): 2903-2906.

[7] Dumitrescu D, Lazzerini B, Jain L C, et al. Evolutionary Computation[M]. Boca Raton: Evolutionary Computation, 2000.

[8] Storn R, Price K. Differential evolution: A simple and efficient heuristic for global optimization over continuous spaces[J]. Journal of Global Optimization, 1997, 11(4): 341-359.

[9] Price K, Storn R M, Lampinen J A. Differential Evolution: A Practical Approach to Global Optimization (Natural Computing Series)[M]. Berlin: Springer Science and Business Media, 2005.

[10] 唐云岚, 赵青松, 高妍方, 等. Pareto 最优概念的多目标进化算法综述[J]. 计算机科学, 2008, 35(10): 25-27.

[11] Beumea N, Emmerich M. SMS-EMOA: Multiobjective selection based on dominated hypervolume[J]. European Journal of Operational Research, 2007, 181(3): 1653-1669.

[12] Awad N H, Ali M Z, Duwairi R M. Multi-objective differential evolution based on normalization and improved mutation strategy [J]. Natural Computing, 2016, 16(4): 1-15.

[13] Baran M E. Network reconfiguration in distribution system for loss reduction and load balancing[J]. IEEE Transactions on Power Delivery, 1989, 4(2): 1401-1407.

第 4 章　配电网状态估计的灵敏度分析

配电网中测量装置配置不足，通常引入伪量测来满足系统的可观测性要求，以实现状态估计。考虑到仪表精度等级、信息传递缺失及负荷预测误差等因素，实时量测数据可能存在误差，伪量测与真实值之间也存在一定的偏差，配电网的实时量测和伪量测不确定性会对状态估计的精度产生影响。因此，研究考虑不确定性因素的配电网状态估计具有重要价值。

本章首先介绍全局灵敏度分析(global sensitivity analysis, GSA)的基本原理；其次提出配电网状态估计的 GSA 法，用来辨识影响状态估计精度的关键量测不确定性因素及其位置；然后利用稀疏多项式混沌展开(sparse polynomial chaos expansion, SPCE)计算全局灵敏度指标，以提高 GSA 的计算效率；最后建立基于量测不确定性因素重要性排序的测量装置优化配置方法，以提高配电网状态估计的精度。

4.1　灵敏度分析计算方法

4.1.1　局部灵敏度分析

灵敏度分析能定量评估输入变量对系统输出的影响，一般分为局部灵敏度分析(local sensitivity analysis，LSA)和全局灵敏度分析。

LSA 法通过直接计算输出相对于输入的偏导数来确定各个输入变量对系统输出的影响。一步一次搜索(one-at-a-time，OAT)是一种典型的 LSA 法。OAT 用来分析单个输入变量在较小范围内变化时对输出产生的影响，其灵敏度指标表示为

$$O_j = \frac{\xi_j}{Y} \cdot \frac{\partial Y}{\partial \xi_j} \tag{4-1}$$

式中，ξ_j 为第 j 个随机输入变量；Y 为系统输出响应。

因此，LSA 法的计算复杂性较低，但仅能评估输入变量在较小范围内变化时对输出产生的影响，一般适用于线性模型，且无法考虑输入变量间交互作用对系统输出的影响。GSA 法能克服上述缺点，不仅可以研究单个输入变量对输出响应的影响，还可以研究多个输入变量间交互作用对系统输出的共同影响，适用于非

线性的复杂系统，逐渐成为不确定性分析领域的主要手段。

4.1.2 全局灵敏度分析

Sobol[1]最早介绍了基于方差分析分解的 GSA 法，又称为 Sobol 法，该方法仅适用于相互独立的输入变量。但对于大多数电力系统的问题，输入变量并非相互独立，如在配电网状态估计的不确定性分析中，有功和无功功率实时量测存在一定的相关性。因此，针对配电网状态估计中的不确定性因素，考虑输入变量相关性的 GSA 法更加适用。

Kucherenko 等[2]研究了一种考虑输入变量相关性的 GSA 法，利用全局灵敏度指标来定量评估输入变量及其交互作用对系统输出的影响。常用的全局灵敏度指标有总灵敏度指标(total sensitivity index，TSI)和一阶灵敏度指标(first-order sensitivity index，FSI)。

在空间 $\mathbf{R}^k$ 上定义一组 k 维输入随机变量 $\xi=\left[\xi_1,\xi_2,\cdots,\xi_k\right]$，$\xi$ 的联合概率分布函数为 $p(\xi)$，不失一般性，系统模型可以表示为

$$Y=g(\xi)=g\left(\xi_1,\xi_2,\cdots,\xi_k\right) \tag{4-2}$$

式中，ξ_j 为第 j 个随机输入变量；Y 为系统输出响应。

基于条件方差理论，$Y=g(\boldsymbol{\xi})$ 的总方差 $D(Y)$ 可以表示为

$$D(Y)=D_{\xi_j}[E_{\boldsymbol{\xi}_{\sim j}}(Y\mid\xi_j)]+E_{\xi_j}[D_{\boldsymbol{\xi}_{\sim j}}(Y\mid\xi_j)] \tag{4-3}$$

式中，$\boldsymbol{\xi}_{\sim j}$ 为除 ξ_j 以外的其他所有输入随机变量相量；$E_{\boldsymbol{\xi}_{\sim j}}(Y|\xi_j)$ 为函数基于 ξ_j 的条件期望；$D_{\boldsymbol{\xi}_{\sim j}}(Y|\xi_j)$ 为函数基于 ξ_j 的条件方差；$E_{\xi_j}(\bullet)$ 为有关 ξ_j 的内部函数的期望；$D_{\xi_j}(\bullet)$ 为有关 ξ_j 的内部函数的方差。

式(4-3)左右两边同时除以 $D(Y)$ 可得

$$1=\frac{D_{\xi_j}[E_{\boldsymbol{\xi}_{\sim j}}(Y\mid\xi_j)]}{D(Y)}+\frac{E_{\xi_j}[D_{\boldsymbol{\xi}_{\sim j}}(Y\mid\xi_j)]}{D(Y)} \tag{4-4}$$

式(4-4)等号右边第一项表示 ξ_j 的 FSI：

$$S_j=\frac{D_{\xi_j}[E_{\boldsymbol{\xi}_{\sim j}}(Y\mid\xi_j)]}{D(Y)} \tag{4-5}$$

式(4-4)等号右边第二项表示 $\xi_{\sim j}$ 的 TSI：

$$S_{\sim j}^{\mathrm{T}}=\frac{E_{\xi_j}[D_{\boldsymbol{\xi}_{\sim j}}(Y\mid\xi_j)]}{D(Y)} \tag{4-6}$$

为了表达式的一致性，可以得到 ξ_j 的 TSI：

$$S_j^{\mathrm{T}}=\frac{E_{\boldsymbol{\xi}_{\sim j}}[D_{\xi_j}(Y\mid\boldsymbol{\xi}_{\sim j})]}{D(Y)} \tag{4-7}$$

将式(4-5)、式(4-7)展开成积分形式，FSI 和 TSI 分别表示为[2]

$$S_j=\frac{1}{D(Y)}\left(\int_{\mathbf{R}^1}p(\xi_j)\mathrm{d}\xi_j\left[\int_{\mathbf{R}^{k-1}}(Y\mid\xi_j)p(\boldsymbol{\xi}\mid\xi_j)\mathrm{d}\boldsymbol{\xi}_{\sim j}\right]^2-g_0^2\right) \tag{4-8}$$

$$S_j^{\mathrm{T}}=\frac{1}{2D(Y)}\int_{\mathbf{R}^{k+1}}\left[Y-(Y'\mid\boldsymbol{\xi}_{\sim j})\right]^2p(\boldsymbol{\xi})p(\boldsymbol{\xi}'\mid\boldsymbol{\xi}_{\sim j})\mathrm{d}\xi_j\mathrm{d}\xi_j'\mathrm{d}\boldsymbol{\xi}_{\sim j} \tag{4-9}$$

式中，$g_0=E[g(\boldsymbol{\xi})]$；$p(\boldsymbol{\xi}\mid\xi_j)$ 和 $p(\boldsymbol{\xi}'\mid\boldsymbol{\xi}_{\sim j})$ 分别为基于 ξ_j 和 $\boldsymbol{\xi}_{\sim j}$ 的条件概率分布函数。

FSI 反映了单一输入变量 ξ_j 的不确定性对输出响应的影响，S_j 越大，说明该输入变量对系统输出的影响越显著。TSI 反映了单一输入变量与其他输入变量间交互作用对系统输出的共同影响。如果输入变量间相互独立，那么 FSI 总是小于 TSI；若两者相差较大，则说明输入变量间的交互作用对系统输出的影响更为显著。

4.1.3　基于 MCS 的全局灵敏度指标计算方法

对于大多数工程问题，系统的输入变量和输出响应更容易获得，因此通常采用蒙特卡罗模拟计算 FSI 和 TSI。假设 $\boldsymbol{A}$、$\boldsymbol{B}$ 为两组相互独立的 $N_0\times k$ 样本矩阵，N_0 为样本规模，k 为输入变量个数。$\boldsymbol{A}_B^{(j)}$（$\boldsymbol{B}_A^{(j)}$）为 $N_0\times k$ 矩阵，除第 j 列用 $\boldsymbol{B}$($\boldsymbol{A}$) 矩阵的第 j 列替代，其余列和 $\boldsymbol{A}$($\boldsymbol{B}$) 矩阵一致，则 FSI 和 TSI 的估计公式如下[2,3]：

$$\hat{g}_0=\frac{1}{N_0}\sum_{s=1}^{N_0}g(\boldsymbol{A}_s) \tag{4-10}$$

$$\hat{D}(Y)=\frac{1}{N_0}\sum_{s=1}^{N_0}g^2(\boldsymbol{A}_s)-\hat{g}_0^2 \tag{4-11}$$

$$\hat{D}_j(Y)=\frac{1}{N_0}\sum_{s=1}^{N_0}g(\boldsymbol{A}_s)g[(\boldsymbol{B}_A^{(j)})_s]-\hat{g}_0^2 \tag{4-12}$$

$$\hat{D}_{\sim j}(Y)=\frac{1}{N_0}\sum_{s=1}^{N_0}g(\boldsymbol{A}_s)g[(\boldsymbol{A}_B^{(j)})_s]-\hat{g}_0^2 \tag{4-13}$$

$$\hat{S}_j=\frac{\hat{D}_j(Y)}{\hat{D}(Y)} \tag{4-14}$$

$$\hat{S}_j^{\mathrm{T}}=1-\frac{\hat{D}_{\sim j}(Y)}{\hat{D}(Y)} \tag{4-15}$$

式中，带有上标“^”的变量表示估计值；$s=1,2,\cdots,N_0$ 表示第 s 次采样；$\boldsymbol{A}_s$ 为矩阵 $\boldsymbol{A}$ 的第 s 行，即所有输入随机变量基于联合概率分布 $p(\boldsymbol{\xi})$ 的第 s 次采样值；$(\boldsymbol{A}_B^{(j)})_s$ 为矩阵 $\boldsymbol{A}_B^{(j)}$ 的第 s 行，即基于条件概率分布 $p(\boldsymbol{\xi}|\boldsymbol{\xi}_{\sim j})$ 的第 s 次采样值；$(\boldsymbol{B}_A^{(j)})_s$ 为矩阵 $\boldsymbol{B}_A^{(j)}$ 的第 s 行，即基于条件概率分布 $p(\boldsymbol{\xi}|\boldsymbol{\xi}_j)$ 的第 s 次采样值。

根据 Jensen 的推导，另一种采用 MCS 计算 FSI 和 TSI 的公式如下[3,4]：

$$\hat{E}_j=\frac{1}{2N_0}\sum_{s=1}^{N_0}\left\{g(\boldsymbol{A}_s)-g[(\boldsymbol{B}_A^{(j)})_s]\right\}^2 \tag{4-16}$$

$$\hat{E}_{\sim j}(Y)=\frac{1}{2N_0}\sum_{s=1}^{N_0}\left\{g(\boldsymbol{A}_s)-g[(\boldsymbol{A}_B^{(j)})_s]\right\}^2 \tag{4-17}$$

$$\hat{S}_j=1-\frac{\hat{E}_j(Y)}{\hat{D}(Y)} \tag{4-18}$$

$$\hat{S}_j^{\mathrm{T}}=\frac{\hat{E}_{\sim j}(Y)}{\hat{D}(Y)} \tag{4-19}$$

在相同的采样规模下，第二种方法在计算 $\hat{S}_j^{\mathrm{T}}$ 时更加高效，而第一种方法在计算 $\hat{S}_j$ 时更加精确。因此，在基于 MCS 的全局灵敏度指标计算时，本章分别采用式(4-12)、式(4-14)和式(4-17)、式(4-19)计算 FSI 和 TSI。

然而，基于 MCS 的计算方法所需样本数量非常庞大，在工程实践中，大量的 MCS 会导致全局灵敏度指标计算耗时严重。因此，本节引入基于稀疏多项式混沌展开的全局灵敏度指标计算方法，以提高 FSI 和 TSI 的计算效率。

4.1.4　基于 SPCE 的全局灵敏度指标计算方法

Blatman 等[5]研究了把输出变量表示为正交多项式的混沌展开(polynomial chaos

expansion, PCE)，并利用多项式的系数快速计算全局灵敏度指标。

对于定义在 $\mathbf{R}^k$ 上的一组 k 维输入随机变量 $\boldsymbol{\xi}=\left[\xi_1,\xi_2,\cdots,\xi_k\right]$，用输入变量 $\boldsymbol{\xi}$ 的多项式混沌展开表示输出响应 $Y=g(\boldsymbol{\xi})$：

$$Y=\sum_{\boldsymbol{i}\in\mathbf{N}^k} a_{\boldsymbol{i}}\psi_{\boldsymbol{i}}(\boldsymbol{\xi}) \tag{4-20}$$

式中，$\boldsymbol{i}=\left[i_1,i_2,\cdots,i_k\right]$ 为多维指标相量；a_i 为混沌多项式待求系数；$\psi_i(\boldsymbol{\xi})=\prod_{j=1}^{k}\phi_{i_j}(\xi_j)$ 为标准正交多项式基函数，由一族单变量正交多项式的张量积表示，其正交性满足

$$E[\psi_m(\boldsymbol{\xi})\psi_n(\boldsymbol{\xi})]=\begin{cases}1, & m=n\\ 0, & m\neq n\end{cases} \tag{4-21}$$

在实际应用中，采用不高于 p 阶的多项式对式(4-20)进行截断近似：

$$Y\approx g_p(\boldsymbol{\xi})=\sum_{\boldsymbol{i}\in\boldsymbol{A}^{k,p}} a_i\psi_i(\boldsymbol{\xi})=\boldsymbol{a}^{\mathrm{T}}\boldsymbol{\psi}(\boldsymbol{\xi}) \tag{4-22}$$

式中，$\boldsymbol{a}=\left[a_0,a_1,\cdots,a_{p-1}\right]$ 为待求系数相量；$\boldsymbol{A}^{k,p}=\{\boldsymbol{i}\in\mathbf{N}^k:|\boldsymbol{i}|=\sum_{l=1}^{k}i_l\leqslant p\}$ 为截断集，其元素个数(即多项式总项数)为

$$\left|\boldsymbol{A}^{k,p}\right|=\frac{(k+p)!}{k!\,p!} \tag{4-23}$$

随着输入变量维度 k 的增加，多项式个数会迅速增长，导致求解混沌多项式系数 $\boldsymbol{a}$ 所需的样本规模庞大，严重降低了建立代理模型的效率，也就是“维数灾”问题。对于大多数实际问题，只有少数输入变量及其低阶作用对输出结果有重要影响。因此，本章引入 SPCE 建立所需的配电网状态估计的代理模型，通过最小角回归方法选择并保留影响系统输出响应的关键多项式基，从而克服传统 PCE 方法的“维数灾”问题。

根据多项式基的正交性，对于 SPCE 表达式 $g_{\boldsymbol{A}}(\boldsymbol{\xi})=\sum_{\boldsymbol{i}\in\boldsymbol{A}}a_i\psi_i(\boldsymbol{\xi})$，其中 $\boldsymbol{A}$ 为关键多项式基函数有效集，则输出变量的均值和方差可以分别表示为

$$E\left[g_{\boldsymbol{A}}(\boldsymbol{\xi})\right]=E\left[\sum_{\boldsymbol{i}\in\boldsymbol{A}}a_i\psi_i(\boldsymbol{\xi})\right]=a_0 \tag{4-24}$$

$$D\left[g_{\boldsymbol{A}}(\boldsymbol{\xi})\right]=E\left[[g_{\boldsymbol{A}}(\boldsymbol{\xi})-a_0]^2\right]=\sum_{\boldsymbol{i}\in\boldsymbol{A},\boldsymbol{i}\neq\boldsymbol{0}}a_i^2 \tag{4-25}$$

如果输入变量相互独立，那么系统输出变量 $g(\boldsymbol{\xi})$ 可以唯一分解为

$$g(\boldsymbol{\xi})=a_0+\sum_{\substack{u\subset\{1,2,\cdots,k\}\\u\neq\varnothing}}\sum_{\boldsymbol{\beta}\in\boldsymbol{A}_u}a_{\boldsymbol{\beta}}\psi_{\boldsymbol{\beta}}(\boldsymbol{\xi}_u) \tag{4-26}$$

式中，$\boldsymbol{A}_u=\left\{\boldsymbol{\beta}\in\boldsymbol{A}:\begin{matrix}\beta_l>0,\forall l\in u\\ \beta_l=0,\forall l\in\{1,2,\cdots,k\}\setminus u\end{matrix}\right\}$，$\boldsymbol{\beta}=\{\beta_l\geqslant 0, l=1,2,\cdots,k\}$。

因此，偏方差可以由多项式基的系数计算得到：

$$D_u=D\left[\sum_{\boldsymbol{\beta}\in\boldsymbol{A}_u}a_{\boldsymbol{\beta}}\psi_{\boldsymbol{\beta}}(\boldsymbol{\xi}_u)\right]=\sum_{\boldsymbol{\beta}\in\boldsymbol{A}_u}a_{\boldsymbol{\beta}}^2 \tag{4-27}$$

根据全局灵敏度指标的定义，任意单个或一组输入随机变量 $\boldsymbol{\xi}_u$ 的 FSI 和 TSI 的计算公式为

$$S_u=\frac{\sum_{\boldsymbol{\beta}\in\boldsymbol{A}_u}a_{\boldsymbol{\beta}}^2}{\sum_{\boldsymbol{i}\in\boldsymbol{A},\boldsymbol{i}\neq\boldsymbol{0}}a_i^2} \tag{4-28}$$

$$S_u^{\mathrm{T}}=\frac{\sum_{\boldsymbol{\beta}\in\boldsymbol{A}_u^{\mathrm{T}}}a_{\boldsymbol{\beta}}^2}{\sum_{\boldsymbol{i}\in\boldsymbol{A},\boldsymbol{i}\neq\boldsymbol{0}}a_i^2} \tag{4-29}$$

式中，$\boldsymbol{A}_u^{\mathrm{T}}=\{\boldsymbol{\beta}\in\boldsymbol{A}:\boldsymbol{\beta}_l>0,\forall l\in u\}$。

如果输入变量间存在相关性，那么可以把系统的输出结果用 SPCE 表示，并利用少量的输入和输出样本确定多项式系数，再通过 SPCE 代理模型实现全局灵敏度指标的快速计算。

针对具有高维输入变量的系统，SPCE 可以从大量候选基中选择关键的多项式基函数，使得待求解的系数远小于同阶的 PCE，求解过程中输入和输出样本规模可以大幅度降低。因此，对于含大量不确定性因素的配电网，SPCE 仅

需较少的样本规模就能够得到原系统的代理模型,从而通过 SPCE 的系数不仅可以计算输出变量的均值和方差等统计量，还可以替代 MCS 快速计算全局灵敏度指标。

4.2 配电网状态估计的全局灵敏度分析及应用

4.2.1 配电网状态估计的不确定性因素

配电网的电气设备及元件数量庞大，但量测装置配置不足，需要采用负荷预测数据或部分 AMI 信息等作为伪量测，以保证量测的冗余度，从而实现状态估计。但这些计及 AMI 信息的负荷、分布式电源(distributed generation, DG)出力伪量测没有充分地考虑时间、天气、地理环境等因素的变化，与真实值之间存在一定的偏差；同时，实时量测数据也可能由于仪表精度较低或信息传输环节等而具有较大误差。配电网状态估计的实时量测和伪量测存在不确定性(后面量测不确定性泛指实时量测的不确定性和伪量测的不确定性)，会对状态估计的精度产生严重影响,进而影响调度中心对电网的监测、控制和事故分析。配电网中的不确定性根据其来源分为以下两类。

(1)量测数据不确定性：包括电压和电流互感器误差、量测终端误差、信息传输误差、不同量测设备或不同区域的同类量测设备的时标不一致造成的误差等。根据现有研究结果，SCADA 的量测误差不会超过 10%，PMU 的量测误差不会超过 1%，伪量测的误差一般为 30%～50%。因此，辨识影响状态估计精度的关键量测不确定性因素及其位置，并在相应位置配置高精度的量测装置以提高状态估计的精度具有实际价值。

(2)线路参数不确定性：在电网规划、系统调度分析和状态估计中，使用的线路参数来自控制中心的参数库，通常在实时计算中被看作常数值，没有考虑线路运行条件和外界环境因素等对线路参数的影响，如光照、风速、温度等因素都会对线路的散热产生影响，进而改变线路电阻参数。此外，新建架空线路和电缆等会对原有线路的互感产生影响，进而影响其电抗值；实际电缆设备或传输导线在其运行寿命期间需要进行检修和维护，这也会改变线路参数，而控制中心的参数库无法对上述数据进行实时更新，因此线路参数存在一定程度的误差。由于上述因素的影响，线路参数可能偏离其额定值超过 30%[6]。因此，线路参数不确定性对配电网状态估计具有一定的影响。

4.2.2　基于 SPCE 的配电网状态估计 GSA

本书状态估计的误差 e 由平均节点电压幅值相对误差 e_{mag} 和平均节点电压相角绝对误差 e_{ang} 之和表示，e_{mag} 是所有节点电压幅值估计值和基准值的相对误差的平均值，e_{ang} 是所有节点电压相角估计值和基准值的绝对误差的平均值。

$$e_{\mathrm{mag}} = \frac{1}{n}\sum_{i=1}^{n}\left|\frac{U_{\mathrm{m}i,\mathrm{est}} - U_{\mathrm{m}i,\mathrm{ref}}}{U_{\mathrm{m}i,\mathrm{ref}}}\right| \tag{4-30}$$

$$e_{\mathrm{ang}} = \frac{1}{n}\sum_{i=1}^{n}\left|\theta_{i,\mathrm{est}} - \theta_{i,\mathrm{ref}}\right| \tag{4-31}$$

式中，n 为节点数；$U_{\mathrm{m}i,\mathrm{est}}$ 和 $\theta_{i,\mathrm{est}}$ 分别为第 i 个节点电压幅值和相角的估计值；$U_{\mathrm{m}i,\mathrm{ref}}$ 和 $\theta_{i,\mathrm{ref}}$ 分别为第 i 个节点电压幅值和相角的基准值。

针对配电网状态估计，首先通过残差搜索辨识方法剔除不良数据。在此基础上，将实时量测和伪量测的不确定性作为输入变量，状态估计的精度作为输出变量，建立配电网状态估计精度的 SPCE 模型，并基于多项式系数快速计算全局灵敏度指标，以定量评估输入变量对系统输出的影响，从而辨识影响状态估计精度的关键量测不确定性因素，并根据量测评估结果为 PMU 的优化布点提供指导。具体步骤如下所示。

(1) 根据配电网中各个实时量测设备的精度等级和伪量测的不确定性，建立各种实时量测数据和伪量测数据的概率模型。

(2) 针对配电网的某一运行状态，建立状态估计精度对实时量测和伪量测不确定性的 SPCE 模型。

①设置 SPCE 建模的采样规模为 S。

②根据各个量测的概率模型，通过 MCS 采样得到 S 组相互独立的量测数据 $\boldsymbol{z} = (\boldsymbol{z}^{(1)}, \boldsymbol{z}^{(2)}, \cdots, \boldsymbol{z}^{(S)})$。

③设置 j=1。

④求解配电网状态估计，获得系统量测数据 $\boldsymbol{z}^{(j)}$ 时的配电网状态估计值 $\boldsymbol{x}^{(j)}$。

⑤由式 (4-30) 和式 (4-31) 计算状态估计精度 $e^{(j)}$，令 j=j+1。

⑥若 $j \leqslant S$，回到步骤④；否则，前往步骤⑦。

⑦将 $\boldsymbol{z} = (\boldsymbol{z}^{(1)}, \boldsymbol{z}^{(2)}, \cdots, \boldsymbol{z}^{(S)})$ 作为输入样本，将 $\boldsymbol{e} = (e^{(1)}, e^{(2)}, \cdots, e^{(S)})$ 作为输出样本，建立配电网状态估计精度的 SPCE 模型 $e = g_{\boldsymbol{A}}(\boldsymbol{z})$。

(3) 根据 $e = g_A(z)$ 的多项式系数，计算 FSI 和 TSI。

(4) 基于全局灵敏度指标辨识影响配电网状态估计精度的关键量测不确定性因素，按 FSI 大小对影响状态估计精度的不确定性因素进行重要性排序，为配电网量测装置配置提供参考信息。

综上所述，基于 SPCE 的配电网状态估计的 GSA 流程图如图 4-1 所示。此外，基于 MCS 的配电网状态估计的 GSA 流程图如图 4-2 所示。

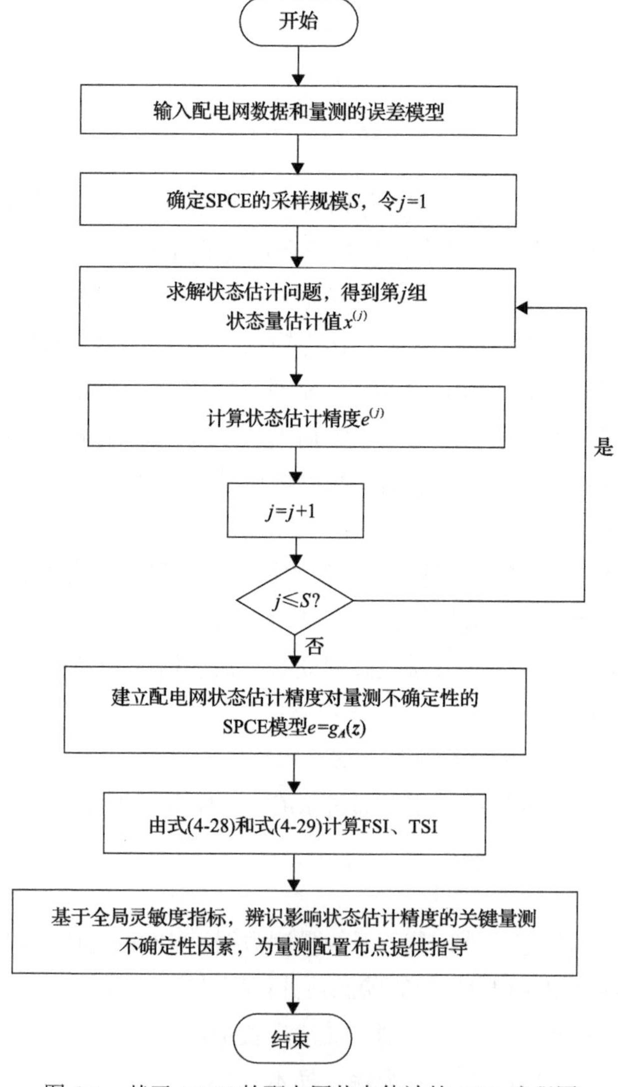

图 4-1 基于 SPCE 的配电网状态估计的 GSA 流程图

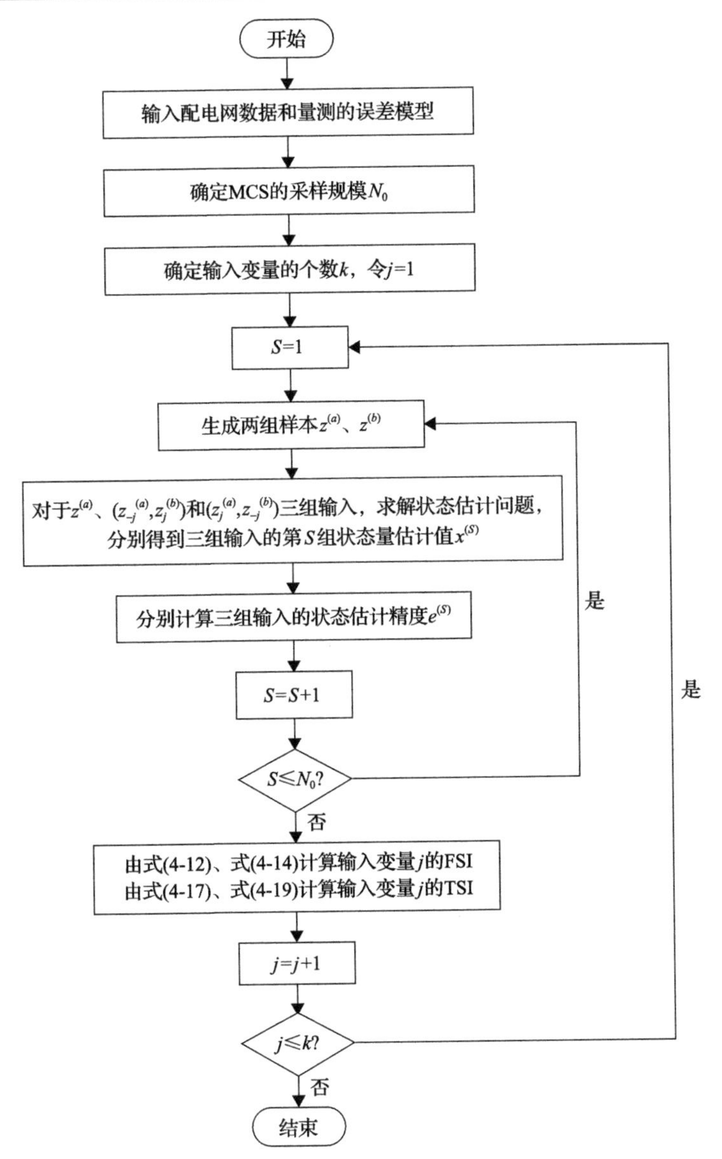

图 4-2　基于 MCS 的配电网状态估计的 GSA 流程图

4.3　算 例 分 析

4.3.1　算例系统

以 IEEE33 节点配电网作为测试系统，网络结构示意图如图 4-3 所示，包括 32 条支路和 5 条联络线。

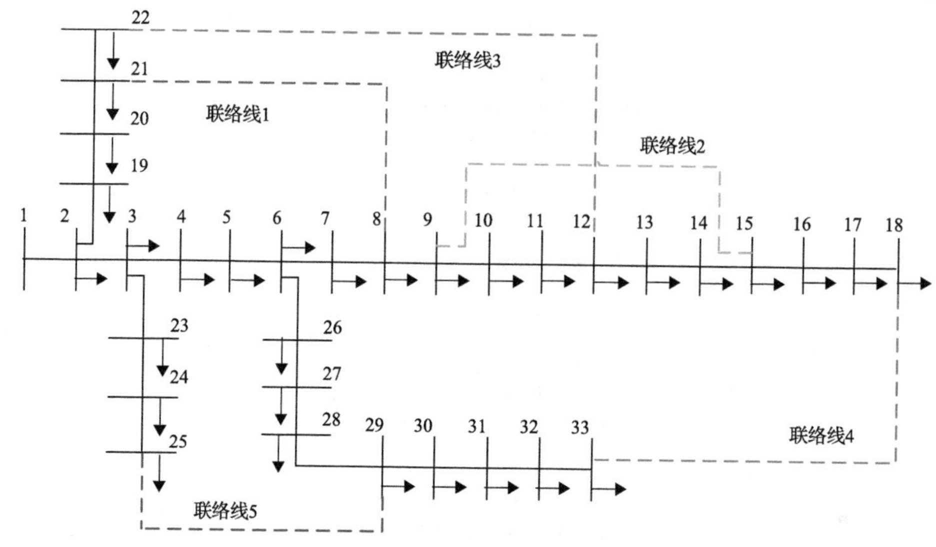

图 4-3　IEEE33 节点网络结构示意图

量测配置方案如表 4-1 所示，实时量测数据共 25 个，包括节点 3 的电压幅值量测，节点 2、节点 3、节点 6 的有功、无功功率量测，以及若干支路有功、无功功率量测，分别编号 1～25；伪量测数据共 40 个，负荷有功功率和无功功率各 20 个，分别编号 26～45 和 46～65。设置各类实时量测和伪量测的最大误差 $\mathrm{err}_{\max}$ 如表 4-2 所示。假设量测不确定性服从正态分布，根据 3σ 原则，量测不确定性的标准差为 $\sigma=\dfrac{\mu\times\mathrm{err}_{\max}}{3}$，其中 μ 为量测量的正态均值。

表 4-1　量测配置方案

量测类型	测量点或支路	编号
节点电压幅值 U_{mi}	3	1
节点注入功率 P_i (Q_i)	2、3、6	2～4(5～7)
支路功率 P_{ij} (Q_{ij})	2-3、6-7、12-13、15-16、2-19、20-21、3-23、6-26、30-31	8～16(17～25)
伪量测 Pd_i (Qd_i)	5、7、8、9、10、11、13、14、16、18、19、21、23、24、26、27、28、29、31、32	26～45(46～65)

表 4-2　(伪)量测最大误差 $\mathrm{err}_{\max}$

量测量	电压幅值	注入功率	支路功率	伪量测
	U_{mi}	P_i, Q_i	P_{ij}, Q_{ij}	P_{di}, Q_{di}
最大误差 $\mathrm{err}_{\max}$ /%	1	3	3	30

首先断开所有的联络开关，在配电网呈辐射状的情况下，进行配电网状态估

计的 GSA。输入随机变量为潮流计算真值，并叠加服从正态分布的随机误差，输出响应为状态估计的精度 e，由平均节点电压幅值相对误差 e_{mag} 和平均节点电压相角绝对误差 e_{ang} 之和表示，e_{mag} 是所有节点电压幅值估计值和基准值的相对误差的平均值，e_{ang} 是所有节点电压相角估计值和基准值的绝对误差的平均值。下面基于全局灵敏度指标定量评估实时量测和伪量测的不确定性，分析编号 1～65 的量测不确定性因素对配电网状态估计精度的影响。

4.3.2　基于 SPCE 的 GSA

采用 UQLab[7]建立配电网状态估计精度的 SPCE 模型，从而根据多项式系数快速计算 FSI 和 TSI。其中，输入变量的维度 $k=65$，SPCE 最高阶数 $p=3$，建立代理模型所需的样本规模设置为 S=1000。样本规模取决于实际问题的需求，可人为设定[8]，对于本章算例，S=1000 可以满足建模准确性的要求。以 MCS 计算结果作为基准以检验 SPCE 计算结果的准确性，图 4-4 给出了三个输入变量(节点 3 电压幅值量测、支路 6-7 的有功功率量测、支路 2-3 的无功功率量测)的 FSI 和 TSI 随 MCS 采样次数增加的收敛过程，可以看出，采样规模为 10000 后 FSI 和 TSI 逐渐稳定，采样规模为 50000 的 MCS 的计算结果具有较高的准确性，下面以 50000 次 MCS 的计算结果作为基准值。

以配电网状态估计的精度作为输出响应，输入变量的全局灵敏度指标如图 4-5 所示。图 4-5 中仅展示了 FSI 大于 0.001 的关键量测不确定性因素；对于 FSI 小于 0.001 的不确定性因素，其对系统输出响应的影响很小，未在图中标注。由图 4-5 可知，SPCE 和 MCS 辨识出的关键输入变量完全一致。各个关键输入变量的 FSI

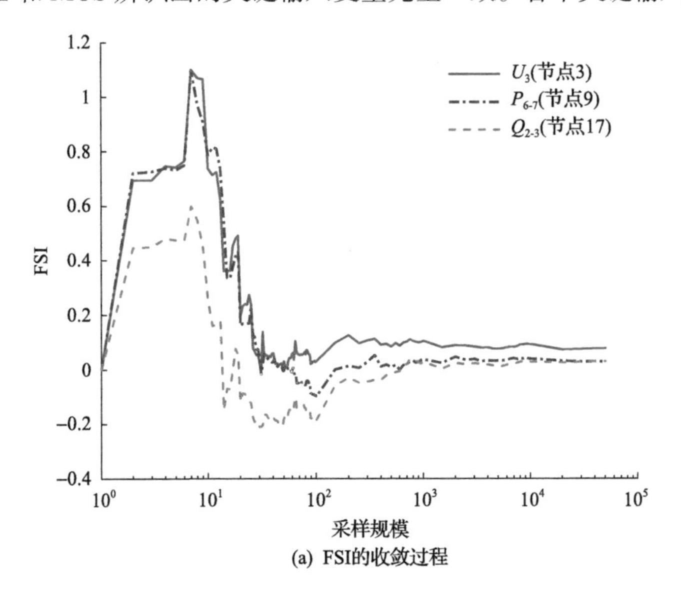

(a) FSI的收敛过程

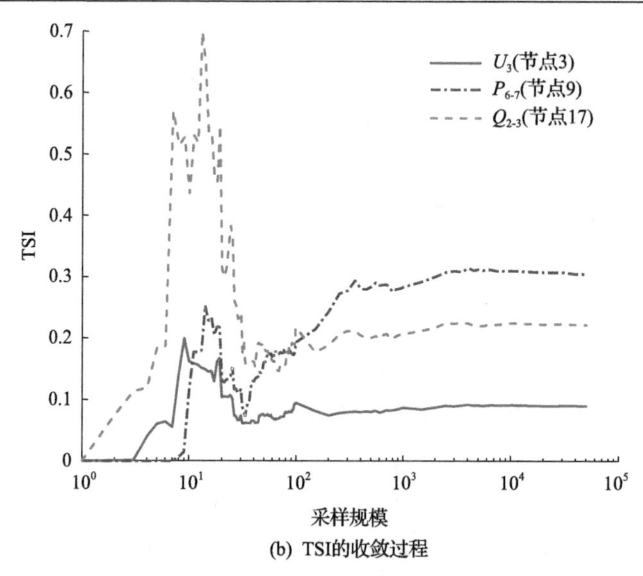

(b) TSI的收敛过程

图 4-4　三个输入变量的 FSI 和 TSI 收敛过程

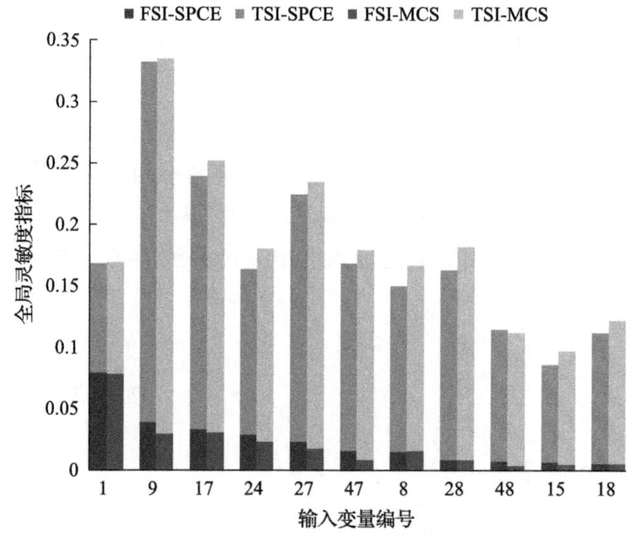

图 4-5　关键输入变量的 FSI 和 TSI

和 TSI 具体计算结果如表 4-3 所示。SPCE 得到的基于 FSI 的关键输入变量依次为 1、9、17、24、27、47、8、28、48、15、18；MCS 得到的排序为 1、17、9、24、27、8、28、47、18、48、15。不同之处仅有输入变量 9 和 17 排序互换，输入变量 47 的 FSI 略大，输入变量 48 和 18 排序互换。总体而言，SPCE 和 MCS 得到的 FSI 和 TSI 结果基本一致。另外，对于 MCS，由于样本规模为 50000，其仿真时间约为 9188s；对于 SPCE，建立状态估计精度的代理模型仅需要 1000 个样本，并且可以进一步地利用 SPCE 模型的多项式系数求解全局灵敏度指标，避免了大量的状态估计计算，总仿真时间仅为 27.9s。综上所述，相比于 MCS，SPCE 在保证计算结果准确性的前提下显著地提高了 GSA 的计算效率。

表 4-3　基于 SPCE 和 MCS 的全局灵敏度指标计算结果

编号	FSI-SPCE	TSI-SPCE	FSI-MCS	TSI-MCS
1	0.0795	0.0884	0.0784	0.0905
9	0.0393	0.2935	0.0308	0.3052
17	0.0332	0.2063	0.0324	0.2220
24	0.0290	0.1349	0.0234	0.1565
27	0.0232	0.2012	0.0177	0.2172
47	0.0163	0.1522	0.0085	0.1710
8	0.0148	0.1349	0.0163	0.1505
28	0.0090	0.1536	0.0087	0.1732
48	0.0072	0.1076	0.0048	0.1085
15	0.0066	0.0791	0.0045	0.0930
18	0.0055	0.1067	0.0067	0.1160

根据 SPCE 计算结果，各个关键输入变量对应的量测量如表 4-4 所示。对配电网状态估计精度影响最大的五个不确定性因素分别是节点 3 的电压幅值量测量（U_3）、支路 6-7 的有功功率量测量（$P_{6\text{-}7}$）、支路 2-3 的无功功率量测量（$Q_{2\text{-}3}$）、支路 6-26 的无功功率量测量（$Q_{6\text{-}26}$）和节点 7 的负荷有功功率伪量测量（$P_{\mathrm{d}7}$）。

表 4-4　基于 FSI 的关键输入变量排序

排序	1st	2nd	3rd	4th	5th	6th
编号	1	9	17	24	27	47
量测量	U_3	$P_{6\text{-}7}$	$Q_{2\text{-}3}$	$Q_{6\text{-}26}$	$P_{\mathrm{d}7}$	$Q_{\mathrm{d}7}$
排序	7th	8th	9th	10th	11th	
编号	8	28	48	15	18	
量测量	$P_{2\text{-}3}$	$P_{\mathrm{d}8}$	$Q_{\mathrm{d}8}$	$P_{6\text{-}26}$	$Q_{6\text{-}7}$	

同时，GSA 法还可以分析输入变量间交互作用对系统输出的共同影响。由图 4-5 可知，第 9 个输入变量 $P_{6\text{-}7}$ 的 FSI 和 TSI 相差最大，说明 $P_{6\text{-}7}$ 与其他输入变量间的交互作用对配电网状态估计精度的影响显著。具体来说，$P_{6\text{-}7}$ 与 $Q_{6\text{-}7}$（支路 6-7 的无功功率量测量）的交互作用、$P_{6\text{-}7}$ 与 $P_{\mathrm{d}7}$ 的交互作用对状态估计精度的影响

较为显著。$P_{6\text{-}7}$ 与 $Q_{6\text{-}7}$ 的交互作用影响较大是因为配电网支路 R/X 较大，有功和无功功率的耦合性较强；$P_{6\text{-}7}$ 与 P_{d7} 的交互作用是由支路功率和该支路两端节点负荷的联系所决定的。

图 4-6 分别给出了与第 8 个输入变量 $P_{2\text{-}3}$ 和第 17 个输入变量 $Q_{2\text{-}3}$ 有关的一阶、二阶全局灵敏度指标。可以看出，$P_{2\text{-}3}$ 和 $Q_{2\text{-}3}$ 的交互作用对配电网状态估计精度的影响大于单一输入变量 $P_{2\text{-}3}$ 或 $Q_{2\text{-}3}$ 本身对状态估计精度的影响(第 8 个和第 17 个输入变量的二阶灵敏度指标 $S_{8,17}$=0.0384，第 8 个输入变量的一阶灵敏度指标 S_8=0.0148，第 17 个输入变量的一阶灵敏度指标 S_{17}=0.0332)。此外，$P_{2\text{-}3}$ 和 $Q_{2\text{-}3}$ 都与 $P_{6\text{-}7}$、$P_{6\text{-}26}$、$Q_{6\text{-}26}$ 存在较大的交互作用影响。因此，同一支路/节点的有功和无功功率的交互作用对配电网状态估计精度的影响较大，并且它们与其他变量的交互作用相近。

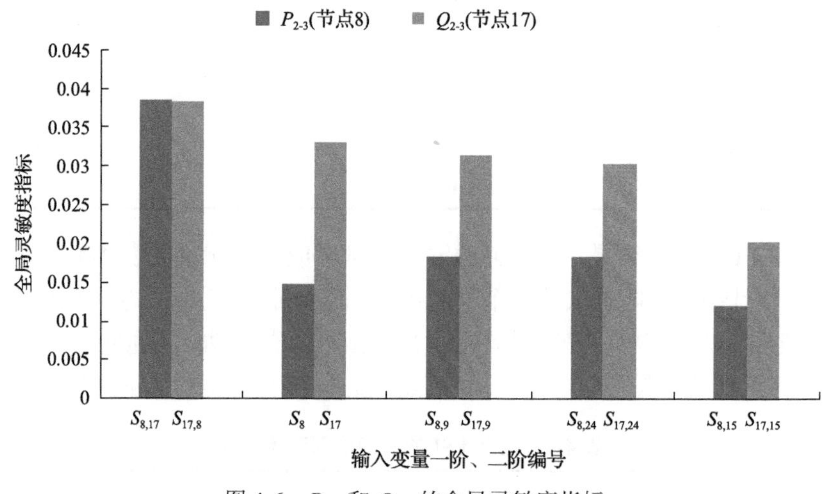

图 4-6　$P_{2\text{-}3}$ 和 $Q_{2\text{-}3}$ 的全局灵敏度指标

上述分析都是基于正态分布的概率模型，但在实际应用中，量测的不确定性因素可能呈现不同的概率分布。为了分析概率模型变化对计算结果的影响，假设各个不确定性因素服从均匀分布，同样采用基于 SPCE 的 GSA 法进行分析，计算结果如图 4-7 所示。对于不同的概率分布模型，虽然关键输入变量的 FSI 和 TSI 计算结果存在差异，输入变量的重要性排序也不完全相同，但整体而言，对状态估计精度影响较大的关键量测不确定性因素 FSI 和 TSI 辨识结果一致，即两种情况下获得的重要输入变量相同。因此，对于本章所分析的系统，输入变量的概率模型变化会改变全局灵敏度指标数值，但是不会显著地影响 GSA 辨识出的关键输入变量。可以得出结论，当实时量测和伪量测的不确定性服从其他概率分布时，基于 SPCE 的 GSA 法仍然适用。

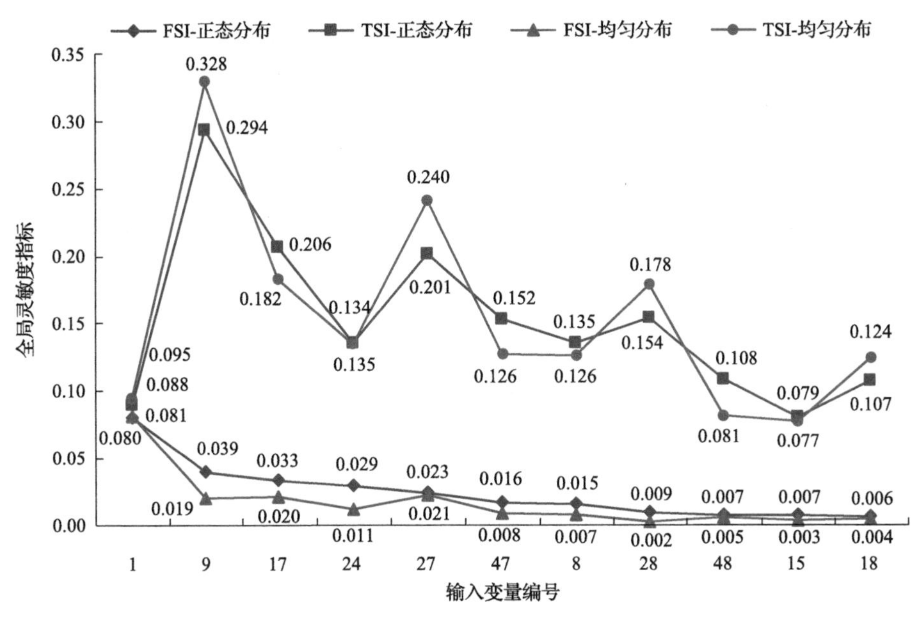

图 4-7　正态分布和均匀分布下关键输入变量的 FSI 和 TSI

4.3.3　系统运行状态变化对全局灵敏度指标的影响

下面进一步分析系统运行状态变化(如节点负荷变化、网架结构变化等)对灵敏度指标的影响。假设所有负荷依次增长 10%、20%直到 50%，拓扑结构和其余参数保持不变，输入变量的 FSI 如表 4-5 所示。当系统负荷改变时，虽然输入变量的重要性排序发生变化，但是排在前 11 位的重要输入变量基本保持不变。由图 4-8 可以看出，当负荷依次从 100%变化至 150%时，输入变量 27(节点 7 的负荷有功功率伪量测)、输入变量 28(节点 8 的负荷有功功率伪量测)、输入变量 47(节点 7 的负荷无功功率伪量测)和输入变量 48(节点 8 的负荷无功功率伪量测)的 FSI 逐渐增大，其重要性排序逐渐靠前。由于伪量测是基于负荷预测数据得到的，当负荷增长时，伪量测的不确定性增大，其对配电网状态估计精度的影响增加。

表 4-5　随负荷变化的关键输入变量 FSI 排序

排序	负荷					
	P/Q	$P/Q\times1.1$	$P/Q\times1.2$	$P/Q\times1.3$	$P/Q\times1.4$	$P/Q\times1.5$
1st	1	1	9	9	9	27
2nd	9	9	27	27	27	9
3rd	17	17	28	28	28	28
4th	24	24	47	47	47	47
5th	27	27	17	17	17	17
6th	47	47	18	18	18	18
7th	8	8	48	48	48	48

续表

排序	负荷					
	P/Q	$P/Q\times1.1$	$P/Q\times1.2$	$P/Q\times1.3$	$P/Q\times1.4$	$P/Q\times1.5$
8th	28	28	8	8	8	8
9th	48	48	24	24	24	24
10th	15	15	1	15	15	15
11th	18	18	15	1	1	1

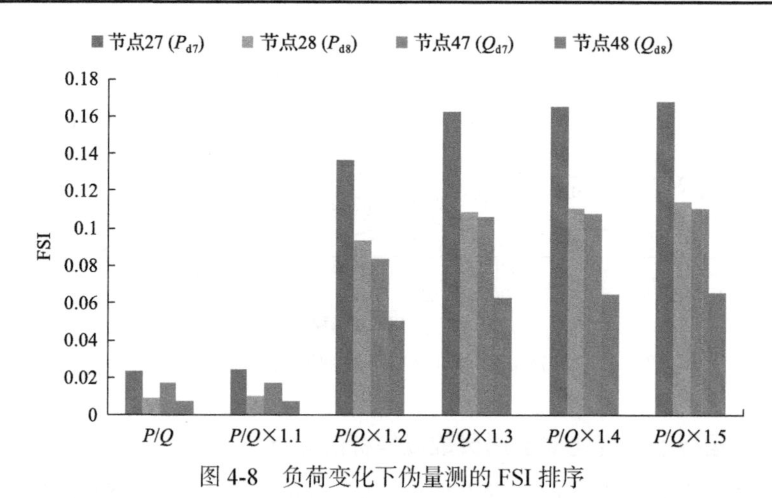

图 4-8　负荷变化下伪量测的 FSI 排序

接下来，保持系统负荷不变，分别连接节点 8-21、9-15、12-22、18-33 和 25-29，即依次闭合 5 条联络线开关，使配电网网架结构从辐射状变为弱环网，如图 4-3 中虚线所示。在这六种不同拓扑结构的情况下，关键量测不确定性因素的 FSI 排序结果如表 4-6 所示。可以得出结论，在不同拓扑结构下，输入变量重要性排序发生变化，但是所辨识出的关键输入变量基本一致。

表 4-6　随拓扑结构变化的关键输入变量 FSI 排序结果

排序	拓扑结构					
	原拓扑结构	连接 8-21	连接 9-15	连接 12-22	连接 18-33	连接 25-29
1st	1	1	1	1	1	1
2nd	9	24	9	24	17	9
3rd	17	17	24	27	24	17
4th	24	47	17	47	9	27
5th	27	27	27	17	27	8
6th	47	15	8	28	8	47
7th	8	8	47	8	47	28
8th	28	28	15	15	15	18
9th	48	9	28	48	28	48
10th	15	48	18	9	18	24
11th	18	21 ($Q_{2\text{-}19}$)	48	36 (P_{d19})	48	23 ($Q_{3\text{-}23}$)

综上所述，输入变量的全局灵敏度指标会随着系统运行工况的变化而改变，但基于 GSA 的关键量测不确定性因素的辨识方法具有一定的普适性。

4.3.4　基于 GSA 的测量装置配置方案

针对已配备了一定数目量测设备的配电网，基于 GSA 辨识结果进一步优化量测装置配置。已有量测来源于 SCADA 量测和伪量测，其量测误差如表 4-2 所示。基于 GSA 辨识结果，进一步配置高精度的实时量测设备 PMU，以提高配电网状态估计的精度。表 4-4 给出了显著影响配电网状态估计精度的关键量测不确定性因素，考虑在相应的量测位置配置 PMU，此时会引入电压相角量测，配置 PMU 以后仍然采用 WLS 对混合量测状态估计进行求解，并将配置方案与基于 LSA 法[9]、基于遗传算法[10]和基于协方差矩阵[11]的 PMU 配置方案进行对比。遗传算法的参数设置如下：初始种群规模为 200，迭代次数为 100，变异率为 0.2。

假设 PMU 量测的最大误差为 0.7%，配置的 PMU 个数为 5。四种方法所得到的 PMU 配置方案和计算时间如表 4-7 所示。

表 4-7　四种方法所得到的 PMU 配置方案和计算时间

方法	PMU 配置节点	计算时间/s
GSA 法	2、3、6、7、8	27.90
LSA 法	2、6、7、8、26	4.59
遗传算法	4、8、9、10、12	791.50
协方差矩阵	2、6、9、10、30	0.22

由表 4-7 可知，GSA 法的计算时间明显小于遗传算法的计算时间。基于协方差矩阵的方法仅需要进行一次状态估计，并根据协方差矩阵对角线元素大小进行量测配置，因此计算时间最短。在四种 PMU 布点方法下，考虑实时量测和伪量测的不确定性，状态估计的误差的概率分布如图 4-9 所示。未配置 PMU 时，状态估计的期望误差为 1.76%；根据 GSA 法，在节点 2、3、6、7、8 配置 PMU 时，状态估计的期望误差为 0.73%；根据 LSA 法，在节点 2、6、7、8、26 配置 PMU 时，状态估计的期望误差为 0.92%；根据遗传算法，在节点 4、8、9、10、12 配置 PMU 时，状态估计的期望误差为 1.26%；根据协方差矩阵，在节点 2、6、9、10、30 配置 PMU 时，状态估计的期望误差为 1.42%。此外，相比于传统方法所得到的结果，GSA 法所得到的 PMU 布点方案不仅使得状态估计误差的期望值减小，还使得误差的方差明显减小，即状态估计误差的波动范围减小。因此，相比基于 LSA 法、遗传算法和协方差矩阵的优化配置方法，基于 GSA 法进行 PMU 布点能显著地提高状态估计精度。综上所述，综合考虑计算效率和状态估计精度，GSA 法在量测装置布点方面具有一定的优势。

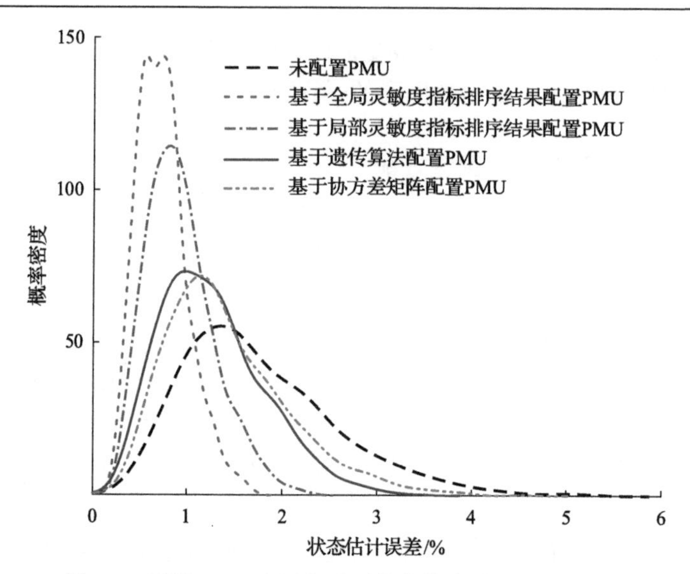

图 4-9　不同 PMU 配置方式下状态估计误差的概率分布

图 4-10 给出了 PMU 配置前后关键输入变量的 FSI 对比结果。可以看出，根据 GSA 辨识结果进行 PMU 优化布点后，大部分关键输入变量的 FSI 显著减小，这是由于这些量测量所在位置都配置了 PMU，而 PMU 的量测精度高于 SCADA 量测和伪量测，即量测误差更小，量测的不确定性降低。

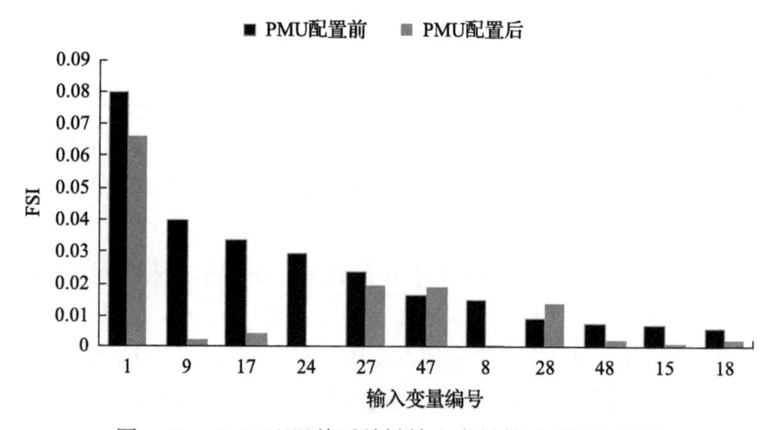

图 4-10　PMU 配置前后关键输入变量的 FSI 对比结果

4.4　本 章 小 结

为了定量评估实时量测和伪量测的不确定性对配电网状态估计的影响，本章首先介绍了 LSA 和 GSA 的基本原理，详细推导了基于 MCS 和 SPCE 的全局灵敏度指标计算方法；其次，计及实时量测和伪量测的不确定性，阐述了配电网状态估计的 GSA 法，有效地分析量测不确定性因素及其交互作用对状态估计精度的共同影响；利用 SPCE 快速计算全局灵敏度指标，辨识影响状态估计精度的关键量测不确定性因素及其位置；最后建立了基于不确定性因素重要性排序的量测装置布点方法，以提高配电网状态估计的精度。本章所建立的灵敏度分析方法可以用于给定量测装置配置情况下的影响状态估计精度的关键因素辨识，也可以为量测装置的优化配置提供指导信息。

参考文献

[1] Sobol I M. On sensitivity estimation for nonlinear mathematical models[J]. Matematicheskoe Modelirovanie, 1990, 2(1): 112-118.

[2] Kucherenko S, Tarantola S, Annoni P. Estimation of global sensitivity indices for models with dependent variables[J]. Computer Physics Communications, 2012, 183(4): 937-946.

[3] Saltelli A, Annoni P, Azzini I, et al. Variance based sensitivity analysis of model output. Design and estimator for the total sensitivity index[J]. Computer Physics Communications, 2010, 181(2): 259-270.

[4] Sobol I M. Global sensitivity indices for nonlinear mathematical models and their Monte Carlo estimates[J]. Mathematics and Computers in Simulation, 2001, 55(1-3): 271-280.

[5] Blatman G, Sudret B. Efficient computation of global sensitivity indices using sparse polynomial chaos expansions[J]. Reliability Engineering and System Safety, 2010, 95(11): 1216-1229.

[6] Kusic G L, Garrison D L. Measurement of transmission line parameters from SCADA data[C]. IEEE PES Power Systems Conference and Exposition, New York, 2004: 440-445.

[7] Marelli S, Sudret B. UQLab: A framework for uncertainty quantification in Matlab[C]. 2nd International Conference on Vulnerability, Risk Analysis and Management, Liverpool, 2014: 2554-2563.

[8] Ni F, Nijhuis M, Nguyen P H, et al. Variance-based global sensitivity analysis for power systems[J]. IEEE Transactions on Power Systems, 2017, 33(2): 1670-1682.

[9] Kuhar U, Pantoš M, Kosec G, et al. The impact of model and measurement uncertainties on a state estimation in three-phase distribution networks[J]. IEEE Transactions on Smart Grid, 2018, 10(3): 3301-3310.

[10] 程涛, 黄彦全, 申铁. 遗传算法在 PMU 优化配置中的应用[J]. 电力系统及其自动化学报, 2009, 21(1): 48-51.

[11] 王克英, 穆钢, 陈学允. 计及 PMU 的状态估计精度分析及配置研究[J]. 中国电机工程学报, 2001, 21(8): 29-33.

第二篇

混合量测环境下
配电网状态估计方法

第 5 章　配电网静态状态估计

大规模分布式电源的持续接入使配电网运行呈现新的形态，配电网的智能化发展有助于提高对分布式电源的消纳能力，从而增强其供电可靠性[1,3]。同时随着配电网中的电力设备的不断增多，急剧增加的节点规模将对配电网状态估计问题提出更高的计算能力要求。集中状态估计方法需要对系统内所有信息进行收集，统一计算状态变量，导致通信量大且计算维数高。这样的背景下，围绕配电网的分布式状态估计方法展开相关研究与应用的必要性正日益显现。作为一种能够并行计算的分布式算法，分布式状态估计方法不仅可以降低配电网状态估计的计算压力，还可以缓解大量数据交互带来的通信负担，避免出现通信阻塞，同时保障了不同子区域间的相对独立性，具有较好的鲁棒性。本章考虑配电网的混合量测环境，介绍交直流混合配电网的静态状态估计方法，讨论不同种类的分布式状态估计求解方法。

5.1　含同步相量量测的配电网三阶段状态估计建模

多数分布式优化算法要求凸优化模型，以满足算法的收敛性与最优性。状态估计模型凸化是静态状态估计研究所必须首要解决的问题，与此同时，受限于 PMU 装置较高的成本，难以实现在配电网中的 PMU 全覆盖。为解决上述问题，通过采用分步分阶段的状态估计方法来实现状态估计模型线性化是当前较为常用的方式[4,5]。本节介绍一种三阶段状态估计模型：其中的第一阶段与第三阶段均为状态估计模型，由于量测方程均为状态变量的线性函数，故而状态估计值能够直接通过解析表达式实现求解；该模型中的第二阶段则是非线性变换步骤，其计算同样较为简便。

5.1.1　配电网三阶段状态估计模型

1. 第一阶段模型

针对配电网系统的状态估计问题，在第一阶段中定义以下新变量：

$$K_{ij} = U_{mi}U_{mj}\cos\theta_{ij} \tag{5-1}$$

$$L_{ij}=U_{mi}U_{mj}\sin\theta_{ij} \tag{5-2}$$

$$U_i=U_{mi}^2 \tag{5-3}$$

$$\boldsymbol{y}=\begin{bmatrix} U_i \\ K_{ij} \\ L_{ij} \end{bmatrix} \tag{5-4}$$

式(5-1)～式(5-3)中，U_m为节点i、j处的电压幅值；θ_{ij}为节点i、j的相角差。K_{ij}和L_{ij}均是针对支路i-j所提出的变量，对每一条支路而言，均有对应确定的变量K和L，二者的值与电流或功率的流向无关；U_i表示了节点i电压幅值的平方，对每一个节点而言，同样有对应确定的U。当配电网中存在N个节点与b条支路时，变量$\boldsymbol{y}$的维数为N+2b。进而不难验证，在常规的状态估计中所处理到的任意量测量均能够通过上述中间变量$\boldsymbol{y}$统一线性化表示，g_{ij}、b_{ij}分别为支路i-j的电导和电纳；r_P、r_Q分别为支路有功和无功功率量测残差，r_U为节点电压量测残差。

支路功率量测：

$$P_{ij}^{\mathrm{m}}=(g_{ij}+g_{si})U_i-g_{ij}K_{ij}-b_{ij}L_{ij}+r_P \tag{5-5}$$

$$Q_{ij}^{\mathrm{m}}=-(g_{si}+g_{ij})U_i+b_{ij}K_{ij}-g_{ij}L_{ij}+r_Q \tag{5-6}$$

节点注入功率量测：

$$P_i^{\mathrm{m}}=\sum_j P_{ij}+r_P \tag{5-7}$$

$$Q_i^{\mathrm{m}}=\sum_j Q_{ij}+r_Q \tag{5-8}$$

节点电压量测：

$$(U_{mi}^{\mathrm{m}})^2=U_i+r_U \tag{5-9}$$

节点电流量测：

$$\begin{aligned}(I_{ij}^{\mathrm{m}})^2=&(g_{ij}^2+b_{ij}^2)U_i+\left[(g_{si}+g_{ij})^2+(b_{si}+b_{ij})^2\right]U_i\\&-2\left[g_{ij}(g_{si}+g_{ij})+b_{ij}(b_{si}+b_{ij})\right]K_{ij}\\&+2(g_{ij}b_{si}-b_{ij}g_{si})L_{ij}+r_U\end{aligned} \tag{5-10}$$

需要指出的是，上述变量U_i和I_{ij}^2并非直接量测量，因而其标准差可表示为$\sigma_U=2E(U_m)\sigma U_m$，$\sigma_{I^2}=2E(I)\sigma_I$，可以近似表示为$\sigma_U\approx 2U_m\sigma U_m$，$\sigma_{I^2}=2I\sigma_I$。

2. 第二阶段模型

构造第二阶段中的变量 $\boldsymbol{u}=\{\alpha_i,\alpha_{ij},\theta_{ij}\}$，同样对于 N 个节点、b 条支路的配电网，非线性转换变量 $\boldsymbol{u}$ 的维数和第一阶段中的状态变量 $\boldsymbol{y}$ 一致，均为 N+2b 维，故而其能够唯一确定。第二阶段中的非线性转换变量 $\boldsymbol{u}$ 的具体定义如下：

$$\alpha_i=\ln U_i=2\ln U_{\mathrm{m}i} \tag{5-11}$$

$$\theta_{ij}=\theta_i-\theta_j \tag{5-12}$$

$$\alpha_{ij}=\alpha_i-\alpha_j \tag{5-13}$$

第二阶段的非线性转换变量 $\boldsymbol{u}$ 和第一阶段中的状态变量 $\boldsymbol{y}$ 之间为非线性关系，具体形式如下：

$$\alpha_i=\ln U_i \tag{5-14}$$

$$\alpha_{ij}=\ln(K_{ij}^2+L_{ij}^2) \tag{5-15}$$

$$\theta_{ij}=\arctan(L_{ij}/K_{ij}) \tag{5-16}$$

3. 第三阶段模型

首先同样进行新变量定义，定义 $\boldsymbol{x}=[\boldsymbol{\alpha},\boldsymbol{\theta}]^{\mathrm{T}}=\{\alpha_i,\theta_i\}$，对于节点数目为 N 的配电网，第三阶段中状态变量 $\boldsymbol{x}$ 的维数为 2N。不难验证变量 $\boldsymbol{x}$ 和 $\boldsymbol{u}$ 之间同样存在线性的转换关系。故第三阶段的状态估计模型可以表示为

$$\min J(\boldsymbol{x})=[\boldsymbol{u}-\boldsymbol{C}\boldsymbol{x}]^{\mathrm{T}}\boldsymbol{W}_u[\boldsymbol{u}-\boldsymbol{C}\boldsymbol{x}] \tag{5-17}$$

式中，第二阶段的结果变量 $\boldsymbol{u}$ 为第三阶段中的等效量测变量；$\boldsymbol{W}_u$ 为等效量测权重矩阵，其可通过等效量测误差传递公式得到；$\boldsymbol{C}$ 为常系数矩阵，表征了等效量测 $\boldsymbol{u}$ 和状态变量 $\boldsymbol{x}$ 间的线性关系。此外，在第三阶段求取得到变量 $\boldsymbol{x}$ 之后，还需经由最后一步转换才可以得到系统中各节点的电压幅值，即 $U_{\mathrm{m}i}=\mathrm{e}^{\alpha_i/2}$。

5.1.2　含同步相量量测的三阶段状态估计模型

在三阶段状态估计模型中，主要涉及的混合量测数据差异在于 PMU 量测相比于 SCADA 量测能够直接测量电压相角。在配电网分布式状态估计中，可以在每个分区合理配置 PMU，并研究 PMU/SCADA 混合量测环境下的状态估计。在三阶段模型中，可在第三阶段中融合 PMU 量测数据，具体表达式为

$$\begin{bmatrix} \boldsymbol{u} \\ \boldsymbol{\theta}_{\mathrm{PMU}} \end{bmatrix} = \begin{bmatrix} \boldsymbol{C} \\ \boldsymbol{C}\boldsymbol{\theta}_{\mathrm{PMU}} \end{bmatrix} \boldsymbol{x} \tag{5-18}$$

式中，$\boldsymbol{u}$ 表示电压的 PMU 量测值，表示由 0 和 1 组成的恒定矩阵，保证了第三阶段中量测量与状态量之间的线性关系；$\boldsymbol{\theta}$ 为电压相角的 PMV 量测值。

为进一步阐述三阶段状态估计过程，图 5-1 给出了三阶段状态估计输入-输出示意图。在第一阶段，获取量测数据、系统拓扑结构与参数，构建第一阶段的状态估计模型。由于量测方程是线性的，故第一阶段状态变量无须以迭代方式求解获取，而是根据解析式直接获得；在第二阶段，第一阶段输出的变量结果通过非线性转换得到第二阶段的转换变量，由于非线性转换方程是显性的，故而该转换阶段的计算过程较为便捷；在第三阶段，第二阶段输出的转换变量作为等效量测值，构建第三阶段的状态估计模型，该模型与系统拓扑结构、相关参数不存在关系。由于量测方程是线性的，故状态估计计算比较便捷。最终，第三阶段的输出结果为配电网的状态值，即节点电压幅值与相角。

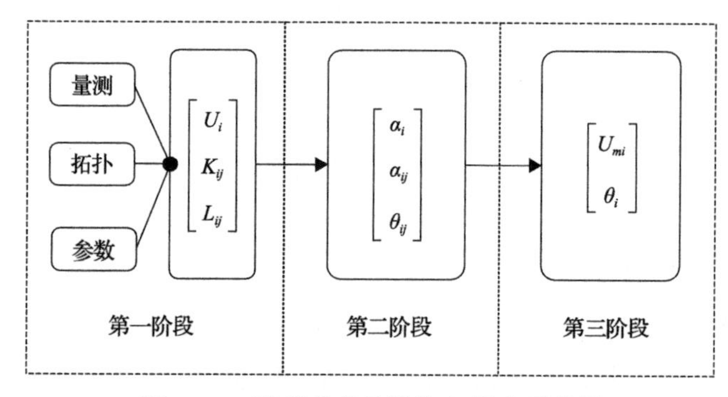

图 5-1　三阶段状态估计输入-输出示意图

5.1.3　交直流混合配电网三阶段状态估计模型

相比于现阶段配电网的主要形式——交流配电网，直流配电网的优势日益显现[6,7]。随着包括光伏、风电等分布式电源的大量接入，配电网运行方式也正逐渐发生改变。分布式电源往往都是直流电源形式经由换流后接入交流配电网中。若直接接入直流配电网，则无须换流环节。配电网中的直流负荷也日益增多，如直流电动机、电动汽车等，因此相比较于交流配电网，这些直流负荷与直流配电网的兼容性更好。直流配电网的引入有利于提高配电系统的供电可靠性和电能质量。考虑到目前配电网中仍然以交流负载为主，而且配电系统的改造需要一定的成本，因此交直流混合配电网将成为未来智能配电网的一种重要形式。

图 5-2 给出了一种典型的交直流混合配电网结构示意图[8]：其中交流子系统和直流子系统经由电压变流器(voltage source converter，VSC)实现连接，子系统

间能够协调运行，且同时具有较强的独立性。

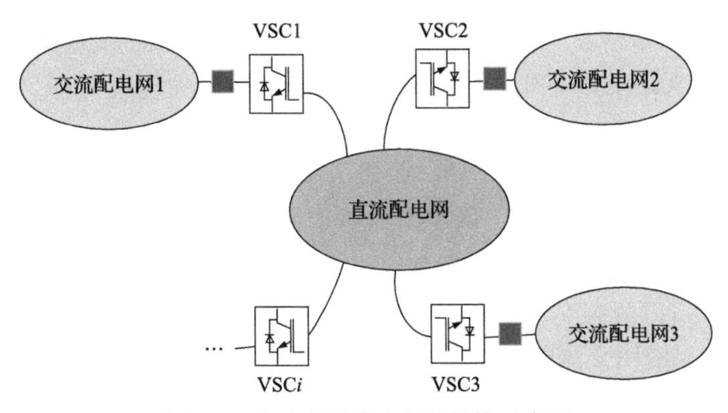

图5-2　交直流混合配电网结构示意图

图5-3给出了电压变流器的等效电路，U_{mAC}为交流侧电压，U_{mDC}为直流侧电压，R为支路电阻，X_c为对地电抗，X_l为支路电抗。式(5-19)～式(5-21)依次为交直流子系统间传输的有功功率、无功功率、直流功率$P_{\mathrm{VSC}_k}^{\mathrm{AC}}$、$Q_{\mathrm{VSC}_k}^{\mathrm{AC}}$和$P_{\mathrm{VSC}_k}^{\mathrm{DC}}$的表达式，式中，上标DC、AC分别表示直流和交流系统，U_{m}为节点电压幅值，θ为节点电压相角。

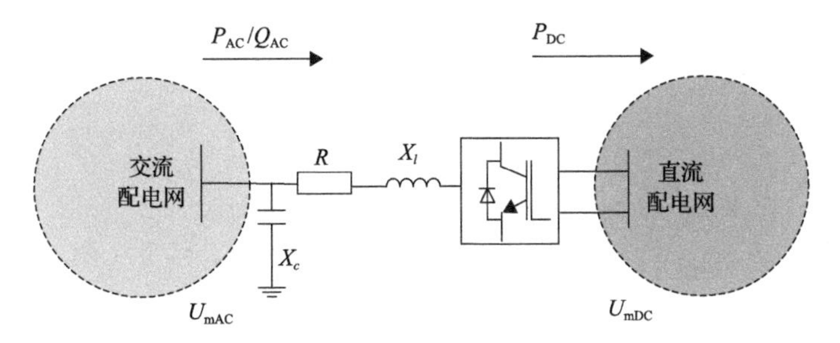

图5-3　电压变流器的等效电路

$$P_{\mathrm{VSC}_k}^{\mathrm{AC}}=\frac{\mu_k M_k}{\sqrt{2}}U_{\mathrm{mVSC}_k}^{\mathrm{AC}}U_{\mathrm{mVSC}_k}^{\mathrm{DC}}Y_k\sin(\theta_{\mathrm{VSC}_k}^{\mathrm{AC}}-\alpha_k)+(U_{\mathrm{mVSC}_k}^{\mathrm{AC}})^2Y_k\sin\alpha_k \tag{5-19}$$

$$\begin{aligned}Q_{\mathrm{VSC}_k}^{\mathrm{AC}}=&\frac{-\mu_k M_k}{\sqrt{2}}U_{\mathrm{mVSC}_k}^{\mathrm{AC}}U_{\mathrm{mVSC}_k}^{\mathrm{DC}}Y_k\cos(\theta_{\mathrm{VSC}_k}^{\mathrm{AC}}-\alpha_k)\\&+(U_{\mathrm{mVSC}_k}^{\mathrm{AC}})^2Y_k\cos\alpha_k-(U_{\mathrm{mVSC}_k}^{\mathrm{AC}})^2/X_{k-c}\end{aligned} \tag{5-20}$$

$$\begin{aligned}P_{\mathrm{VSC}_k}^{\mathrm{DC}}=&\frac{\mu_k M_k}{\sqrt{2}}U_{\mathrm{mVSC}_k}^{\mathrm{AC}}U_{\mathrm{mVSC}_k}^{\mathrm{DC}}Y_k\sin(\theta_{\mathrm{VSC}_k}^{\mathrm{AC}}+\alpha_k)\\&-\left(\frac{\mu_k^2M_k^2}{2}\right)(U_{\mathrm{mVSC}_k}^{\mathrm{DC}})^2Y_k\sin\alpha_k\end{aligned} \tag{5-21}$$

式中，$Y_k = 1\big/\sqrt{R_k^2 + X_{k-l}^2}$；$M_k$ 为电压变流器变量比；μ_k 为电压变流器电压利用率；$\alpha_k = \arctan(R_k/X_{k-l})$；$X_{k-c}$ 为第 k 个交流子系统的对地电抗；X_{k-l} 为第 k 个交流子系统支路电抗。在交直流混合系统中，交流子系统状态变量为 $\boldsymbol{x}_{\mathrm{AC}_k} = \left[\boldsymbol{U}_{\mathrm{mAC}_k}, \boldsymbol{\theta}_{\mathrm{AC}_k}\right]^{\mathrm{T}}$，直流子系统状态变量为 $\boldsymbol{x}_{\mathrm{DC}} = \left[\boldsymbol{U}_{\mathrm{mDC}}\right]^{\mathrm{T}}$，系统状态变量为交直流子系统的状态变量集合，即 $\boldsymbol{x} = \left[\boldsymbol{x}_{\mathrm{AC}_1}^{\mathrm{T}}, \cdots, \boldsymbol{x}_{\mathrm{AC}_k}^{\mathrm{T}}, \boldsymbol{x}_{\mathrm{DC}}^{\mathrm{T}}\right]^{\mathrm{T}}$，$k$ 表示交流子系统的总数。

系统量测量包括节点电压幅值量测、注入功率量测及支路电流量测、支路功率量测等，也可以分为交流子系统量测、直流子系统量测及变流器处量测。现作以下分析：如果沿用交流配电网的处理方法，将 $P_{\mathrm{VSC}_k}^{\mathrm{AC}}$、$Q_{\mathrm{VSC}_k}^{\mathrm{AC}}$ 量测归于交流子系统的量测集合，将 $P_{\mathrm{VSC}_k}^{\mathrm{DC}}$ 量测归于直流子系统的量测集合。对于交流子系统而言，量测量增加了两个，状态变量增加了一个，如果原先交流子系统的量测满足交流子系统可观，则该种情况下的交流子系统同样可观；对于直流子系统而言，量测量增加了一个，而状态变量增加了两个，即交流端电压幅值 $U_{\mathrm{mVSC}_k}^{\mathrm{AC}}$ 与相角 $\theta_{\mathrm{VSC}_k}^{\mathrm{AC}}$，即使原直流子系统满足系统可观，仅仅将 $P_{\mathrm{VSC}_k}^{\mathrm{DC}}$ 量测归于直流子系统的量测集合也会使得直流子系统不再可观。考虑到使交直流子系统解耦，且要满足各个子系统的可观性，因此将变流器处量测（$P_{\mathrm{VSC}_k}^{\mathrm{AC}}$、$Q_{\mathrm{VSC}_k}^{\mathrm{AC}}$、$P_{\mathrm{VSC}_k}^{\mathrm{DC}}$）全部扩展到直流子系统中，则系统量测量可以统一表示成如下形式：

$$
\boldsymbol{z} = \begin{bmatrix} \boldsymbol{z}_{\mathrm{AC}_1} \\ \vdots \\ \boldsymbol{z}_{\mathrm{AC}_k} \\ \boldsymbol{z}_{\mathrm{DC}} \end{bmatrix} = \begin{bmatrix} \boldsymbol{h}_{\mathrm{AC}_1}(\boldsymbol{x}_{\mathrm{AC}_1}) \\ \vdots \\ \boldsymbol{h}_{\mathrm{AC}_k}(\boldsymbol{x}_{\mathrm{AC}_k}) \\ \boldsymbol{h}_{\mathrm{DC}} \end{bmatrix} = \begin{bmatrix} \boldsymbol{r}_{\mathrm{AC}_1} \\ \vdots \\ \boldsymbol{r}_{\mathrm{AC}_k} \\ \boldsymbol{r}_{\mathrm{DC}} \end{bmatrix} \tag{5-22}
$$

式中，$\boldsymbol{z}_{\mathrm{AC}_k}$、$\boldsymbol{h}_{\mathrm{AC}_k}$ 与 $\boldsymbol{r}_{\mathrm{AC}_k}$ 分别为交流子系统 k 的量测量、量测方程及量测残差；$\boldsymbol{z}_{\mathrm{DC}}$、$\boldsymbol{h}_{\mathrm{DC}}$ 与 $\boldsymbol{r}_{\mathrm{DC}}$ 为直流子系统的量测量、量测方程及量测残差。基于加权最小二乘(weighted least squares，WLS)法建立交直流混合配电系统的状态估计模型：

$$
\min\ \boldsymbol{J}_{\mathrm{DC}}(\boldsymbol{x}) + \sum_{k=1} \boldsymbol{J}_{\mathrm{AC}_k}(\boldsymbol{x}_{\mathrm{AC}_k}) \tag{5-23}
$$

$$
\boldsymbol{J}_{\mathrm{DC}}(\boldsymbol{x}) = \boldsymbol{r}_{\mathrm{DC}}^{\mathrm{T}} \boldsymbol{R}_{\mathrm{DC}}^{-1} \boldsymbol{r}_{\mathrm{DC}} \tag{5-24}
$$

$$
\boldsymbol{J}_{\mathrm{AC}_k}(\boldsymbol{x}_{\mathrm{AC}_k}) = \boldsymbol{r}_{\mathrm{AC}_k}^{\mathrm{T}} \boldsymbol{R}_{\mathrm{AC}_k}^{-1} \boldsymbol{r}_{\mathrm{AC}_k} \tag{5-25}
$$

式中，$\boldsymbol{R}_{\mathrm{AC}_k}^{-1}$、$\boldsymbol{R}_{\mathrm{DC}}^{-1}$ 分别为交流子系统与直流子系统的量测协方差矩阵的逆。各交流子系统量测均能由交流子系统状态变量表示；在直流子系统量测量中，变流器处量测既与交流子系统状态变量有关，也与直流子系统状态变量有关，交直流状态变量之间存在弱耦合，因此该模型无法直接由交直流配电网分散求解。故考虑基于三阶段状态估计理论，通过引入中间变量，构造线性量测方程，建立交直流混合配电网的三阶段状态估计模型。

1. 第一阶段模型

本阶段以系统量测量 $\boldsymbol{z}$ 为基础进行状态估计。定义交流子系统 k 与直流子系统的第一阶段状态变量分别为 $\boldsymbol{y}_{\mathrm{AC}_k}$ 与 $\boldsymbol{y}_{\mathrm{DC}}$，则第一阶段状态变量 $\boldsymbol{y}$ 为 $\boldsymbol{y}_{\mathrm{AC}_k}$ 与 $\boldsymbol{y}_{\mathrm{DC}}$ 的并集。

$$\boldsymbol{y}_{\mathrm{AC}_k}=\left\{U_{\mathrm{AC}_k,i};K_{\mathrm{AC}_k,ij};L_{\mathrm{AC}_k,ij}\right\}_{i,j\in\mathrm{AC}_k} \tag{5-26}$$

$$\begin{cases}K_{\mathrm{AC}_k,ij}=U_{\mathrm{mAC}_k,i}U_{\mathrm{mAC}_k,j}\cos\theta_{\mathrm{AC}_k,ij}\\ L_{\mathrm{AC}_k,ij}=U_{\mathrm{mAC}_k,i}U_{\mathrm{mAC}_k,j}\sin\theta_{\mathrm{AC}_k,ij}\\ U_{\mathrm{AC}_k,i}=U_{\mathrm{mAC}_k,i}^2\end{cases} \tag{5-27}$$

$$\boldsymbol{y}_{\mathrm{DC}}=\left\{U_{\mathrm{DC},i};K_{\mathrm{DC},ij};K_{\mathrm{VSC}_k};L_{\mathrm{VSC}_k}\right\}_{i,j\in\mathrm{DC}} \tag{5-28}$$

$$\begin{cases}K_{\mathrm{DC},ij}=U_{\mathrm{mDC},i}V_{\mathrm{DC},j}\\ U_{\mathrm{DC},i}=U_{\mathrm{mDC},i}^2\\ K_{\mathrm{VSC}_k}=U_{\mathrm{mVSC}_k}^{\mathrm{DC}}U_{m\mathrm{VSC}_k}^{\mathrm{AC}}\cos\theta_{\mathrm{VSC}_k}^{\mathrm{AC}}\\ L_{\mathrm{VSC}_k}=U_{\mathrm{mVSC}_k}^{\mathrm{DC}}U_{m\mathrm{VSC}_k}^{\mathrm{AC}}\sin\theta_{\mathrm{VSC}_k}^{\mathrm{AC}}\end{cases} \tag{5-29}$$

$$\boldsymbol{y}=\left[\boldsymbol{y}_{\mathrm{AC}_1}^{\mathrm{T}},\cdots,\boldsymbol{y}_{\mathrm{AC}_k}^{\mathrm{T}},\boldsymbol{y}_{\mathrm{DC}}^{\mathrm{T}}\right]^{\mathrm{T}} \tag{5-30}$$

量测量 $\boldsymbol{z}$ 可由 $\boldsymbol{y}$ 线性表示，即 $\boldsymbol{z}=\boldsymbol{A}\boldsymbol{y}+\boldsymbol{r}$，$\boldsymbol{A}$ 为系数矩阵，$\boldsymbol{r}$ 为量测残差；基于 WLS 法的第一阶段状态估计模型可表示为

$$\min\quad \boldsymbol{J}^f(\boldsymbol{y})=\boldsymbol{r}^{\mathrm{T}}\boldsymbol{W}\boldsymbol{r} \tag{5-31}$$

式中，$\boldsymbol{W}$ 为量测权重系数矩阵，$\boldsymbol{W}=\boldsymbol{R}^{-1}$。由于 $\boldsymbol{R}$ 为对角阵，且矩阵 $\boldsymbol{A}$ 满秩，故该模型为凸的。设该模型的计算结果为 $\boldsymbol{y}$，其增益矩阵及协方差计算公式分别为

$$\boldsymbol{G}_y=\boldsymbol{A}^{\mathrm{T}}\boldsymbol{R}^{-1}\boldsymbol{A} \tag{5-32}$$

$$\mathrm{cov}(\boldsymbol{y})=\boldsymbol{G}_y^{-1} \tag{5-33}$$

2. 第二阶段非线性转换

第二阶段对第一阶段的输出结果变量 $\boldsymbol{y}$ 进行非线性转换，得到第二阶段的中间变量 $\boldsymbol{u}$ ，如下所示。为便于说明，将非线性转换步骤表示为非线性函数 $\boldsymbol{u}=f(\boldsymbol{y})$ ，φ 为转换后的节点电压。

$$\begin{cases}\varphi_{\mathrm{AC}_k,i}=\ln U_{\mathrm{AC}_k,i}\\ \varphi_{\mathrm{AC}_k,ij}=\ln\left[\left(K_{\mathrm{AC}_k,ij}\right)^2+\left(L_{\mathrm{AC}_k,ij}\right)^2\right]\\ \theta_{\mathrm{AC}_k,ij}=\theta_{\mathrm{AC}_k,i}-\theta_{\mathrm{AC}_k,j}\end{cases} \tag{5-34}$$

$$\begin{cases}\varphi_{\mathrm{DC},i}=\ln U_{\mathrm{DC},i}\\ \varphi_{\mathrm{DC},ij}=\ln\left(K_{\mathrm{DC},ij}\right)^2\\ \varphi_{\mathrm{VSC}_k}=\ln\left[\left(K_{\mathrm{VSC}_k}\right)^2+\left(L_{\mathrm{VSC}_k}\right)^2\right]\\ \theta_{\mathrm{VSC}_k}^{\mathrm{AC}}=\arctan\left(L_{\mathrm{VSC}_k}/K_{\mathrm{VSC}_k}\right)\end{cases} \tag{5-35}$$

$$\boldsymbol{u}=\left\{\varphi_{\mathrm{AC}_k,i},\theta_{\mathrm{AC}_k,ij},\varphi_{\mathrm{AC}_k,ij},\theta_{\mathrm{VSC}_k}^{\mathrm{AC}},\varphi_{\mathrm{DC},i},\varphi_{\mathrm{DC},ij}\right\} \tag{5-36}$$

设 $\boldsymbol{F}_u$ 为 $f(\boldsymbol{y})$ 在 $\boldsymbol{y}$ 处的雅可比矩阵，那么 $\boldsymbol{u}$ 的协方差矩阵 $\mathrm{cov}(\boldsymbol{u})$ 及增益矩阵 $\boldsymbol{W}_u$ 计算公式为

$$\mathrm{cov}(\boldsymbol{u})=\boldsymbol{F}\,\mathrm{cov}(\boldsymbol{y})\boldsymbol{F}^{\mathrm{T}} \tag{5-37}$$

$$\boldsymbol{W}_u=\mathrm{cov}^{-1}(\boldsymbol{u})=\boldsymbol{F}_u^{-\mathrm{T}}\boldsymbol{G}_y\boldsymbol{F}_u^{-1} \tag{5-38}$$

3. 第三阶段状态估计

此阶段利用第二阶段的输出结果 $\boldsymbol{u}$ 作为等效量测，设交流子系统的第三阶段状态变量与直流子系统的第三阶段状态变量分别是 $\boldsymbol{x}_{\mathrm{AC}_k}^t$ 与 $\boldsymbol{x}_{\mathrm{DC}}^t$ ，交直流混合系统的状态变量为 $\boldsymbol{x}^t$ 。

$$\boldsymbol{x}_{\mathrm{AC}_k}^t=\left\{\ln U_{m\mathrm{AC}_k,i};\theta_{\mathrm{AC}_k,i}\right\} \tag{5-39}$$

$$\boldsymbol{x}_{\mathrm{DC}}^t=\left\{\ln U_{m\mathrm{DC},i}\right\} \tag{5-40}$$

$$\boldsymbol{x}^t=\left[\boldsymbol{x}_{\mathrm{AC}_1}^{t\ \mathrm{T}},\cdots,\boldsymbol{x}_{\mathrm{AC}_T}^{t\ \mathrm{T}},\boldsymbol{x}_{\mathrm{DC}}^{t\ \mathrm{T}}\right]^{\mathrm{T}} \tag{5-41}$$

可以分析得到，第二阶段输出的中间变量 $\boldsymbol{u}$ 可由 $\boldsymbol{x}$ 线性表示，即 $\boldsymbol{u}=\boldsymbol{C}\boldsymbol{x}^t+\boldsymbol{r}_u$ 。故构造第三阶段状态估计模型为

$$\min \quad \boldsymbol{J}^t(\boldsymbol{x}) = (\boldsymbol{u} - \boldsymbol{C}\boldsymbol{x})^{\mathrm{T}} \boldsymbol{W}_u (\boldsymbol{u} - \boldsymbol{C}\boldsymbol{x}) \tag{5-42}$$

5.2　基于三阶段模型的配电网静态状态估计方法

在前述三阶段状态估计模型中，第一阶段与第三阶段模型均是凸优化模型。本节将在三阶段状态估计模型基础上，采用基于凸优化的分布式算法，研究配电网的静态状态估计方法。以图 5-4 所示的两分区模型结构示意图为例。

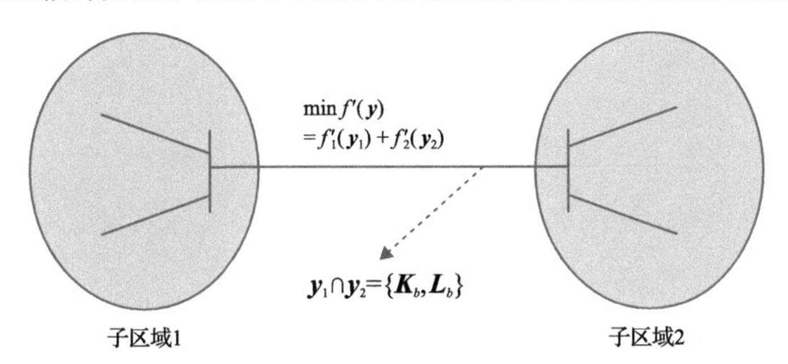

图 5-4　两分区模型结构示意图

第一阶段的状态估计模型为

$$\begin{aligned} &\min \quad f'(y) \\ &= f_1'(y_1) + f_2'(y_2) \end{aligned} \tag{5-43}$$

$$f'(y) = [z - \boldsymbol{B}y]^{\mathrm{T}} \boldsymbol{W}_z [z - \boldsymbol{B}y] \tag{5-44}$$

$$f'(y_1) = [z_1 - \boldsymbol{B}_1 y_1]^{\mathrm{T}} \boldsymbol{W}_{z_1} [z_1 - \boldsymbol{B}_1 y_1] \tag{5-45}$$

$$f'(y_2) = [z_2 - \boldsymbol{B}_2 y_2]^{\mathrm{T}} \boldsymbol{W}_{z_2} [z_2 - \boldsymbol{B}_2 y_2] \tag{5-46}$$

式中，$\boldsymbol{B}$、$\boldsymbol{W}_z$ 为系数矩阵，下标 1、2 表示子系统 1、2；z_1 和 z_2 分别为子系统 1 与子系统 2 的内部量测，y_1 和 y_2 包含于 y，且存在交叠的部分，即 $y_1 \cap y_2 = \{\boldsymbol{K}_b, \boldsymbol{L}_b\}$。类似地，第二阶段非线性转换如下，其中*表示变量最优值。

$$\boldsymbol{y}^* \xrightarrow{\text{非线性转换}} \boldsymbol{u}^* \tag{5-47}$$

$$\boldsymbol{y}_1^* \xrightarrow{\text{非线性转换}} \boldsymbol{u}_1^* \tag{5-48}$$

$$\boldsymbol{y}_2^* \xrightarrow{\text{非线性转换}} \boldsymbol{u}_2^* \tag{5-49}$$

在第三阶段状态估计中，整体状态估计模型具有以下形式：

$$\begin{aligned} &\min \quad f''(\boldsymbol{x}) \\ &= f_1''(\boldsymbol{x}_1) + f_2''(\boldsymbol{x}_2) \end{aligned} \tag{5-50}$$

$$f''(\boldsymbol{x}) = [\boldsymbol{u} - \boldsymbol{C}\boldsymbol{x}]^{\mathrm{T}} \boldsymbol{W}_{u} [\boldsymbol{u} - \boldsymbol{C}\boldsymbol{x}] \tag{5-51}$$

$$f''(\boldsymbol{x}_1) = [\boldsymbol{u}_1 - \boldsymbol{C}_1\boldsymbol{x}_1]^{\mathrm{T}} \boldsymbol{W}_{u_1} [\boldsymbol{u}_1 - \boldsymbol{C}_1\boldsymbol{x}_1] \tag{5-52}$$

$$f''(\boldsymbol{x}_2) = [\boldsymbol{u}_2 - \boldsymbol{C}_2\boldsymbol{x}_2]^{\mathrm{T}} \boldsymbol{W}_{u_2} [\boldsymbol{u}_2 - \boldsymbol{C}_2\boldsymbol{x}_2] \tag{5-53}$$

将子区域 1 与子区域 2 之间的连线断开，则系统变为两个不连通的子系统。要保证最终的状态估计结果和整体系统状态估计的结果一致，必须添加关于子区域 1 与子区域 2 的边界电气量完全相等的约束条件。

在第一阶段问题中，将图 5-5 所示的状态估计模型改写为

$$\begin{cases} \min \ f_1'(\boldsymbol{y}_1) + f_2'(\boldsymbol{y}_2) \\ \text{s.t.} \ K_{b,1} = K_{b,2} \\ \qquad L_{b,1} = L_{b,2} \end{cases} \tag{5-54}$$

式中，$K_{b,1} = K_{b,2} = U_{\mathrm{m1}}U_{\mathrm{m2}}\cos\theta_{12}$，$L_{b,1} = L_{b,2} = U_{\mathrm{m1}}U_{\mathrm{m2}}\sin\theta_{12}$，$\theta_{12}=\theta_1-\theta_2$，$U_{\mathrm{m1}}$、$U_{\mathrm{m2}}$和$\theta_1$、$\theta_2$分别为联络线两端节点对应的电压幅值与电压相角。$\boldsymbol{y}_1$ 和 $\boldsymbol{y}_2$ 分别为子系统 1 与子系统 2 的第一阶段状态变量，除子系统内部的U_i、K_{ij}、L_{ij}等变量外，还包含了系统边界线上的状态变量，即边界变量$K_b = U_{\mathrm{m1}}U_{\mathrm{m2}}\cos\theta_{12}$和$L_b = U_{\mathrm{m1}}U_{\mathrm{m2}}\sin\theta_{12}$。$f_1'(\boldsymbol{y}_1)$与$f_2'(\boldsymbol{y}_2)$分别表示子系统 1 与子系统 2 的第一阶段状态估计的目标函数

$$f_1'(\boldsymbol{y}_1) = (\boldsymbol{z}_1 - \boldsymbol{B}_1\boldsymbol{y}_1)^{\mathrm{T}} \boldsymbol{W}_{z_1} (\boldsymbol{z}_1 - \boldsymbol{B}_1\boldsymbol{y}_1) \tag{5-55}$$

$$f_2'(\boldsymbol{y}_2) = (\boldsymbol{z}_2 - \boldsymbol{B}_2\boldsymbol{y}_2)^{\mathrm{T}} \boldsymbol{W}_{z_2} (\boldsymbol{z}_2 - \boldsymbol{B}_2\boldsymbol{y}_2) \tag{5-56}$$

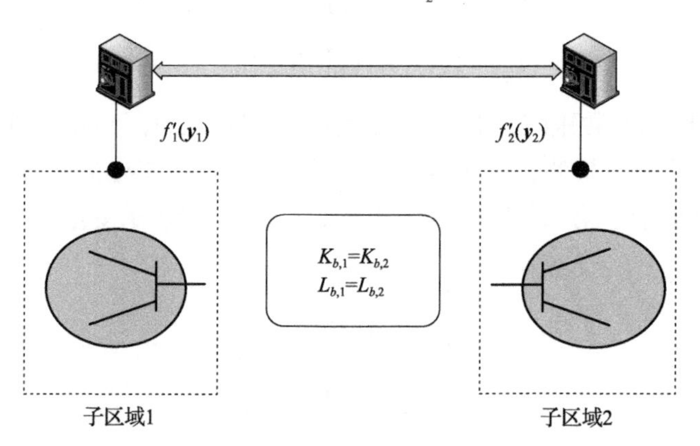

图 5-5　分布式状态估计结构图

假设第一阶段模型中的最优估计值分别为 $\boldsymbol{y}_1^*$ 和 $\boldsymbol{y}_2^*$，则可按照第二阶段中式(5-14)～式(5-16)获取 $\boldsymbol{u}^*$。需注意的是，区别于第一阶段中的量测量 $\boldsymbol{z} = [\boldsymbol{z}_1, \boldsymbol{z}_2]^{\mathrm{T}}$，

$\boldsymbol{u}^*$中的元素并非完全独立，具体体现在α_{12}、θ_{12}和α_1、α_2，θ_1、θ_2间存在协方差系数，故按照下述方法构造第三阶段的子系统状态估计模型：

$$\begin{cases} \min \ f_1''(\boldsymbol{x}_1) + f_2''(\boldsymbol{x}_2) \\ \text{s.t.} \ \ln \boldsymbol{v}_{1\text{-}2} = \ln \boldsymbol{v}_2 \\ \qquad \ln \boldsymbol{v}_{2\text{-}1} = \ln \boldsymbol{v}_1 \\ \qquad \boldsymbol{\theta}_{1\text{-}2} = \boldsymbol{\theta}_2 \\ \qquad \boldsymbol{\theta}_{2\text{-}1} = \boldsymbol{\theta}_1 \end{cases} \tag{5-57}$$

$\boldsymbol{v}_{1\text{-}2}$、$\boldsymbol{\theta}_{1\text{-}2}$代表将子系统 2 中边界节点对应的电压扩充到子系统 1 的状态变量$\boldsymbol{x}_1$中，反之也同样适用。等式约束保证了最终边界节点的电气量保持一致性。各个相邻子系统间在第三阶段模型中也同样需要交换传递边界节点对应的等效量测，以保证各个子系统在新的扩充状态变量下的可观性。$f_1''(\boldsymbol{x}_1)$与$f_2''(\boldsymbol{x}_2)$分别代表子系统 1 与子系统 2 的第三阶段状态估计的目标函数：

$$f_1''(\boldsymbol{x}_1) = (\boldsymbol{u}_1^* - \boldsymbol{C}_1\boldsymbol{x}_1)^{\mathrm{T}} \boldsymbol{W}_{u_1} (\boldsymbol{u}_1^* - \boldsymbol{C}_1\boldsymbol{x}_1) \tag{5-58}$$

$$f_2''(\boldsymbol{x}_2) = (\boldsymbol{u}_2^* - \boldsymbol{C}_2\boldsymbol{x}_2)^{\mathrm{T}} \boldsymbol{W}_{u_2} (\boldsymbol{u}_2^* - \boldsymbol{C}_2\boldsymbol{x}_2) \tag{5-59}$$

所构建的第一阶段模型与第三阶段模型都是凸优化模型，均可表示为如下优化问题：

$$\begin{cases} \min \ g_1(\boldsymbol{x}_1) + g_2(\boldsymbol{x}_2) \\ \text{s.t.} \ \boldsymbol{A}\boldsymbol{x}_1 = \boldsymbol{B}\boldsymbol{x}_2 \end{cases} \tag{5-60}$$

上述结构的优化模型具有如下特点：目标函数对不同的变量能够直接解耦，约束条件使各个变量间存在一定的耦合性。针对这样的凸优化问题，常用的求解方法包括拉格朗日松弛法和增广拉格朗日方法。下面将介绍如何采用这两类方法实现对第一阶段和第三阶段状态估计模型的分布式求解。

5.2.1　基于拉格朗日松弛法的静态状态估计

对于式(5-60)，构造如下拉格朗日函数：

$$L(\boldsymbol{x}_1, \boldsymbol{x}_2, \boldsymbol{\lambda}) = g_1(\boldsymbol{x}_1) + g_2(\boldsymbol{x}_2) + \boldsymbol{\lambda}^{\mathrm{T}} (\boldsymbol{A}\boldsymbol{x}_1 - \boldsymbol{B}\boldsymbol{x}_2) \tag{5-61}$$

式中，$\boldsymbol{\lambda}$为等式约束$\boldsymbol{A}\boldsymbol{x}_1 = \boldsymbol{B}\boldsymbol{x}_2$所对应的拉格朗日乘子。定义拉格朗日对偶函数如下：

$$g(\boldsymbol{\lambda}) = \inf L(\boldsymbol{x}_1, \boldsymbol{x}_2, \boldsymbol{\lambda}) = \inf g_1(\boldsymbol{x}_1) + g_2(\boldsymbol{x}_2) + \boldsymbol{\lambda}^{\mathrm{T}} (\boldsymbol{A}\boldsymbol{x}_1 - \boldsymbol{B}\boldsymbol{x}_2) \tag{5-62}$$

当原始问题是凸优化问题时，$\boldsymbol{p}^* = \sup\ g(\boldsymbol{\lambda})$。利用梯度法能够求解该问题，具体迭代求解步骤如下：

$$\boldsymbol{x}_1^{k+1}, \boldsymbol{x}_2^{k+1} = \arg\min_{x_1,x_2} L(\boldsymbol{x}_1, \boldsymbol{x}_2, \boldsymbol{\lambda}^k) \tag{5-63}$$

$$\boldsymbol{\lambda}^{k+1} = \boldsymbol{\lambda}^k + \rho(\boldsymbol{A}\boldsymbol{x}_1^{k+1} - \boldsymbol{B}\boldsymbol{x}_2^{k+1}) \tag{5-64}$$

式中，上标 k 表示迭代次数，ρ 为常系数，代表拉格朗日乘子更新步长，拉格朗日乘子反映等式约束的偏离程度，即 $\boldsymbol{A}\boldsymbol{x}_1^{k+1} - \boldsymbol{B}\boldsymbol{x}_2^{k+1}$ 的大小，被代入到目标函数中，引导 $\boldsymbol{A}\boldsymbol{x}_1^{k+1}$ 与 $\boldsymbol{B}\boldsymbol{x}_2^{k+1}$ 最终趋于一致，因此可将 $\left\|\boldsymbol{\lambda}^{k+1} - \boldsymbol{\lambda}^k\right\|_2^2$ 作为迭代算法收敛判据。式(5-63)可以并行求解：

$$\boldsymbol{x}_1^{k+1} = \arg\min_{x_1} g_1(\boldsymbol{x}_1) + \boldsymbol{\lambda}^{k+1\mathrm{T}} \boldsymbol{A}\boldsymbol{x}_1 \tag{5-65}$$

$$\boldsymbol{x}_2^{k+1} = \arg\min_{x_2} g_2(\boldsymbol{x}_2) - \boldsymbol{\lambda}^{k+1\mathrm{T}} \boldsymbol{B}\boldsymbol{x}_2 \tag{5-66}$$

以上步骤中，式(5-65)可以通过子区域 1 求解，式(5-66)可以通过子区域 2 求解，只需要固定拉格朗日乘子，则两个过程同时进行。其中，拉格朗日乘子的更新可以由独立于子系统的中间协调体来完成；当更新完拉格朗日乘子之后，再下发给所连接的子区域，提供计算依据。为实现完全意义上的分布式计算，可以不设置中间协调体，在子区域计算完之后将当前迭代次数下的边界变量结果传递给相邻子区域，那么拉格朗日乘子的更新就由各个子区域单独完成。

综上所述，采用拉格朗日松弛法解决分布式状态估计问题时，以标量为例给出第一阶段问题求解流程如下。

(1)初始化拉格朗日乘子 $\pi_1^{k=0}$ 、$\pi_2^{k=0}$ 和 $k=0$ 。

(2)区域 1 计算 $y_1^{k+1} = \arg\min\ f_1'(y_1) + \pi_1^k K_{b,1} + \pi_2^k L_{b,1}$，将 $K_{b,1}^{k+1}$ 和 $L_{b,1}^{k+1}$ 传递给区域 2；区域 2 计算 $y_2^{k+1} = \arg\min\ f_2'(y_2) - \pi_1^k K_{b,2} - \pi_2^k L_{b,2}$，将 $K_{b,2}^{k+1}$ 和 $L_{b,2}^{k+1}$ 传递给区域 1。

(3)区域 1 根据以下公式来更新拉格朗日乘子：$\pi_1^{k+1} = \pi_1^k + \rho_1(K_{b,1}^{k+1} - K_{b,2}^{k+1})$，$\pi_2^{k+1} = \pi_2^k + \rho_2(L_{b,1}^{k+1} - L_{b,2}^{k+1})$，区域 2 以同样的方式更新拉格朗日乘子。

(4)判断 $(\pi_1^{k+1} - \pi_1^k)^2 + (\pi_2^{k+1} - \pi_2^k)^2 \leqslant \varepsilon$？如果满足条件，则终止迭代过程，输出结果；如果不满足条件，则返回步骤(2)并重复以上过程。

在第二阶段问题中，分别采用式(5-14)～式(5-16)计算得到第三阶段的等效量测量 $\boldsymbol{u}_1^*$ 和 $\boldsymbol{u}_2^*$。第三阶段流程与第一阶段流程类似，同样以标量为例。

(1)初始化拉格朗日乘子 $\lambda_1^{k=0}$ 、$\lambda_2^{k=0}$ 、$\lambda_3^{k=0}$ 、$\lambda_4^{k=0}$ 、$k=0$ 。

(2)区域 1 计算 $x_1^{k+1} = \arg\min\ f_1''(x_1) + \lambda_1^k \ln U_{m1\text{-}2} + \lambda_2^k \ln U_{m1} + \lambda_3^k \theta_{1\text{-}2} + \lambda_4^k \theta_1$，将 $\ln U_{m1\text{-}2}^{k+1}$ 、$\ln U_{m1}^{k+1}$ 和 $\theta_{1\text{-}2}^{k+1}$ 、θ_1^{k+1} 传递给区域 2；区域 2 计算 $x_2^{k+1} = \arg\min$

$f_2''(x_2)-\lambda_1^k\ln U_{m2}-\lambda_2^k\ln U_{m2\text{-}1}-\lambda_3^k\theta_{2-1}-\lambda_4^k\theta_2$，将$\ln U_{m2\text{-}1}^{k+1}$、$\ln U_{m2}^{k+1}$和$\theta_{2\text{-}1}^{k+1}$、$\theta_2^{k+1}$传递给区域 1。

(3) 区域 1 更新乘子如下：

$\lambda_1^{k+1}=\lambda_1^k+\rho_1(\ln U_{m1-2}^{k+1}-\ln U_{m2}^{k+1})$，$\lambda_2^{k+1}=\lambda_2^k+\rho_2(\ln U_{m2-1}^{k+1}-\ln U_{m1}^{k+1})$，$\lambda_3^{k+1}=\lambda_3^k+\rho_3(\theta_{1-2}^{k+1}-\theta_2^{k+1})$，$\lambda_4^{k+1}=\lambda_4^k+\rho_4(\theta_{2-1}^{k+1}-\theta_1^{k+1})$。区域 2 以同样的方式更新拉格朗日乘子。

(4) 判断$(\lambda_1^{k+1}-\lambda_1^k)^2+(\lambda_2^{k+1}-\lambda_2^k)^2+(\lambda_3^{k+1}-\lambda_3^k)^2+(\lambda_4^{k+1}-\lambda_4^k)^2\leqslant\varepsilon$是否成立，如果满足条件，则终止迭代过程，输出结果；如果不满足条件，$k=k+1$，返回步骤 (2) 并重复以上过程。

5.2.2　基于交替方向乘子法的静态状态估计

增广拉格朗日方法是对拉格朗日松弛法的一种改进方法。与拉格朗日松弛法相比，增广拉格朗日方法还增加了对应于等式约束的二次惩罚项。下面将对增广拉格朗日方法及基于增广拉格朗日方法的分布式状态估计进行详细阐述。

构造如下增广拉格朗日函数：

$$L_\rho(\boldsymbol{x}_1,\boldsymbol{x}_2,\boldsymbol{\lambda})=g_1(\boldsymbol{x}_1)+g_2(\boldsymbol{x}_2)-\boldsymbol{\lambda}^{\mathrm{T}}(\boldsymbol{A}\boldsymbol{x}_1-\boldsymbol{B}\boldsymbol{x}_2)+\frac{\rho}{2}\|\boldsymbol{A}\boldsymbol{x}_1-\boldsymbol{B}\boldsymbol{x}_2\|_2^2 \tag{5-67}$$

式中，$\rho>0$，称为对偶更新步长。

由式 (5-67) 可知，增广拉格朗日函数相比较于拉格朗日函数多了$\frac{\rho}{2}\|\boldsymbol{A}\boldsymbol{x}_1-\boldsymbol{B}\boldsymbol{x}_2\|_2^2$二次惩罚项，导致函数分解的难度相比于拉格朗日松弛法有所增加。针对这一问题，采用交替方向乘子 (altering direction method of multipliers，ADMM) 法实现子系统之间解耦。ADMM 法由 Gabay 等在 1976 年提出，它与高斯赛德尔法的步骤较为相似，结合了拉格朗日乘子法与对偶变量解耦方法的优点，并用交替迭代的方式实现变量之间解耦，对于不同的拉格朗日乘子具有较好的鲁棒性，收敛性较强。采用交替方向乘子法求解上述问题的步骤如下：

$$\boldsymbol{x}_1^{k+1}=\arg\min L_\rho(\boldsymbol{x}_1,\boldsymbol{x}_2^k,\boldsymbol{\lambda}^k) \tag{5-68}$$

$$\boldsymbol{x}_2^{k+1}=\arg\min L_\rho(\boldsymbol{x}_1^{k+1},\boldsymbol{x}_2,\boldsymbol{\lambda}^k) \tag{5-69}$$

$$\boldsymbol{\lambda}^{k+1}=\boldsymbol{\lambda}^k+\rho(\boldsymbol{A}\boldsymbol{x}_1^{k+1}-\boldsymbol{B}\boldsymbol{x}_2^{k+1}) \tag{5-70}$$

式中，需要交替求解$\boldsymbol{x}_1^{k+1}$与$\boldsymbol{x}_2^{k+1}$，故时序上不同子系统间的计算是异步进行的。虽然各子问题仍通过子系统单独求解，保持了子系统之间的相对独立性，然而异步迭代方式无法实现并行计算，会使求解时间较长、计算效率较低。为实现同步化的交替方向乘子法，考虑增广拉格朗日函数$L_\rho(\boldsymbol{x}_1,\boldsymbol{x}_2,\boldsymbol{\lambda})$的后两项：

$$
\begin{aligned}
&(\boldsymbol{\lambda}^k)^{\mathrm{T}}(\boldsymbol{A}\boldsymbol{x}_1-\boldsymbol{B}\boldsymbol{x}_2^k)+\frac{\rho}{2}\left\|\boldsymbol{A}\boldsymbol{x}_1-\boldsymbol{B}\boldsymbol{x}_2^k\right\|_2^2\\
&=\frac{\rho}{2}\left\|\boldsymbol{A}\boldsymbol{x}_1-\boldsymbol{B}\boldsymbol{x}_2^k+\frac{1}{\rho}\boldsymbol{\lambda}^k\right\|_2^2-\frac{1}{2\rho}\left\|\boldsymbol{\lambda}^k\right\|_2^2
\end{aligned} \tag{5-71}
$$

$\boldsymbol{\lambda}^k$ 为给定的相量，$\frac{1}{2\rho}\left\|\boldsymbol{\lambda}^k\right\|_2^2$ 是常数项，可忽略不计。令 $\boldsymbol{u}^k=\frac{1}{\rho}\boldsymbol{\lambda}^k$，则式(5-68)～式(5-70)可以转换为

$$
\boldsymbol{x}_1^{k+1}=\arg\min g_1(\boldsymbol{x}_1)+\frac{\rho}{2}\left\|\boldsymbol{A}\boldsymbol{x}_1-\boldsymbol{B}\boldsymbol{x}_2^k+\boldsymbol{u}^k\right\|_2^2 \tag{5-72}
$$

$$
\boldsymbol{x}_2^{k+1}=\arg\min g_2(\boldsymbol{x}_2)+\frac{\rho}{2}\left\|\boldsymbol{A}\boldsymbol{x}_1^{k+1}-\boldsymbol{B}\boldsymbol{x}_2+\boldsymbol{u}^k\right\|_2^2 \tag{5-73}
$$

$$
\boldsymbol{u}^{k+1}=\boldsymbol{u}^k+(\boldsymbol{A}\boldsymbol{x}_1^{k+1}-\boldsymbol{B}\boldsymbol{x}_2^{k+1}) \tag{5-74}
$$

令 $\boldsymbol{x}_{b1}^k=\boldsymbol{x}_{b2}^k=\frac{\boldsymbol{A}\boldsymbol{x}_1^k+\boldsymbol{B}\boldsymbol{x}_2^k}{2}$，并将其代入式(5-72)～式(5-74)中，等价于以下流程：

$$
\boldsymbol{x}_1^{k+1}=\arg\min g_1(\boldsymbol{x}_1)+\frac{\rho}{2}\left\|\boldsymbol{A}\boldsymbol{x}_1-\boldsymbol{x}_{b1}^k+\boldsymbol{u}_1^k\right\|_2^2 \tag{5-75}
$$

$$
\boldsymbol{u}_1^{k+1}=\boldsymbol{u}_1^k+(\boldsymbol{A}\boldsymbol{x}_1^{k+1}-\boldsymbol{x}_{b2}^{k+1}) \tag{5-76}
$$

$$
\boldsymbol{x}_2^{k+1}=\arg\min g_2(\boldsymbol{x}_2)+\frac{\rho}{2}\left\|\boldsymbol{B}\boldsymbol{x}_2-\boldsymbol{x}_{b2}^k+\boldsymbol{u}_2^k\right\|_2^2 \tag{5-77}
$$

$$
\boldsymbol{u}_2^{k+1}=\boldsymbol{u}_2^k+(\boldsymbol{B}\boldsymbol{x}_2^{k+1}-\boldsymbol{x}_{b1}^{k+1}) \tag{5-78}
$$

通过对上述步骤分析可得，此时子系统间实现了并行同步化：在完成一次迭代后，子系统 1 向子系统 2 传递 $\boldsymbol{x}_1^k$；子系统 2 向子系统 1 传递 $\boldsymbol{x}_2^k$。如此依照以上步骤进行信息传递与任务执行，各子系统间便能够实现并行求解。需注意的是，上述步骤中的 $\boldsymbol{x}_{b1}^k$、$\boldsymbol{x}_{b2}^k$ 及 $\boldsymbol{u}_1^k$、$\boldsymbol{u}_2^k$ 均具有一定的物理意义。$\boldsymbol{x}_{b1}^k$ 与 $\boldsymbol{x}_{b2}^k$ 相等，其数值是 $\boldsymbol{A}\boldsymbol{x}_1^k+\boldsymbol{B}\boldsymbol{x}_2^k$ 的一半，将该值代入子系统最小化的目标函数的二次项中，是为了引导原始集中方式下的模型等式约束两端互相接近，并最终达到一致，使最优值满足等式约束。区别于 $\boldsymbol{u}^k$ 的计算方式，$\boldsymbol{u}_1^k$ 与 $\boldsymbol{u}_2^k$ 均通过各子系统计算，计算结果仅反映单一子系统此次迭代所得最优解与上次迭代所得最优解间结果差异的累积，但是同样具有和 $\boldsymbol{u}^k$ 类似的作用，即能够提高算法收敛性。当 $\boldsymbol{u}_1^k$ 与 $\boldsymbol{u}_2^k$ 不再变化或相近两次迭代的结果差异变化范围小于某一个极小数时，说明迭代算法达到收敛。

采用 ADMM 法能求解三阶段分布式状态估计。以标量为例给出第一阶段问题求解流程如下。

(1)对拉格朗日乘子进行初始化：u_1^k，u_2^k，$k=0$，$\tilde{K}_{b,1}^k=\tilde{K}_{b,2}^k=\dfrac{K_{b,1}^k+K_{b,2}^k}{2}$，$\tilde{L}_{b,1}^k=\tilde{L}_{b,2}^k=\dfrac{L_{b,1}^k+L_{b,2}^k}{2}$。

(2)区域 1 的具体求解计算如下：

$$y_1^{k+1}=\arg\min f_1'(y_1)+\frac{\rho}{2}\left\{(K_{b,1}-\tilde{K}_{b,1}^k+u_{1-K}^k)^2+(L_{b,1}-\tilde{L}_{b,1}^k+u_{1-L}^k)^2\right\}$$

同时依据式(5-76)来更新拉格朗日乘子：$u_{1-K}^{k+1}=u_{1-K}^k+(K_{b,1}^{k+1}-\tilde{K}_{b,2}^{k+1})$，$u_{1-L}^{k+1}=u_{1-L}^k+(L_{b,1}^{k+1}-\tilde{L}_{b,2}^{k+1})$，将求解得到结果中的边界信息传递给区域 2。

(3)区域 2 的具体求解计算如下：

$$y_2^{k+1}=\arg\min f_2'(y_2)+\frac{\rho}{2}\left\{(K_{b,2}-\tilde{K}_{b,2}^k+u_{2-K}^k)^2+(L_{b,2}-\tilde{L}_{b,2}^k+u_{2-L}^k)^2\right\}$$

同时根据式(5-78)进行拉格朗日乘子的更新：$u_{2-K}^{k+1}=u_{2-K}^k+(K_{b,1}^{k+1}-\tilde{K}_{b2}^{k+1})$，$u_{2-L}^{k+1}=u_{2-L}^k+(L_{b,2}^{k+1}-\tilde{L}_{b1}^{k+1})$，将计算结果中的边界值传递给区域 1。

(4)判断是否满足$(u_1^{k+1}-u_1^k)^2+(u_2^{k+1}-u_2^k)^2\leqslant\varepsilon$。如果满足条件，则终止迭代过程，输出结果；如果不满足条件，$k=k+1$，返回步骤(2)并重复以上过程直至收敛。

在第二阶段中，子区域 1 与子区域 2 分别计算可以得到第三阶段的等效量测量 $\boldsymbol{u}_1^*$ 和 $\boldsymbol{u}_2^*$。第三阶段具体流程与第一阶段类似，算法流程不再介绍。

5.2.3 交直流混合配电网分布式状态估计方法

第一阶段状态估计模型中的交流子系统和直流子系统可由式(5-79)表示：

$$\boldsymbol{z}_{\mathrm{AC}_k}=\boldsymbol{A}_{\mathrm{AC}_k}\boldsymbol{y}_{\mathrm{AC}_k}+\boldsymbol{r}_{\mathrm{AC}_k} \tag{5-79}$$

$$\boldsymbol{z}_{\mathrm{DC}}=\sum_{k=1}^{K}\boldsymbol{U}_{\mathrm{VSC}_k}^{\mathrm{AC}}\begin{bmatrix}0\\ \vdots\\ Y_k\sin\alpha_k\\ Y_k\cos\alpha_k-1/X_{k-c}\\ 0\\ \vdots\end{bmatrix}+\boldsymbol{A}_{\mathrm{DC}}\boldsymbol{y}_{\mathrm{DC}}+\boldsymbol{r}_{\mathrm{DC}} \tag{5-80}$$

式中，z_{AC_k} 与 $\boldsymbol{y}_{\mathrm{AC}_k}$ 线性相关，z_{DC} 与 $\left\{\boldsymbol{y}_{\mathrm{DC}},\boldsymbol{U}_{\mathrm{VSC}_k}^{\mathrm{AC}}\right\}$ 线性相关。定义新的变量 $\boldsymbol{U}_{\mathrm{VSC}_k}^{\mathrm{AC}'}=\boldsymbol{U}_{\mathrm{VSC}_k}^{\mathrm{AC}}$，直流子系统变量 $\boldsymbol{y}_{\mathrm{DC}}$ 可以被拓展为 $\boldsymbol{y}_{\mathrm{DC+}}=\left[\boldsymbol{U}_{\mathrm{VSC}_1}^{\mathrm{AC}'},\cdots,\boldsymbol{U}_{\mathrm{VSC}_k}^{\mathrm{AC}'},\boldsymbol{y}_{\mathrm{DC}}\right]^{\mathrm{T}}$。因此第一阶段状态估计模型被等价表示为

$$\begin{aligned}&\min\ \sum_{k=1}^{K}J_{\mathrm{AC}_k}^{f}(\boldsymbol{y}_{\mathrm{AC}_k})+J_{\mathrm{DC}}^{f}(\boldsymbol{y}_{\mathrm{DC+}})\\&\text{s.t.}\quad \boldsymbol{U}_{\mathrm{VSC}_k}^{\mathrm{AC}'}=\boldsymbol{U}_{\mathrm{VSC}_k}^{\mathrm{AC}},\ \ \forall k\end{aligned}\tag{5-81}$$

$$J_{\mathrm{AC}_k}^{f}(\boldsymbol{y}_{\mathrm{AC}_k})=\boldsymbol{r}_{\mathrm{AC}_k}^{\mathrm{T}}\boldsymbol{R}_{\mathrm{AC}_k}^{-1}\boldsymbol{r}_{\mathrm{AC}_k}\tag{5-82}$$

$$J_{\mathrm{DC}}^{f}(\boldsymbol{y}_{\mathrm{DC+}})=\boldsymbol{r}_{\mathrm{DC}}^{\mathrm{T}}\boldsymbol{R}_{\mathrm{DC}}^{-1}\boldsymbol{r}_{\mathrm{DC}}\tag{5-83}$$

式中，$\boldsymbol{y}_{\mathrm{AC}_k}$ 与 $\boldsymbol{y}_{\mathrm{DC+}}$ 中交叠的部分 $\boldsymbol{U}_{\mathrm{VSC}_k}^{\mathrm{AC}}$ 作为状态估计模型的等式约束。该模型目标函数中实现了对交流和直流子系统的解耦。构建如下拉格朗日函数：

$$LR(\boldsymbol{y}_{\mathrm{AC}_k},\boldsymbol{y}_{\mathrm{DC+}})=\sum_{k=1}^{K}J_{\mathrm{AC}_k}^{f}(\boldsymbol{y}_{\mathrm{AC}_k})+J_{\mathrm{DC}}^{f}(\boldsymbol{y}_{\mathrm{DC+}})+\sum_{k=1}^{K}\boldsymbol{\lambda}_k(\boldsymbol{U}_{\mathrm{VSC}_k}^{\mathrm{AC}'}-\boldsymbol{U}_{\mathrm{VSC}_k}^{\mathrm{AC}})\tag{5-84}$$

采用梯度法对拉格朗日乘子进行迭代更新，具体步骤如下：

$$\boldsymbol{y}_{\mathrm{AC}_k}^{m}:=\arg\min\ J_{\mathrm{AC}_k}^{f}(\boldsymbol{y}_{\mathrm{AC}_k})-\boldsymbol{\lambda}_k^{m-1\mathrm{T}}\boldsymbol{U}_{\mathrm{VSC}_k}^{\mathrm{AC}}\tag{5-85}$$

$$\boldsymbol{y}_{\mathrm{DC+}}^{m}:=\arg\min\ J_{\mathrm{DC}}^{f}(\boldsymbol{y}_{\mathrm{DC+}})+\boldsymbol{\lambda}_k^{m-1\mathrm{T}}\boldsymbol{U}_{\mathrm{VSC}_k}^{\mathrm{AC}'}\tag{5-86}$$

$$\boldsymbol{\lambda}_k^{m}=\boldsymbol{\lambda}_k^{m-1}+\rho_{\lambda}(\boldsymbol{U}_{\mathrm{VSC}_k}^{\mathrm{AC}'-m}-\boldsymbol{U}_{\mathrm{VSC}_k}^{\mathrm{AC}-m})\tag{5-87}$$

式中，m 为迭代次数。

式(5-85)与式(5-86)代表的是状态估计子问题，其中 $\boldsymbol{\lambda}_k^{m-1}$ 为已知值，因此可以分别由交直流子系统并行求解。式(5-87)表示拉格朗日乘子的迭代公式，涉及边界量 $\boldsymbol{U}_{\mathrm{VSC}_k}^{\mathrm{AC}'}$ 与 $\boldsymbol{U}_{\mathrm{VSC}_k}^{\mathrm{AC}}$，乘子更新有两种方式：一种是在交直流子系统之间设置中间协调机构，子系统传递边界信息至中间协调机构，由中间协调机构进行乘子更新并下发至相关子系统；另一种是不设置中间协调机构，由交直流子系统之间互相传递边界量，子系统分别进行乘子更新。采用后者作为实现方式。迭代收敛条件设置为

$$\left\|\boldsymbol{\lambda}^{m}-\boldsymbol{\lambda}^{m-1}\right\|\leqslant\varepsilon_{\lambda}\tag{5-88}$$

图 5-6 为第一阶段分布式状态估计的实现机制图。在子系统内均设有状态估计器，收集子系统内部的拓扑、参数、量测信息及相连子系统的边界量，计算状态估计子问题并更新拉格朗日乘子。在该过程中，交直流子系统状态估计器并行

计算，且子系统本地信息不需要统一上传，因此通信量大大降低。

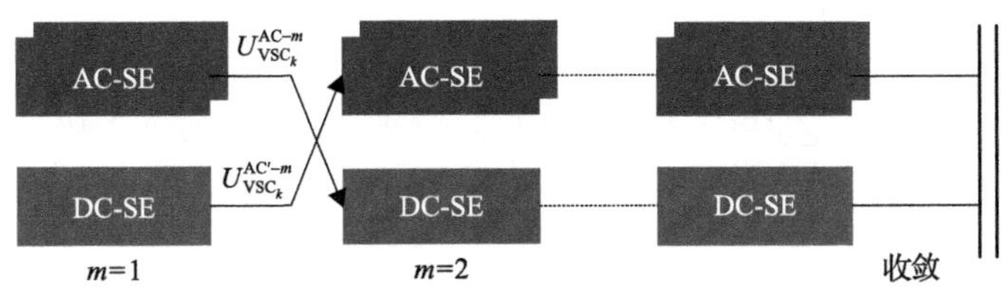

图 5-6 第一阶段分布式状态估计的实现机制图

设求解结果为 $\boldsymbol{y}_{\mathrm{AC}}$ 与 $\boldsymbol{y}_{\mathrm{DC}}$，在误差允许范围内，$\boldsymbol{U}_{\mathrm{VSC}_k}^{\mathrm{AC}'}=\boldsymbol{U}_{\mathrm{VSC}_k}^{\mathrm{AC}}$。将集中状态估计中的中间变量 $\boldsymbol{u}$ 拆分成交流部分与直流部分，设交流子系统及直流子系统的中间变量分别为 $\boldsymbol{u}_{\mathrm{AC}_k}$ 与 $\boldsymbol{u}_{\mathrm{DC}}$，如式(5-89)和式(5-90)所示，则 $\boldsymbol{u}=\left[\boldsymbol{u}_{\mathrm{AC}_1}^{\mathrm{T}},\cdots,\boldsymbol{u}_{\mathrm{AC}_K}^{\mathrm{T}},\boldsymbol{u}_{\mathrm{DC}}^{\mathrm{T}}\right]^{\mathrm{T}}$。

$$\boldsymbol{u}_{\mathrm{AC}_k}=\left\{\varphi_{\mathrm{AC}_k,i},\theta_{\mathrm{AC}_k,ij},\varphi_{\mathrm{AC}_k,ij}\right\} \tag{5-89}$$

$$\boldsymbol{u}_{\mathrm{DC}}=\left\{\varphi_{\mathrm{DC},i},\varphi_{\mathrm{DC},ij},\varphi_{\mathrm{VSC}_k},\theta_{\mathrm{VSC}_k}^{\mathrm{AC}}\right\} \tag{5-90}$$

交流子系统与直流子系统的非线性转换步骤分别可以表示为式(5-91)与式(5-92)。在子系统分别进行非线性转换时，不需要互传信息，直接根据本地的第一阶段状态估计结果即可求解：

$$\boldsymbol{u}_{\mathrm{AC}_k}=f_{\mathrm{AC}_k}(\boldsymbol{y}_{\mathrm{AC}_k}) \tag{5-91}$$

$$\boldsymbol{u}_{\mathrm{DC}}=f_{\mathrm{DC}}(\boldsymbol{y}_{\mathrm{DC}}) \tag{5-92}$$

在交流子系统中，$\boldsymbol{u}_{\mathrm{AC}_k}$ 可由 $\boldsymbol{x}_{\mathrm{AC}_k}$ 线性表示：$\boldsymbol{u}_{\mathrm{AC}_k}=\boldsymbol{C}_{\mathrm{AC}_k}\boldsymbol{x}_{\mathrm{AC}_k}+\boldsymbol{r}_{\mathrm{AC}_k}^t$；在直流子系统中，$\boldsymbol{u}_{\mathrm{DC}}$ 除了与 $\boldsymbol{x}_{\mathrm{DC}}$ 线性相关，还与 $\boldsymbol{x}_{\mathrm{AC}_k}$ 中的元素 $\left\{\ln U_{m\mathrm{VSC}_k}^{\mathrm{AC}};\theta_{\mathrm{VSC}_k}^{\mathrm{AC}}\right\}$ 有关。不妨定义新变量 $\ln U_{m\mathrm{VSC}_k}^{\mathrm{AC}'}$ 与 $\theta_{\mathrm{VSC}_k}^{\mathrm{AC}'}$，其中 $\ln U_{m\mathrm{VSC}_k}^{\mathrm{AC}}=\ln U_{\mathrm{VSC}_k}^{\mathrm{AC}'}$，$\theta_{\mathrm{VSC}_k}^{\mathrm{AC}}=\theta_{\mathrm{VSC}_k}^{\mathrm{AC}'}$。将 $\boldsymbol{x}_{\mathrm{DC}}$ 扩展成 $\boldsymbol{x}_{\mathrm{DC+}}$，则 $\boldsymbol{u}_{\mathrm{DC}}$ 可由 $\boldsymbol{x}_{\mathrm{DC+}}$ 线性表示：$\boldsymbol{u}_{\mathrm{DC}}=\boldsymbol{C}_{\mathrm{DC}}\boldsymbol{x}_{\mathrm{DC+}}+\boldsymbol{r}_{\mathrm{DC}}^t$。

$$\boldsymbol{x}_{\mathrm{DC+}}^t=\left\{\ln U_{m\mathrm{DC},i};\ln U_{m\mathrm{VSC}_k}^{\mathrm{AC}'};\theta_{\mathrm{VSC}_k}^{\mathrm{AC}'}\right\} \tag{5-93}$$

经推导可知 $J^t(\boldsymbol{x})$ 的具体表达形式如下：

$$
\begin{aligned}
J^t(\boldsymbol{x}) = & \sum_{k=1}^{K}(\boldsymbol{r}_{\mathrm{AC}_k}^{t\mathrm{T}}\boldsymbol{W}_u^{\mathrm{AC}_k}\boldsymbol{r}_{\mathrm{AC}_k}^{t}) + \boldsymbol{r}_{\mathrm{DC}}^{t\mathrm{T}}\boldsymbol{W}_u^{\mathrm{DC}}\boldsymbol{r}_{\mathrm{DC}}^{t} \\
& + 2\sum_{k=1}^{K}(\ln U_{m\mathrm{VSC}_k}^{\mathrm{AC}'} - \ln U_{m\mathrm{VSC}_k}^{\mathrm{AC}'})\Big\{(\theta_{\mathrm{VSC}_k}^{\mathrm{AC}} - \theta_{\mathrm{VSC}_k}^{\mathrm{AC}'})\cdot\theta U_m \\
& + (\varphi_{\mathrm{VSC}_k} - \ln U_{m\mathrm{VSC}_k}^{\mathrm{AC}'} - \ln U_{m\mathrm{VSC}_k}^{\mathrm{DC}})\cdot\varphi U_m\Big\}
\end{aligned} \tag{5-94}
$$

交直流子系统的子目标函数如式(5-95)与式(5-96)所示，则第三阶段的系统状态估计模型等价于问题(5-97)，其中交直流子系统状态变量之间的交叠部分以等式约束的形式计入状态估计模型。

$$
J_{\mathrm{AC}_k}^t(\boldsymbol{x}_{\mathrm{AC}_k}) = (\boldsymbol{r}_{\mathrm{AC}_k}^t)^{\mathrm{T}}\boldsymbol{W}_u^{\mathrm{AC}_k}(\boldsymbol{r}_{\mathrm{AC}_k}^t) \tag{5-95}
$$

$$
\begin{aligned}
J_{\mathrm{DC}}^t(\boldsymbol{x}_{\mathrm{DC}}) = & (\boldsymbol{r}_{\mathrm{DC}}^t)^{\mathrm{T}}\boldsymbol{W}_u^{\mathrm{DC}}(\boldsymbol{r}_{\mathrm{DC}}^t) \\
& + 2\sum_{k=1}^{K}(\ln U_{m\mathrm{VSC}_k}^{\mathrm{AC}} - \ln U_{m\mathrm{VSC}_k}^{\mathrm{AC}'})\Big\{(\theta_{\mathrm{VSC}_k}^{\mathrm{AC}} - \theta_{\mathrm{VSC}_k}^{\mathrm{AC}'})\beta_k \\
& + (\varphi_{\mathrm{VSC}_k} - \ln U_{m\mathrm{VSC}_k}^{\mathrm{AC}'} - \ln U_{m\mathrm{VSC}_k}^{\mathrm{DC}})\gamma_k\Big\}
\end{aligned} \tag{5-96}
$$

$$
\begin{aligned}
& J^t(\boldsymbol{x}) = \sum_{k=1}^{K}J_{\mathrm{AC}_k}^t(\boldsymbol{x}_{\mathrm{AC}_k}) + J_{\mathrm{DC}}^t(\boldsymbol{x}_{\mathrm{DC}}) \\
& \text{s.t. } \ln U_{m\mathrm{VSC}_k}^{\mathrm{AC}} = \ln U_{m\mathrm{VSC}_k}^{\mathrm{AC}'},\quad \forall k \\
& \qquad \theta_{\mathrm{VSC}_k}^{\mathrm{AC}} = \theta_{\mathrm{VSC}_k}^{\mathrm{AC}'}
\end{aligned} \tag{5-97}
$$

第三阶段的状态估计模型与第一阶段相似，因此可采用类似于第一阶段的分散方法，以标量为例给出具体求解过程为

$$
x_{\mathrm{AC}_k}^m := \arg\min\ J_{\mathrm{AC}_k}^t(x_{\mathrm{AC}_k}) - \pi^{m-1}\ln U_{m\mathrm{VSC}_k}^{\mathrm{AC}} - \nu^{m-1}\theta_{\mathrm{VSC}_k}^{\mathrm{AC}} \tag{5-98}
$$

$$
x_{\mathrm{DC}}^m := \arg\min\ J_{\mathrm{DC}}^t(x_{\mathrm{DC}}) + \pi^{m-1}\ln U_{m\mathrm{VSC}_k}^{\mathrm{AC}'} + \nu^{m-1}\theta_{\mathrm{VSC}_k}^{\mathrm{AC}'} \tag{5-99}
$$

$$
\pi_k^m = \pi_k^{m-1} + \rho_\pi(\ln U_{\mathrm{VSC}_k}^{\mathrm{AC}'-m} - \ln U_{\mathrm{VSC}_k}^{\mathrm{AC}-m}) \tag{5-100}
$$

$$
\nu_k^m = \nu_k^{m-1} + \rho_\nu(\theta_{\mathrm{VSC}_k}^{\mathrm{AC}'-m} - \theta_{\mathrm{VSC}_k}^{\mathrm{AC}-m}) \tag{5-101}
$$

最终迭代收敛条件设置为

$$
(\pi_k^m - \pi_k^{m-1})^2 + (\nu_k^m - \nu_k^{m-1})^2 \leqslant \varepsilon_{\pi\nu} \tag{5-102}
$$

从上述步骤分析可以得出，交流子系统与直流子系统分别依据式(5-98)与式(5-99)进行子系统状态估计，并交换边界信息$\left\{\ln U_{m\mathrm{VSC}_k}^{\mathrm{AC}};\theta_{\mathrm{VSC}_k}^{\mathrm{AC}}\right\}$与$\left\{\ln U_{m\mathrm{VSC}_k}^{\mathrm{AC}'};\theta_{\mathrm{VSC}_k}^{\mathrm{AC}'}\right\}$，拉格朗日乘子更新迭代可以按照式(5-100)与式(5-101)不断循环进行，直至收敛。

5.3 算 例 分 析

5.3.1 配电网状态估计

在 IEEE 33 节点系统基础上构建算例系统，断开节点 6 与节点 7 之间的联络线，将原系统分为两个子系统。保障整体系统可观性的量测配置方案为节点 1-33 电压幅值量测，节点 2-33 注入功率量测，所有的支路功率双端量测。通过仿真分别对基于 WLS 法及三阶段状态估计方法的相关性能进行比较分析。

图 5-7 为基于 WLS 及三阶段状态估计模型所得出的节点的电压幅值与相角最优估计值。由图 5-7 可以发现，三阶段状态估计模型在计算的过程中不可避免地与 WLS 方法在状态估计结果上存在一定的偏差，这主要是由于三个阶段的计

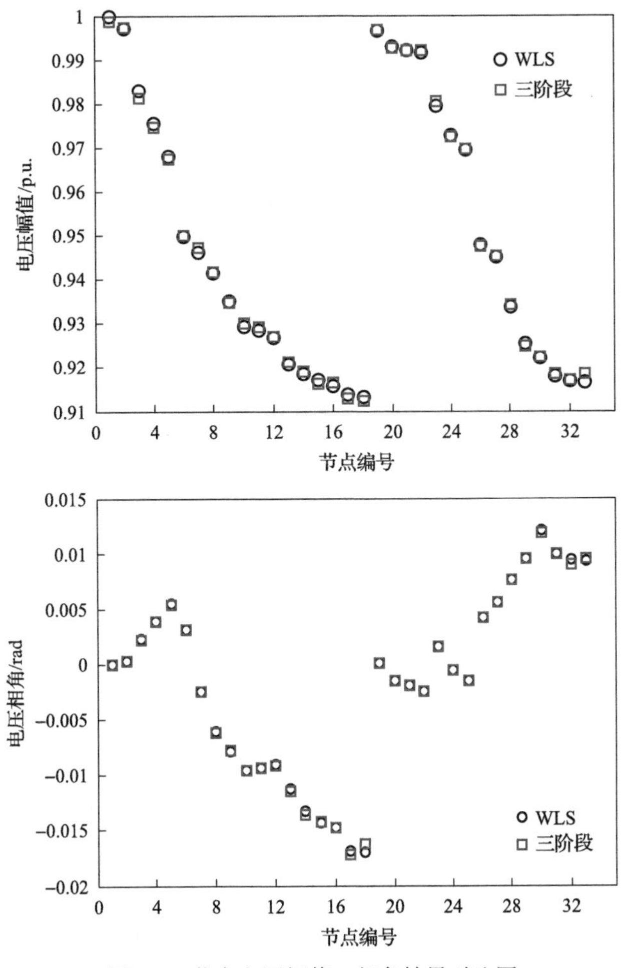

图 5-7　节点电压幅值、相角结果对比图

算误差累加而成的，但进一步比较偏差结果可以发现，二者状态估计结果仍然是非常接近的。因此，采用三阶段状态估计方法进行系统最优状态估计值的求解是可行的，其计算精度能够得到保证。

5.3.2 交直流混合配电网状态估计

算例系统中含有 7 节点直流配电网，在直流配电网的 1、3、5 三个节点处分别通过电压变流器与 IEEE33 节点配电网的节点 6、7、8 相连接，系统参数设置与文献[8]中一致。保障整体系统可观性的量测配置方案为节点 1-33 电压幅值量测，节点 2-33 注入功率量测，所有的支路功率双端量测；在 IEEE33 节点配电网中的节点 8、13、16、21、24、31 中配置 PMU 装置。交直流配电网仿真系统示意图如图 5-8 所示。

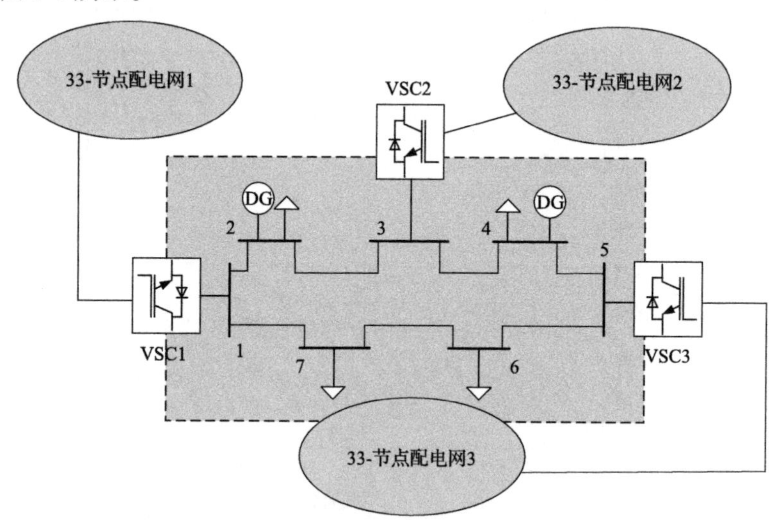

图 5-8　交直流配电网仿真系统示意图

量测数据是在潮流计算的基础上叠加均值为 0 的正态分布噪声产生的，量测误差情况与前面一致：电压幅值量测误差为 0.1%，功率量测误差为 0.1%，电流幅值量测误差为 0.1%；PMU 相应的量测误差为 0.05%。

不同方法下的状态估计结果如图 5-9 所示。图 5-9(a)与(b)为本书所提方法的状态估计计算结果，分别展示了整个系统中各个节点的电压幅值与相角的平均相对误差；图 5-9(c)与(d)为拉格朗日松弛法计算结果，分别展示了整个系统中各个节点的电压幅值与相角的平均相对误差。从图 5-9 中可以看出，基于拉格朗日松弛法的配电网状态估计结果中，电压幅值与相角的平均相对误差分别约为 5.74×10^{-3} 和 1.62×10^{-3}；本书所提方法的计算结果中，电压幅值与相角的平均相对误差分别约为 3.81×10^{-4} 和 6.17×10^{-4}，均小于拉格朗日松弛法求解的结果，表明了其精度方面的优势。

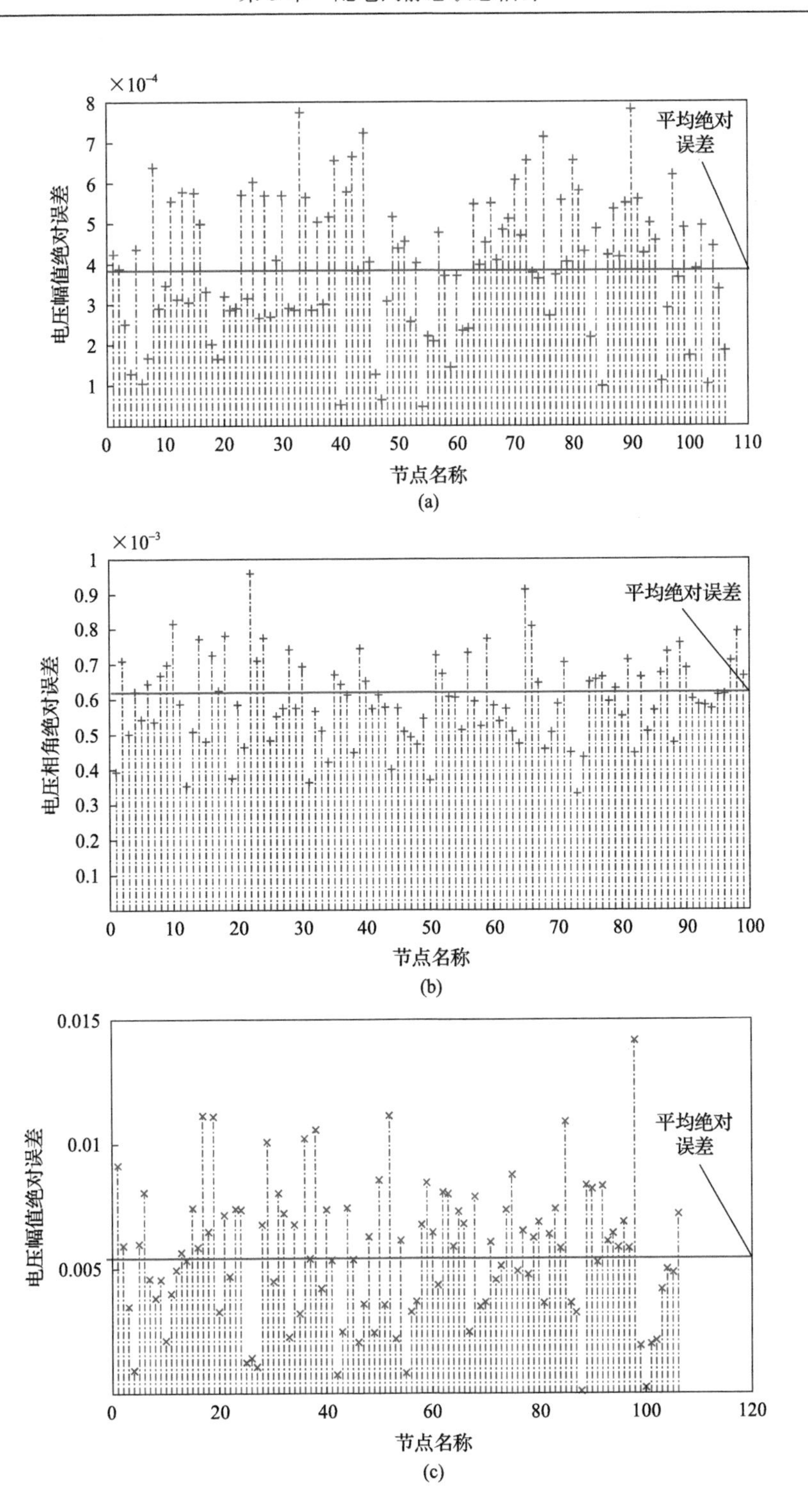
×10⁻⁴
8
7
6
5
4
3
2
1
0
10
20
30
40
50
60
70
80
90
100
110
平均绝对误差
电压幅值绝对误差
节点名称
×10⁻³
1
0.9
0.8
0.7
0.6
0.5
0.4
0.3
0.2
0.1
0
10
20
30
40
50
60
70
80
90
100
平均绝对误差
电压相角绝对误差
节点名称
0.015
0.01
0.005
0
20
40
60
80
100
120
平均绝对误差
电压幅值绝对误差
节点名称
(a)

(b)

(c)

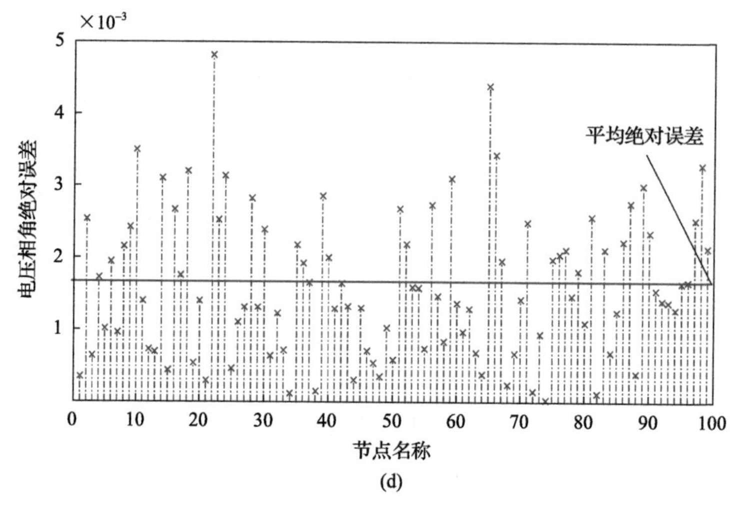

(d)

图 5-9　不同方法下的状态估计结果

表 5-1 给出了不同方法状态估计结果对比。从表 5-1 中可以看出，集中状态估计方法的准确性最高。本书方法的结果与集中状态估计方法的结果非常接近；并与现有的拉格朗日松弛法相比，该方法在电压幅值和电压相位角方面具有更高的精度。分布式方法计算结果略逊于集中状态估计方法的原因是分布式方法不需要中央协调方，从数学的角度来看，当满足式(5-81)中的等式约束时，分布式方法的估计结果等同于集中状态估计方法。然而，在现有分布式方法的子区域和协调侧分别求解，其估计结果通常是次优解，难以与集中状态估计方法完全一致[9,10]。

表 5-1　不同方法状态估计结果对比

采用方法	电压幅值平均相对误差	电压相角平均相对误差
本书方法	3.8139×10^{-4}	6.1723×10^{-4}
拉格朗日松弛法	5.7401×10^{-3}	1.6230×10^{-3}
集中状态估计方法	2.0138×10^{-4}	6.3294×10^{-4}
不含 PMU 配置下本书方法	7.5241×10^{-4}	1.1276×10^{-3}

此外，从表 5-1 中还可以看出，PMU 装置在配电网中的配置大幅地提高了状态估计的准确性，其中相角结果精度的提升更为显著。

收敛性方面，本书方法收敛性结果如图 5-10 所示，图 5-10(a)表示第一阶段收敛性能；图 5-10(b)表示第三阶段收敛性能。从结果中可以看出，边界变量的一致性可以快速实现，并且由于第一阶段和第三阶段状态估计模型之间的相似性，迭代收敛曲线的收敛特性也是类似的。

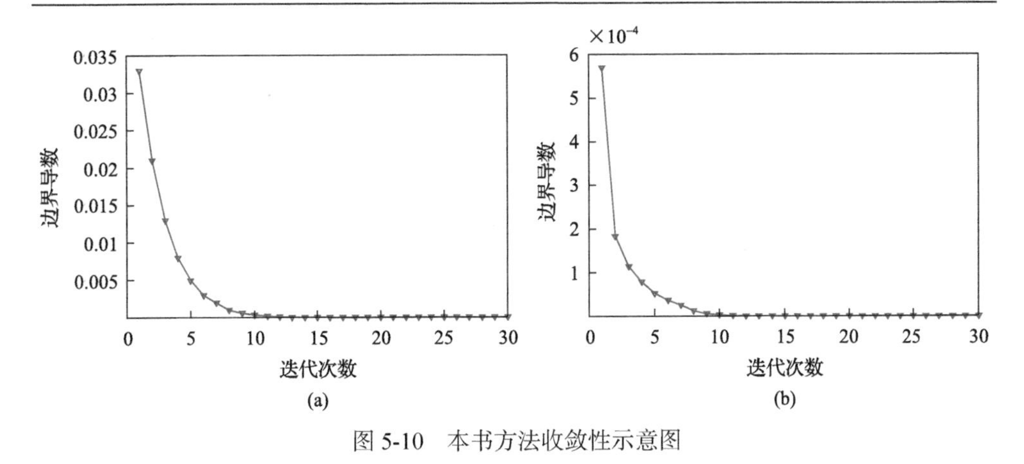

图 5-10　本书方法收敛性示意图

另外，在计算效率方面，不同方法下状态估计计算时间如表 5-2 所示。从表 5-2 中可以看出，测试交直流配电网系统中本书方法计算时间仅需 1.14s。与用时 4.83s 的集中状态估计方法相比计算时间显著减少。

表 5-2　平均相对误差分析

采用方法	计算时间/s
本书方法	1.14
拉格朗日松弛法	1.31
集中状态估计方法	4.83

本书介绍的分布式状态估计方法中，各个子系统并行执行计算任务，因此计算效率相比于集中状态估计方法得到了非常有效的提升。一般情况下，状态估计计算时间随着系统规模的增大呈现指数型上升的趋势，因此当交直流混联系统规模较大时，分布式状态估计方法将有着更加大的优势。另外正如前面所述，相比较于集中状态估计方法，分布式状态估计方法还有着其他更明显的优势。分布式状态估计机制使得各个子系统相对独立，数据的隐私性得以保证，且各个子系统的量测量不需要集中上传至计算中心，随着量测设备日渐增多，采用分布式状态估计方法可以显著地降低通信量，减轻通信压力。

5.4　本章小结

本章介绍了配电网静态状态估计方法，建立了三阶段的状态估计模型，其中在第一阶段和第三阶段中，系统执行状态估计流程，量测函数与状态变量之间呈线性关系，最优估计值可以直接由解析式表示出来，计算较为方便，第二阶段为非线性转换过程。同时重点考虑了 PMU 量测特点及其增量价值，发挥了 PMU 量测数据精度高及能够直接测量相量信息的优势。针对三阶段状态估计模型的特点，分别基于拉格朗日松弛法和增广拉格朗日方法研究了分布式状态估计方法。本章对基于增广拉格朗日方法的分布式状态估计，分别讨论了结合异步交替方向乘子迭代和同步交替方向乘子迭代方法，并采用交直流混合配电网进行算例分析，以分析分布式状态估计方法的特点。

参考文献

[1] Farhangi H. The path of the smart grid[J]. IEEE Power and Energy Magazine, 2010, 8(1): 18-28.

[2] Katiraei F, Iravani M R. Power management strategies for a microgrid with multiple distributed generation units[J]. IEEE Transactions on Power Systems, 2006, 21(4): 1821-1831.

[3] 汪诗怡, 艾芊. 含微电网的电力系统状态估计研究[J]. 电器与能效管理技术, 2014(16): 33-38.

[4] 李强, 周京阳, 于尔铿, 等. 基于相量量测的电力系统线性状态估计[J]. 电力系统自动化, 2005, 29(18): 24-28.

[5] Gomez-Exposito A, Gomez-Quiles C, Jaen A D L V. Bilinear power system state estimation[J]. IEEE Transactions on Power Systems, 2012, 27(1): 493-501.

[6] 江道灼, 郑欢. 直流配电网研究现状与展望[J]. 电力系统自动化, 2012, 36(8): 98-104.

[7] 宋强, 赵彪, 刘文华, 等. 智能直流配电网研究综述[J]. 中国电机工程学报, 2013, 33(25): 9-19.

[8] Qi C, Wang K, Fu Y, et al. A decentralized optimal operation of AC/DC hybrid distribution grids[J]. IEEE Transactions on Smart Grid, 2017, PP(99): 1.

[9] Gómez-Expósito A, de la Villa Jaén A, Gómez-Quiles C, et al. A taxonomy of multi-area state estimation methods[J]. Electric Power Systems Research, 2011, 81(4): 1060-1069.

[10] Mousavi-Seyedi S S, Aminifar F, Afsharnia S. Parameter estimation of multiterminal transmission lines using joint PMU and SCADA data[J]. IEEE Transactions on Power Delivery, 2015, 30(3): 1077-1085.

第6章　配电网动态状态估计与加速策略

由配电网动态状态估计引入负荷预测及发电预测，结合高采样频率的 PMU 的实时数据，对当前时刻潮流断面进行校正，同时对下一潮流断面进行预测，从而给电力系统调度人员提供带有趋势的运行状态，也为控制系统提供所需的超前状态量，有助于实现对配电网运行状态的准确、快速刻画与感知，为配电网的运行与控制提供重要的数据支撑[1-4]。另外，配电网节点数多、规模大，对配电网动态状态估计而言，计算结果的时效性非常重要，对于快速动态状态估计的计算时间有着严格的要求。常规状态估计的计算时间一般为秒级，且系统节点数量为数千，因此有必要研究适用于快速动态状态估计的计算加速策略。

6.1　动态状态估计介绍

状态估计方法主要分为静态状态估计方法和动态状态估计方法两种。静态状态估计方法忽略系统状态随时间的变化，将某一时间断面的量测数据用于状态估计，已在第 5 章中详细介绍。静态状态估计方法的计算结果准确性较高，能够真实地反映系统运行状态；但是静态状态估计只能提供潮流断面，而随着系统中新能源发电及需求侧响应等不确定性因素的增加，系统对于掌握未来运行趋势的要求逐渐增加，动态状态估计由此而生。动态状态估计将系统某一时间断面的量测数据作为初始值，用运动方程计算下一时间断面的状态量，能够预测系统下一阶段的运行状态。动态状态估计在保证计算结果准确性较高的同时，能够保持较少的迭代次数，有效地减小了计算量，提供了比静态状态估计时效性更强的状态估计结果。在混合量测环境下，综合运用静态状态估计和动态状态估计，结合静态状态估计稳定性好、计算精度高的优势和动态状态估计时效性强、计算结果包含预测信息的特点，能够高效率地得到高精度的状态估计结果。

6.2　动态状态估计模型

卡尔曼滤波器能够有效地降低噪声影响，得到比较准确的估计或预测结果。卡尔曼滤波能够在线性高斯模型的条件下，对目标状态进行最优估计，但是实际系统中存在不同程度的非线性因素[5,6]。有些非线性系统可以近似为线性系统，但线性化的过程降低了状态估计的精度，因此在很多情况下不能用线性微分方程描述非线性系统，必须建立适用于非线性系统的滤波算法。常用的处理方法是利用线性化技巧，将非线性系统的滤波问题转化为一个近似的线性滤波问题，也就是扩展卡尔曼滤波方法。本节介绍卡尔曼滤波算法与扩展卡尔曼滤波算法在配电网动态状态估计中的应用。

6.2.1 状态空间模型

离散化的线性动态系统可以用如下状态空间模型描述：

$$\boldsymbol{X}(k+1)=\boldsymbol{\Phi X}(k)+\boldsymbol{\Gamma W}(k) \tag{6-1}$$

$$\boldsymbol{Y}(k)=\boldsymbol{HX}(k)+\boldsymbol{V}(k) \tag{6-2}$$

式中，k 为离散时间；系统在时刻 k 的状态为 $\boldsymbol{X}(k)\in\mathbf{R}^n$；$\boldsymbol{Y}(k)\in\mathbf{R}^m$ 为对应状态的观测信号；$\boldsymbol{W}(k)\in\mathbf{R}^r$ 为输入的白噪声；$\boldsymbol{V}(k)\in\mathbf{R}^m$ 为观测噪声；$\boldsymbol{\Phi}$ 称为状态转移矩阵；$\boldsymbol{\Gamma}$ 称为噪声驱动矩阵；$\boldsymbol{H}$ 为观测矩阵。式(6-1)与式(6-2)共同构成动态状态估计模型。其中式(6-1)为状态方程，式(6-2)为观测方程。

离散非线性系统动态方程可以表示为

$$\boldsymbol{X}(k+1)=\boldsymbol{f}[k,\boldsymbol{X}(k)]+\boldsymbol{G}(k)\boldsymbol{W}(k) \tag{6-3}$$

$$\boldsymbol{Z}(k)=\boldsymbol{h}[k,\boldsymbol{X}(k)]+\boldsymbol{V}(k) \tag{6-4}$$

当过程噪声 $\boldsymbol{W}(k)$ 和 $\boldsymbol{V}(k)$ 恒为零时，系统模型的解为非线性模型的理论解，又称“标称轨迹”或“标称状态”，而把非线性系统的真实解称为“真轨迹”或“真状态”。假定没有控制量的输入，过程噪声是均值为零的高斯白噪声，且噪声驱动矩阵 $\boldsymbol{G}(k)$ 已知，观测噪声 $\boldsymbol{V}(k)$ 是加性零均值的高斯白噪声，并假定过程噪声 $\boldsymbol{W}(k)$ 和观测噪声 $\boldsymbol{V}(k)$ 序列彼此独立。

观测信号和噪声信号均为矢量，以下以标量为例介绍扩展卡尔曼滤波。扩展卡尔曼滤波利用非线性函数的局部线性特性，将非线性模型局部线性化。将非线性函数 $f(*)$ 围绕滤波值 $\hat{X}(k)$ 做一阶泰勒展开，得

$$X(k+1)\approx f[k,\hat{X}(k)]+\frac{\partial f}{\partial \hat{X}(k)}[X(k)-\hat{X}(k)]+G[\hat{X}(k),k]W(k) \tag{6-5}$$

令

$$\begin{aligned}&\frac{\partial f}{\partial \hat{X}(k)}=\frac{\partial f[k,\hat{X}(k)]}{\partial \hat{X}(k)}\Big|_{\hat{X}(k)=X(k)}=\varPhi(k+1\,|\,k)\\&f[k,\hat{X}(k)]-\frac{\partial f}{\partial X(k)}\Big|_{X(k)=\hat{X}(k)}\hat{X}(k)=\phi(k)\end{aligned} \tag{6-6}$$

将泰勒展开后的结果代入式(6-3)，状态方程变为

$$X(k+1)=\Phi(k+1|k)X(k)+G[\hat{X}(k),k]W(k)+\phi(k) \tag{6-7}$$

由式(6-4)，将非线性函数 $h(*)$ 围绕滤波值 $\hat{X}(k)$ 做一阶泰勒展开，得

$$Z(k)=h[k,\hat{X}(k|k-1)]+\left.\frac{\partial h}{\partial\hat{X}(k)}\right|_{\hat{X}(k|k-1)}[X(k)-\hat{X}(k|k-1)]+V(k) \tag{6-8}$$

令

$$\begin{cases}\dfrac{\partial h}{\partial\hat{X}(k)}\Big|_{X(k)=\hat{X}(k)}=H(k)\\ y(k)=h[k,\hat{X}(k|k-1)]-\left.\dfrac{\partial h}{\partial\hat{X}(k)}\right|_{X(k)=\hat{X}(k)}\hat{X}(k|k-1)\end{cases} \tag{6-9}$$

将泰勒展开后的结果代入式(6-4)，观测方程变为

$$Z(k)=H(k)X(k)+y(k)+V(k) \tag{6-10}$$

综上可得扩展卡尔曼滤波递推方程：

$$\hat{X}(k+1|k)=f[\hat{X}(k|k)] \tag{6-11}$$

$$P(k+1|k)=\Phi(k+1|k)P(k|k)\Phi^{\mathrm{T}}(k+1|k)+Q(k+1) \tag{6-12}$$

$$K(k+1)=P(k+1|k)H^{\mathrm{T}}(k+1)[H(k+1)P(k+1|k)H^{\mathrm{T}}(k+1)+R(k+1)]^{-1} \tag{6-13}$$

$$\hat{X}(k+1|k+1)=\hat{X}(k+1|k)+K(k+1)(Z(k+1)-h[\hat{X}(k+1|k)]) \tag{6-14}$$

$$P(k+1)=[I-K(k+1)H(k+1)]P(k+1|k) \tag{6-15}$$

同卡尔曼滤波基本方程相比，在线性化后的系统方程中，状态转移矩阵 $\Phi(k+1|k)$ 和观测矩阵 $H(k+1)$ 由 f 和 h 的雅可比矩阵代替。令 n 为状态变量的维数，即 $\boldsymbol{X}=[x_1,x_2,\cdots,x_n]^{\mathrm{T}}$，相应的雅可比矩阵如式(6-16)和式(6-17)所示。

$$\Phi(k+1)=\frac{\partial f}{\partial X}=\begin{bmatrix}\dfrac{\partial f_1}{\partial x_1} & \dfrac{\partial f_1}{\partial x_2} & \cdots & \dfrac{\partial f_1}{\partial x_n}\\ \dfrac{\partial f_2}{\partial x_1} & \dfrac{\partial f_2}{\partial x_2} & \cdots & \dfrac{\partial f_2}{\partial x_n}\\ \vdots & \vdots & & \vdots\\ \dfrac{\partial f_n}{\partial x_1} & \dfrac{\partial f_n}{\partial x_2} & \cdots & \dfrac{\partial f_n}{\partial x_n}\end{bmatrix} \tag{6-16}$$

$$H(k+1)=\frac{\partial h}{\partial X}=\begin{bmatrix}\frac{\partial h_1}{\partial x_1} & \frac{\partial h_1}{\partial x_2} & \cdots & \frac{\partial h_1}{\partial x_n}\\ \frac{\partial h_2}{\partial x_1} & \frac{\partial h_2}{\partial x_2} & \cdots & \frac{\partial h_2}{\partial x_n}\\ \vdots & \vdots & & \vdots\\ \frac{\partial h_n}{\partial x_1} & \frac{\partial h_n}{\partial x_2} & \cdots & \frac{\partial h_n}{\partial x_n}\end{bmatrix} \tag{6-17}$$

6.2.2　配电网潮流计算方法

功率预测的结果并不能够直接反映到节点电压幅值和相角的变化上，因此需要进行潮流计算，得到电压幅值和相角的预测值。潮流计算是对配电网进行分析的基础，配电网潮流计算与输电网不同之处在于以下几点。

(1)配电网多为辐射网络或者弱环网。

(2)配电网的有功和无功的耦合性较强，输电网的 PQ 分解法在配电网中不适用。

(3)配电网中存在缺相。

(4)配电网中存在三相不平衡。

依据 KCL 定律，对于每个节点均有

$$\boldsymbol{i}_n(\boldsymbol{u}_n)=\sum_{m\in N_n}\boldsymbol{i}_{nm},\qquad n\in N \tag{6-18}$$

式中，$\boldsymbol{i}_n$ 为流入第 n 个节点的电流；$\boldsymbol{u}_n$ 为第 n 个节点的电压；$\boldsymbol{i}_{nm}$ 为与第 i 个节点相连的第 m 条线路上的电流，取流入第 n 个节点的方向为正方向；N_n 为与第 n 个节点相邻的节点集合；N 为所有节点集合。

记下标 S 为平衡节点相关的变量，将平衡节点与非平衡节点分开，得到

$$\begin{bmatrix}\boldsymbol{i}\\ \boldsymbol{i}_{\mathrm{S}}\end{bmatrix}=\boldsymbol{Y}_{\mathrm{net}}\begin{bmatrix}\boldsymbol{u}\\ \boldsymbol{u}_{\mathrm{S}}\end{bmatrix} \tag{6-19}$$

按照平衡节点和非平衡节点对矩阵 $\boldsymbol{Y}_{\mathrm{net}}$ 进行分块：

$$\boldsymbol{Y}_{\mathrm{net}}=\begin{bmatrix}\boldsymbol{Y} & \boldsymbol{Y}_{\mathrm{NS}}\\ \boldsymbol{Y}_{\mathrm{SN}} & \boldsymbol{Y}_{\mathrm{SS}}\end{bmatrix} \tag{6-20}$$

配电网中的负荷按照电流与电压的关系不同可以分为三种成分：恒电流型、恒功率型以及恒阻抗型。负荷电流可以写成这三种成分之和：

$$\boldsymbol{i}=\boldsymbol{i}_{\mathrm{PQ}}(\boldsymbol{u})+\boldsymbol{i}_{\mathrm{I}}(\boldsymbol{u})+\boldsymbol{i}_{\mathrm{Z}}(\boldsymbol{u}) \tag{6-21}$$

$$\boldsymbol{i}_{\mathrm{PQ}}(\boldsymbol{u})+\boldsymbol{i}_{\mathrm{I}}(\boldsymbol{u})+\boldsymbol{i}_{\mathrm{Z}}(\boldsymbol{u})=\boldsymbol{Y}\boldsymbol{u}+\boldsymbol{Y}_{\mathrm{NS}}\boldsymbol{u}_{\mathrm{S}} \tag{6-22}$$

利用恒阻抗型负荷的特点：

$$\boldsymbol{i}_{\mathrm{Z}}(\boldsymbol{u})=\boldsymbol{Y}_{\mathrm{L}}\boldsymbol{u} \tag{6-23}$$

可以得到

$$\boldsymbol{i}_{\mathrm{PQ}}(\boldsymbol{u})+\boldsymbol{i}_{\mathrm{I}}(\boldsymbol{u})=(\boldsymbol{Y}+\boldsymbol{Y}_{\mathrm{L}})\boldsymbol{u}+\boldsymbol{Y}_{\mathrm{NS}}\boldsymbol{u}_{\mathrm{S}} \tag{6-24}$$

在 $(\boldsymbol{Y}+\boldsymbol{Y}_{\mathrm{L}})$ 可逆的情况下，可以利用迭代法求解非线性方程组：

$$\boldsymbol{u}^{(k+1)}=(\boldsymbol{Y}+\boldsymbol{Y}_{\mathrm{L}})^{-1}[\boldsymbol{i}_{\mathrm{PQ}}(\boldsymbol{u})+\boldsymbol{i}_{\mathrm{I}}(\boldsymbol{u})-\boldsymbol{Y}_{\mathrm{NS}}\boldsymbol{u}_{\mathrm{S}}] \tag{6-25}$$

如果 $(\boldsymbol{Y}+\boldsymbol{Y}_{\mathrm{L}})$ 不可逆，可在变压器支路中加上一个很大的对地电抗以避免矩阵奇异，同时保证计算结果不受影响。

6.2.3　快速动态状态估计架构

快速动态状态估计的主要架构如图 6-1 所示，其中有三个主要模块。

(1) 超短期功率预测。

(2) 潮流计算与预测输出。

(3) 动态校正。

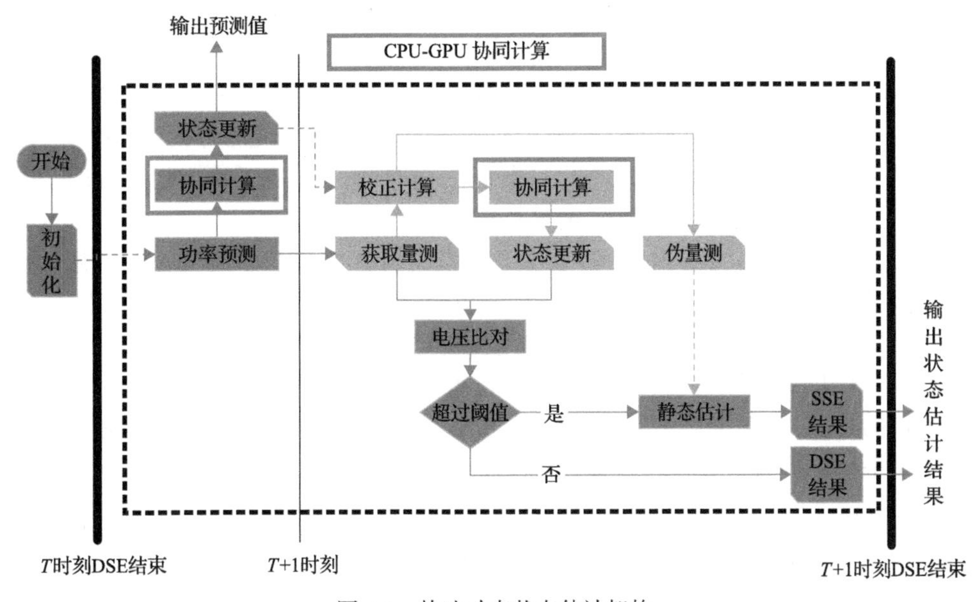

图 6-1　快速动态状态估计架构

功率预测基于扩展卡尔曼滤波，针对负荷和新能源发电出力进行预测。

潮流计算模块为预测模块的后序模块，其作用如下所示。

(1)利用预测，根据网架结构计算出对应的节点电压和相角，并输出预测值。

(2)更新系统协方差矩阵，为后续校正提供参考。

校正环节采用卡尔曼滤波，利用已经获取到的量测数据，对预测数据进行校验。通过校正计算，在预测功率和现有的观测值之间进行最优估计，依据该校正值，对系统的电压幅值与相角再次进行潮流计算，得到校正后的电压幅值与相角。如果预测数据和校正数据二者相差较大，调用全量测的静态状态估计结果进行补充。静态状态估计的计算量大、所需量测多，其计算周期较长，因此在静态状态估计的更新间隔内，动态状态估计可以快速更新，对系统状态进行准确跟踪。

6.3 动态状态估计计算的异构并行

6.3.1 异构并行技术概述

常规意义上的异构计算在概念上区别于同构计算。同构计算中各个计算节点是同一类机器，而异构计算中计算节点是不同类型的，例如，GPU、FPGA 或者是专用芯片等[7-9]。异构并行严格意义上指的是使用两种或两种以上架构处理器的计算技术，通常指使用一种主处理器配合其他类型的协处理器进行的并行计算。在本节中，异构并行技术专指基于 CPU-GPU 的计算技术。

与 CPU 相比，GPU 更加注重整体数据的吞吐量，为此需要大量的执行单元运算相对比较简单的线程，从而在有限的芯片面积上实现很高的存储带宽和计算能力；GPU 线程的切换在计算密度高时不会导致延迟，这使得延迟通过计算被隐藏起来；GPU 拥有非常多的处理器，尽管每个处理器的处理能力相对 CPU 来说非常低下，但是数量上的巨大差异弥补了这一缺陷，甚至在浮点数运算方面，由于更多的执行单元的存在，GPU 的计算能力强于 CPU。

在异构并行技术中，利用 CPU 处理复杂逻辑事务，GPU 处理大数据并行。传统的异构并行技术并没有得到非常广的应用，因为编程受到了严格的资源限制，且需要研究人员熟悉计算机图形学，开发难度很大。2007 年 6 月，CUDA 的问世为 GPU 通用计算的开发提供了平台。类 C 语言的设计和基于 CUDA 的 GPU 的硬件结构的改进，使得 GPU 通用计算逐渐成为主流技术。异构并行计算能够有效地克服单个处理器运算能力的不足，并且针对相量、矩阵计算等拥有天然的并行优势，能够将众多单个运算能力并不强的核集中起来，得到强大的运算能力。

图 6-2 是快速动态状态估计架构，其基本思想是开始程序只有一个主线程，串行部分由主线程来执行；到达并行部分时，创建众多派生线程，这些派生线程用于并行地处理任务；主线程等待所有并行线程均执行完成后，进入下一阶段，

将所有线程的计算结果进行合并，并开始下一阶段的并行任务分配。

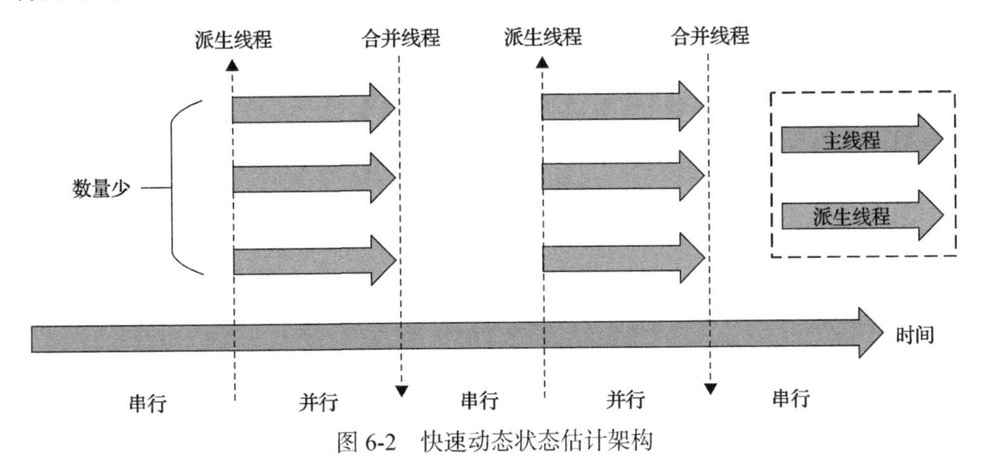

图 6-2　快速动态状态估计架构

图 6-3 是 GPU 与 CPU 协同计算程序执行模型，GPU 硬件上支持两层的并行结构：线程块与线程。各个线程块之间可以并行执行，但是不能够通信，只能够形成粗粒度的并行；同一个线程块之间的线程则可以共享内存，线程间可以同步与通信，形成细粒度的并行。

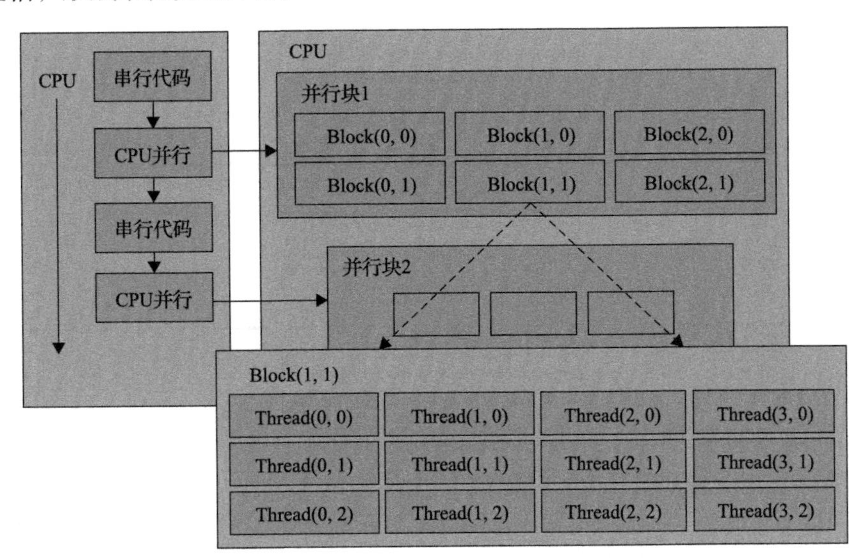

图 6-3　GPU 与 CPU 协同计算程序执行模型

6.3.2　稀疏存储技术

一般而言，常见的稀疏存储结构有三元组存储、列压缩存储(compressed sparse column，CSC)、行压缩存储(compressed sparse row，CSR)等[10,11]。在 cuSparse

中，所使用的稀疏矩阵存储格式为 CSR 格式，因此在数据准备阶段将所使用的稀疏矩阵转化成 CSR 格式，储存在内存之中供后续程序调用。CSR 格式按照行的顺序储存元素，每一行中，元素按照列号从大到小的顺序排序；CSR 格式中的 ROW 数组储存该行第一个非零元的元素序号。以图 6-4 矩阵为例，矩阵的 CSR 存储形式如表 6-1 所示。由表 6-1 可知，ROW 数组存储了第 0 行～第 5 行首个非零元的序号，与此同时，COL 与 VAL 的存储满足有序性的要求。利用 CSR 格式，能在保证存储稀疏性的前提下，大幅度地提升元素定位的效率。

$$\begin{bmatrix} 7 & 1 & 11 & 0 & 20 & 0 \\ 0 & 13 & 0 & 0 & 8 & 0 \\ 0 & 6 & 0 & 15 & 0 & 19 \\ 0 & 9 & 0 & 0 & 0 & 10 \\ 18 & 0 & 0 & 3 & 6 & 0 \\ 0 & 24 & 0 & 27 & 0 & 17 \end{bmatrix}$$

图 6-4 稀疏矩阵示例

表 6-1 稀疏矩阵的行压缩存储

序号	0	1	2	3	4	5	6	7
COL	0	2	4	1	4	1	3	5
VAL	7	11	20	13	8	6	15	19
ROW	0	3	5	8	10	13	16	
序号	8	9	10	11	12	13	14	15
COL	1	5	0	3	4	1	3	5
VAL	9	10	18	3	6	24	27	17
ROW								

6.3.3 CUDA 并行编程模型

CUDA 编程模型与之前的 CPU 编程最大的区别在于主机和设备的概念。在这个模型中，CPU 为主机(host)，而 GPU 为设备(device)。在模型中，可以有一个主机和多个设备。主机和设备拥有独立的计算单元和存储器，主机的存储器即电脑的内存，而 GPU 的存储器对应于设备端的显存。显存的管理操作包括开辟、释放显存空间和内存与显存之间的数据传输。程序中的串行部分由 CPU 运行，并行部分以内核函数的方式运行在 GPU 上。图 6-5 是一个完整的 CUDA 程序执行过程，其由一系列的主机端串行代码和设备端内核函数组成。

从图 6-5 中可以看出，内核函数存在 3 个层次，网格(grid)、线程块(block)和线程(thread)。实际上，GPU 上的并行有两个层次，一个是网格中的线程块之间的并行，另一个是线程块中的线程之间的并行，这在 CUDA 编程模型中非常重要。

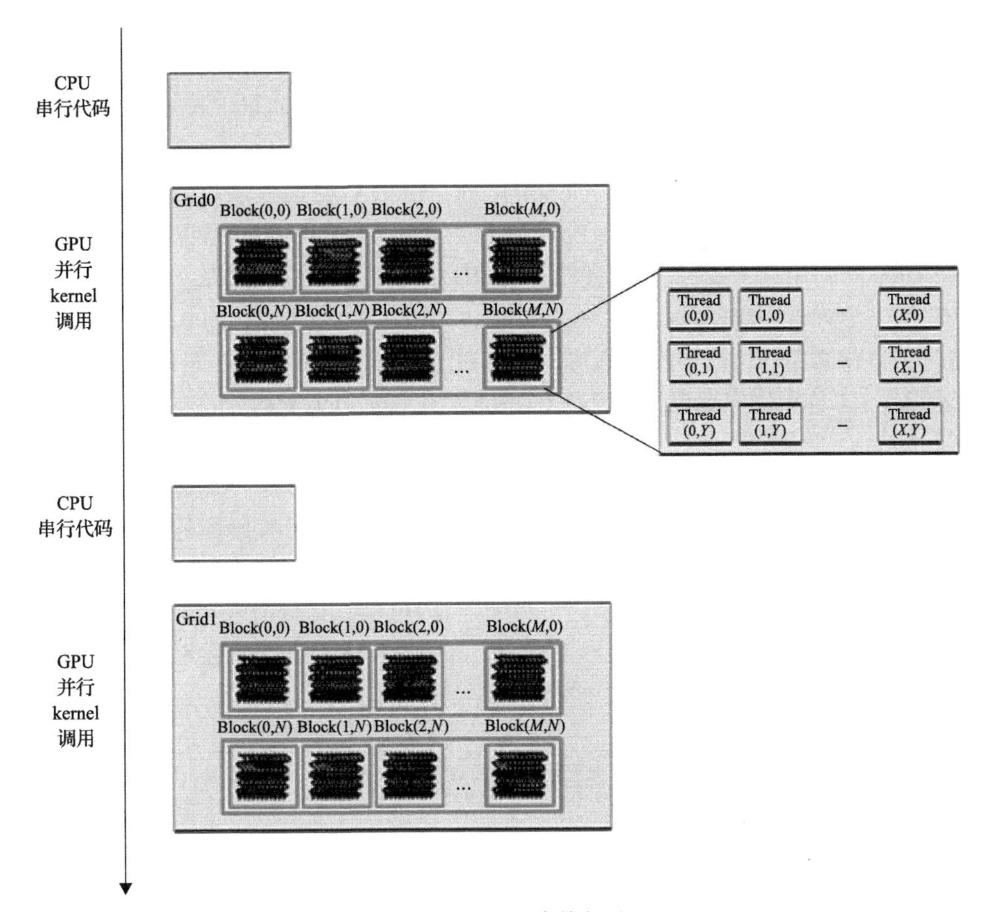

图 6-5　CUDA 程序执行过程

在 CUDA 中，需要在设备上运行的程序通过修饰符__global__予以区分，这类函数称为内核函数。在调用内核函数时，还需要声明其执行参数，执行参数通过<<<M, N>>>的形式给出。具体示例如下：

```
__global__void CudaExample(int a, int b)
{}
int main()
{
    //Kernel调用
    CudaExample<<<M, N>>>(a, b);
}
```

M、N为运行参数，M表示1个网格中有M个线程块，N表示每个线程块中有N个线程。各个线程之间通过不同的blockID和threadID互相区分。表面上，CUDA有着两层并行结构，实质上，内核函数是以线程块为单位执行的，网格仅是为了表示线程块的集合而出现的。线程块之间是完全并行的，没有先后顺序之分。互相之间也不能通信。

每个线程块和线程通过不同的ID区分，CUDA使用内建变量threadIdx和blockIdx来索引不同的线程和线程块：对于一维线程块，线程的threadID=threadIdx.x；对于二维线程块，线程的threadID=threadIdx.x+threadIdx.y* blockDim.x。

同一个线程块内的线程可以互相通信，每个线程块拥有自己的共享存储器，通过共享存储器线程块中的线程可以相互通信。为了保证线程之间可以正确地共享数据，CUDA提供栅栏同步功能，通过调用__syncthreads()函数可以实现线程间的同步。

在实际的程序设计中，程序流程应当被划分为两大部分：一是逻辑运算复杂，可并行性低的CPU串行部分，二是数值运算密集，可并行程度高的GPU并行部分。以BLAS运算为例，BLAS运算的层次越高，浮点运算越密集，就越适合在GPU上进行运算；运算量比较小的1级和2级BLAS，比较适合在CPU上进行处理，强行使用GPU运算反而会导致减速。cuBLAS作为BLAS在GPU上的移植版本，为数值算法的并行提供了便利。

6.4　异构并行加速方法

对线性代数方程组的求解方法大体上可分为两类：直接法和迭代法。直接法的优点是在不计舍入误差的情况下能得到准确解，但当系数矩阵的条件数很大时，也就是当系数矩阵病态的情况下，舍入误差常引起所求出的解与准确解相差甚远。另外，在用方程组规模很大的情况下，直接法由于矩阵分解后的填入元较多，一般都需要较大内存。迭代法是方程组求解方面数学界研究的热点之一，其优点是对存储量的要求比较小，在大型线性方程组的求解上具有较好的速度。

在配电网潮流计算中，关键的迭代步骤为

$$\boldsymbol{u}^{(k+1)} = (\boldsymbol{Y}+\boldsymbol{Y}_{\mathrm{L}})^{-1}[\boldsymbol{i}_{\mathrm{PQ}}(\boldsymbol{u})+\boldsymbol{i}_{\mathrm{I}}(\boldsymbol{u})-\boldsymbol{Y}_{\mathrm{NS}}\boldsymbol{u}_{\mathrm{S}}] \tag{6-26}$$

将式(6-26)写成

$$\boldsymbol{u}^{(k+1)} = \boldsymbol{A}^{-1}\boldsymbol{f}(\boldsymbol{u}) \tag{6-27}$$

式中

$$\begin{cases} \boldsymbol{A}=\boldsymbol{Y}+\boldsymbol{Y}_{\mathrm{L}} \\ \boldsymbol{f}(\boldsymbol{u})=\boldsymbol{i}_{\mathrm{PQ}}(\boldsymbol{u})+\boldsymbol{i}_{\mathrm{I}}(\boldsymbol{u})-\boldsymbol{Y}_{\mathrm{NS}}\boldsymbol{u}_{\mathrm{S}} \end{cases} \tag{6-28}$$

求解非线性方程组的迭代法将原问题转化成为一系列线性方程组的迭代求解，其特点是矩阵 $\boldsymbol{A}$ 保持矩阵结构和元素不变，仅右端已知相量 $\boldsymbol{f}(\boldsymbol{u})$ 发生变化。因此，基于 CPU 的方程组求解分为如下 3 个步骤进行。

1) 矩阵的 LU 符号分解

符号分解是对矩阵进行一次模拟的 LU 分解，不进行具体元素数值的分解计算。其目的是记录参与分解的各个元素的位置和填入元素的位置，以及分解过程中消去元素的位置，从而建立起一套针对数值 LU 分解存取数据的存储结构。这样，在数值 LU 分解过程中根据这些记录，采用简单直接的寻址方式，使得数据查询量大大减少，计算速度明显提升。当矩阵结构不变时，符号分解只需进行一次。

2) 矩阵的 LU 数值分解

对于配电网而言，网络结构是可能发生变化的，因此 LU 分解一般在电网发生结构改变时进行，分解次数相对很少，而在动态状态估计过程中，LU 分解的次数并不多，因此 LU 分解速度并不是方程组求解的主要时间瓶颈。

3) 方程的前代回代求解

根据 LU 矩阵和右端已知相量计算，通过前代和回代过程计算求解量。

为了实现矩阵的高效求解，在编程中采用 CUDA 数值计算库 cuSparse、cuBLAS 及 cuSolver，这三个库能够实现基于 GPU+CPU 的矩阵-相量计算。cuSolver 一共有三层结构，其中第一层为稠密矩阵的 LU 分解、QR 分解、SVD 分解与 $\boldsymbol{LDL}^{\mathrm{T}}$ 分解，以及稠密矩阵、相量的乘法操作。这一层利用了 GPU 的大规模并行计算能力，使得稠密矩阵的计算得以加速。

第二层为一组稀疏矩阵的分解库函数，其中具有代表性的是稀疏 QR 分解。对于配电网而言，由于弱环网或者辐射状的本质特点，与其导纳矩阵相关的线性方程组非常适合稀疏并行求解。在这种情况下，cuSolver 能够提供高效的加速。

第三层为矩阵重因子化相关的库函数，提供了稀疏特性不变下仅非零元元素发生改变时的高效求解。

6.5 算 例 分 析

本节选取 IEEE 39 节点系统作为测试对象，采用扩展卡尔曼滤波算法，对动态状态估计进行算例分析。首先，分析扩展卡尔曼滤波算法对节点注入功率变化趋势的跟踪情况。图 6-6 给出了节点注入功率真值、量测值、预测值及滤波后的值。进一步分析基于扩展卡尔曼滤波的动态状态估计误差，以随机产生的节点注入功率曲线为例，扩展卡尔曼滤波局部效果图如图 6-7 所示。选取其中典型时刻，具体结果如表 6-2 所示。经过扩展卡尔曼滤波算法之后，对节点注入功率的预测与滤波后值均与真值、量测值相差较小，可以满足电力系统动态状态估计后续量测精度的要求，为下一时刻的电力系统状态估计补充相应的伪量测。

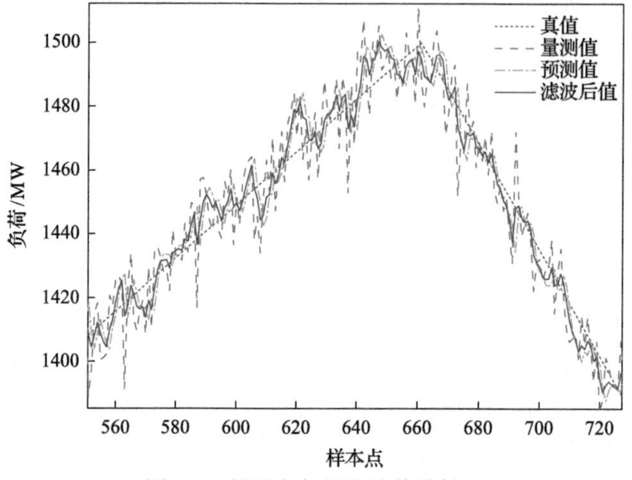

图 6-6　扩展卡尔曼滤波估计结果

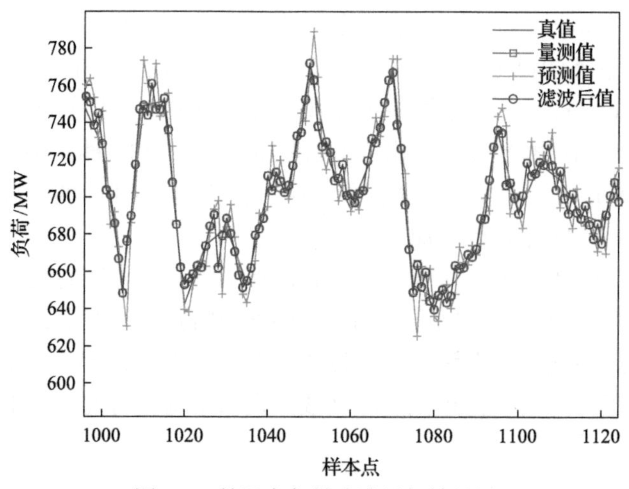

图 6-7　扩展卡尔曼滤波局部效果图

表 6-2　扩展卡尔曼滤波结果

样本点	真值/MW	量测值/MW	预测值/MW	滤波后值/MW
50	642.1195	643.8579	636.8033	643.6861
100	689.1360	687.8161	682.3117	687.6821
500	717.6846	716.5865	698.5188	716.1467
1000	732.1243	745.1707	732.0030	744.8502

扩展卡尔曼滤波误差局部结果如图 6-8 所示。根据表 6-2 和图 6-8 结果，扩展

卡尔曼滤波结果与真值、量测值相差不大，尤其是滤波之后的值与量测值之间的区别很小。由于配电网中量测不足，在进行动态状态估计时存在量测缺失的情况。所以，通过扩展卡尔曼滤波，以配电网中节点三相注入功率为状态量，预测下一时刻的节点注入功率，可以为后续状态估计补充符合一定精度要求的足够的伪量测，保证状态估计可以在短时间间隔情况下不断进行，满足配电网状态实时监测与输出的要求。

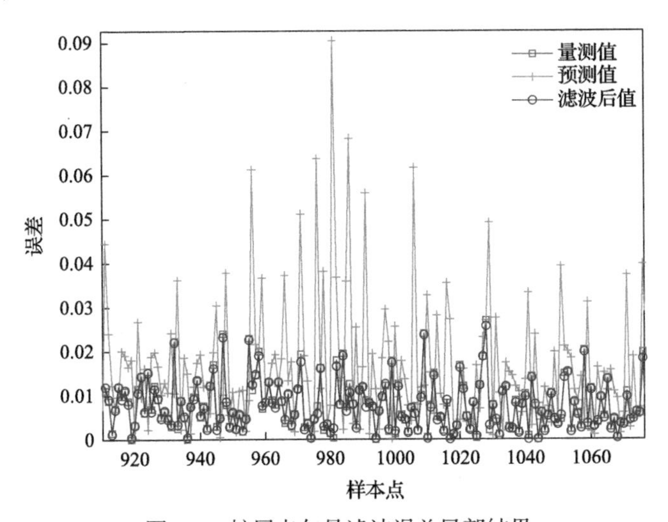

图 6-8　扩展卡尔曼滤波误差局部结果

图 6-9 给出了状态估计软件模块流程图。在数据载入部分，程序读取预先准备的测试系统网络参数、导纳矩阵、负荷初始值等信息，并对导纳矩阵进行预先分解。随后，系统产生带干扰的量测数据，以模拟量测系统的传回数据，在一个

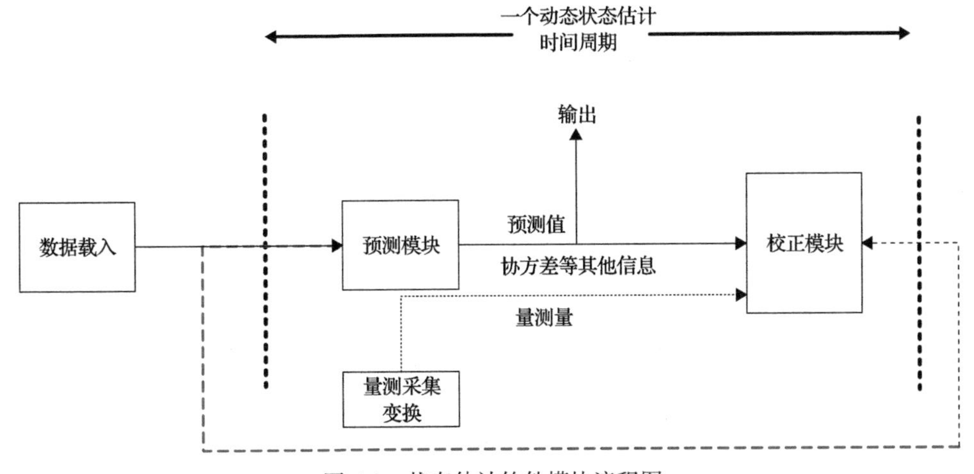

图 6-9　状态估计软件模块流程图

动态状态估计的时间周期中，分别由预测模块进行超短期功率预测、输出预测的状态量，在经过量测变换后得到带噪声的量测数据后，校正模块计算出校正的功率值，并输出校正后的状态量。

图 6-10 给出了节点电压幅值和相角误差。由图 6-10 可知，量测倘若不经过校正，会产生较大误差，在经过校正模块后，系统的电压幅值、电压相角与真实值极为接近，很好地去除了量测噪声。考虑到新能源发电出力的波动性较大，从而导致功率预测出现较大的误差，在仿真中加入一定的功率突变，状态估计的结果误差如图 6-11 所示。在功率出现一定的突变后，功率预测误差显著增大，但是经过校正后得到的状态量与真值相差很小，因此本节所提出的状态估计方法在新能源发电出力快速波动的情况下也能准确地跟踪系统状态。

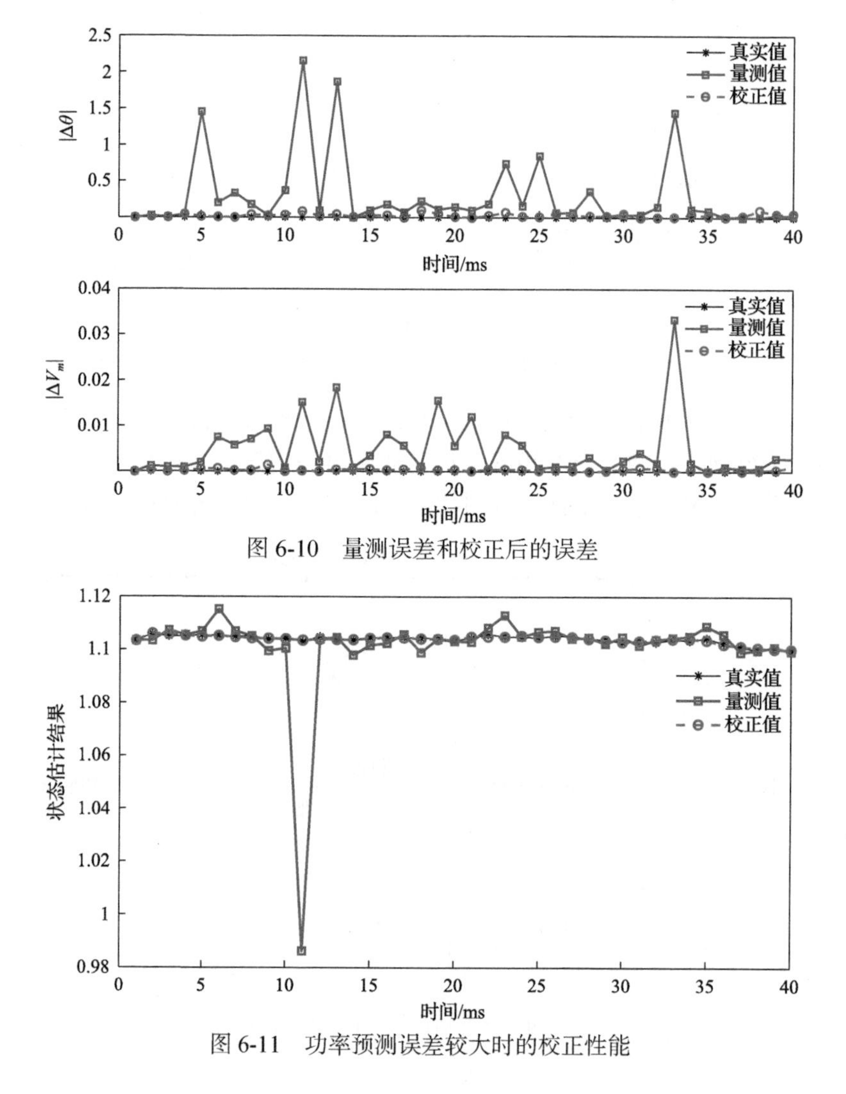

图 6-10　量测误差和校正后的误差

图 6-11　功率预测误差较大时的校正性能

在计算时间上，采用节点数为 15000 的配电网系统测试本节所提出动态状态估计方法的计算效率，测试次数为 300 次，结果如图 6-12 和表 6-3 所示。根据统计结果，单次动态状态估计的平均计算时间为 104ms，最大计算时间为 178ms。

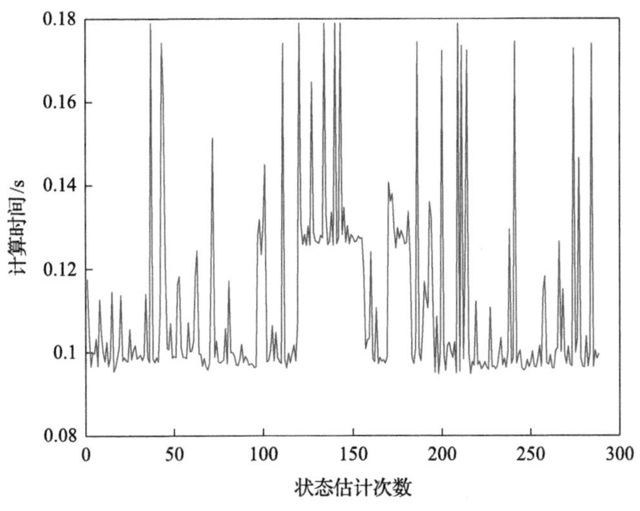

图 6-12　测试系统单次状态估计耗时

表 6-3　单次动态状态估计计算时间统计结果

最小计算时间/s	最大计算时间/s	平均计算时间/s
0.09544	0.17886	0.10441

6.6　本 章 小 结

本章阐述了基于扩展卡尔曼滤波算法，以及基于迭代法的配单网潮流计算方法，构建了基于扩展卡尔曼滤波与配电网潮流计算的快速动态状态估计架构，以实现对配电网状态的快速跟踪。本章介绍了基于 CPU-GPU 的异构并行技术，稀疏矩阵存储技术，以及基于 CUDA 的并行编程方法，采用大规模测试系统分析了动态状态估计的准确性和实效性。

参 考 文 献

[1] 刘朋成, 项中明, 江全元, 等. 基于鲁棒容积卡尔曼滤波的同步发电机实时动态状态估计方法[J]. 电网技术, 2019, 43(8): 2860-2868.

[2] 艾蔓桐, 孙永辉, 王义, 等. 基于插值 H_∞扩展卡尔曼滤波的发电机动态状态估计[J]. 中国电机工程学报, 2018, 38(19): 5846-5853, 5942.

[3] 卫志农, 孙国强, 庞博. 无迹卡尔曼滤波及其平方根形式在电力系统动态状态估计中的应用[J]. 中国电机工程学报, 2011, 31(16): 74-80.
[4] 安军, 杨振瑞, 周毅博, 等. 基于平方根容积卡尔曼滤波的发电机动态状态估计[J]. 电工技术学报, 2017, 32(12): 234-240.
[5] 曲正伟, 董一兵, 王云静, 等. 用于电力系统动态状态估计的改进鲁棒无迹卡尔曼滤波算法[J]. 电力系统自动化, 2018, 42(10): 87-92.
[6] 陈建强, 洪彬倬, 文波. 基于扩展卡尔曼滤波算法的电网动态状态估计[J]. 广东电力, 2017, 30(10): 86-92.
[7] 张逸然, 陈龙, 安向哲, 等. 面向 GPU 计算平台的归约算法的性能优化研究[J]. 计算机科学, 2019, 46(2): 306-314.
[8] 崔浩然, 李涵, 冯煜晶, 等. 面向深度学习的 SoC 架构设计与仿真[J]. 计算机工程与科学, 2019, 41(1): 14-23.
[9] 李安民, 计卫星, 廖心怡, 等. 一种面向异构计算的结构化并行编程框架[J]. 计算机工程与科学, 2019, 41(3): 424-432.
[10] 程凯, 田瑾, 马瑞琳. 基于 GPU 的高效稀疏矩阵存储格式研究[J]. 计算机工程, 2018, 44(8): 54-60.
[11] 姚远, 刘鹏, 王辉, 等. 基于稀疏矩阵存储的状态表压缩算法[J]. 计算机应用, 2010, 30(8): 2157-2160, 2217.

第 7 章　数据驱动的配电网状态估计方法

大量 DG 的接入对配电网态势感知的实时性提出了更高的要求，配电管理系统希望能够更加快速、准确地获得系统的实时运行状态。配电网状态估计的最大困难在于实时量测装置配置不足，无法满足系统的可观测性要求，导致传统的加权最小二乘(weighted least squares，WLS)法不能直接用于配电网状态估计的求解。为了提高系统的量测冗余度，通常引入伪量测以达到全网可观，但基于负荷历史数据或者预测数据得到的伪量测误差较大，会严重降低配电网状态估计精度。

随着 AMI 的广泛应用，智能电表提供了大量的营销数据，为数据驱动的配电网状态估计方法奠定了基础。但营销数据的采样周期一般为 15min，直接利用营销数据进行在线状态估计无法满足配电网实时性的要求。此外，在我国现阶段调度中心对于营销数据的读取大都以天或者半天为单位，数据库更新不及时给配电网状态估计带来了巨大挑战，如何合理地利用大量的营销数据实现数据驱动的配电网状态估计具有重要意义。

近年来，深度学习逐渐应用于电力系统运行与控制领域，在处理高维、非线性、大规模数据的回归与分类问题上优势突出。考虑配电网非全局可观的特点，传统状态估计建模与计算方法存在一定的局限性，本章阐述数据驱动的非完全实时可观配电网状态估计方法。

7.1　离线学习和在线状态估计的总体框架

针对配电网的非完全实时可观测性，为了避免引入伪量测带来的误差，本章介绍一种数据驱动的配电网状态估计方法，主要利用深度学习方法来估计配电网状态量的最小均方误差，总体框架如图 7-1 所示。

该方法主要包括离线学习和在线状态估计两部分。首先定义 z_{AMI} 为由 AMI 测量得到的有功和无功功率数据；$\boldsymbol{s}$ 为节点有功和无功注入功率；$\boldsymbol{x}$ 为状态量，由各个节点的电压幅值和相角组成；$\boldsymbol{e}$ 为量测误差；z' 为量测量；z 为部分量测量，对于在线状态估计部分，z 为实时量测数据，对于离线学习部分，z 相当于从 z' 中筛选出的与实时量测相关的量测数据；$\hat{\boldsymbol{x}}(z)$ 为状态量的估计值；$\boldsymbol{\omega}$ 为神经网络参数。

在线状态估计位于图 7-1 右上角，由离线学习已经训练好的深度神经网络(deep neural networks，DNN)实现，该神经网络尽可能地逼近最小均方误差

(minimum mean square error，MMSE)状态估计器，可以很好地刻画量测量和状态量的非线性关系，具体实现方式详见 7.3.2 节，其中 DNN 的输入是实时量测数据 z，输出是状态量的估计值 $\hat{x}(z)$ 。这里基于深度神经网络和最小均方误差(DNN-MMSE)的状态估计方法不要求实时量测数据的数目大于状态量的数目，即该方法可以在非完全实时可观的情况下实现配电网状态估计。

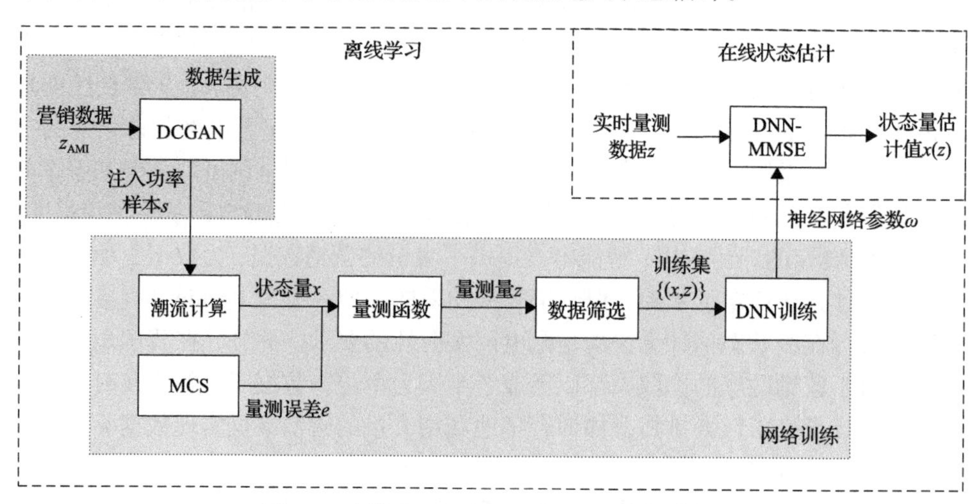

图 7-1　离线学习和在线状态估计的总体框架

离线学习由数据生成和网络训练两部分组成。数据生成模块基于深度卷积生成对抗网络(deep convolutional generative adversarial network，DCGAN)利用大量的营销数据 z_{AMI} 生成数量级更为庞大的节点注入功率样本数据 $\boldsymbol{s}$，具体实现方式详见 7.2.2 节，用于离线训练状态估计器。网络训练模块用来离线学习 DNN 的参数，详见 7.3.3 节。具体来说，首先通过潮流计算模块，由节点有功、无功注入功率 $\boldsymbol{s}$ 计算电压幅值和相角 $\boldsymbol{x}$；接着通过量测函数并叠加由 MCS 采样获得的量测误差 $\boldsymbol{e}$，得到人为构造的量测数据 $\boldsymbol{z}'$ ，再通过数据筛选模块，从中选取与实时量测相关的部分 $\boldsymbol{z}$，形成实时量测量和状态量的训练集$\{(\boldsymbol{z}, \boldsymbol{x})\}$；最后通过海量的训练样本离线训练 DNN 的参数 $\boldsymbol{\omega}$。

7.2　基于改进生成对抗网络的数据生成方法

深度学习的网络结构较为复杂，需要大量训练样本，以实现模型的泛化能力。因此解决数据样本不足的问题是实现深度学习在电力系统中应用的关键。本节利用 DCGAN 生成海量的样本数据，为实现基于 DNN 的配电网状态估计奠定基础。

7.2.1　生成对抗网络基本原理

生成对抗网络(generative adversarial networks，GAN)是 Goodfellow 等在 2014 年提出的一种生成式模型，其思想来源于博弈论中的二人零和博弈，由生成(generative，G)模型和判别(discriminative，D)模型组成。GAN 的网络结构如图 7-2 所示。生成模型 G 可以看成一个样本生成器，通过随机噪声 z 生成“假样本”，使生成的“假样本”尽量与真实样本保持相同的概率分布。判别模型 D 用于分辨输入样本是否为真实样本，类似二分器。G 和 D 在交替学习过程中不断提高自己的生成能力和判别能力，最终 D 无法准确区分生成样本和真实样本，可以认为 G 达到最优，即动态的纳什均衡。

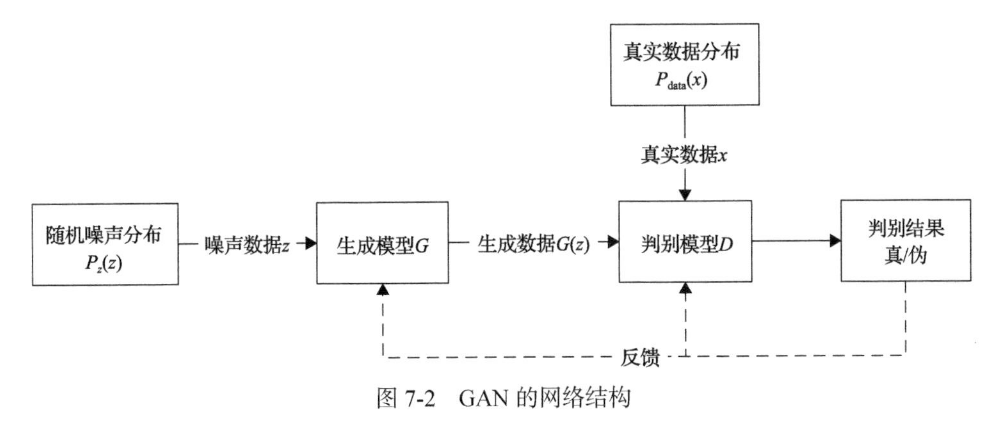

图 7-2　GAN 的网络结构

GAN 的训练过程本质上是“二元极大极小博弈”，其目标函数为

$$\min_{G}\max_{D} V(D,G) = E_{x\sim p_{\text{data}}(x)}[\lg D(\boldsymbol{x})] + E_{z\sim p_z(z)}(\lg\{1 - D[G(z)]\}) \tag{7-1}$$

式中，$\boldsymbol{x}$ 为真实样本；z 为输入生成模型中的随机噪声；$G(z)$ 为生成模型接受随机噪声 z 后生成的样本；$D(\boldsymbol{x})$ 和 $D[G(z)]$ 分别表示判别模型正确判断真实样本和生成样本的概率；$p_{\text{data}}(\boldsymbol{x})$ 为真实样本的分布；$p_z(z)$ 为随机噪声的分布，一般假设其服从高斯分布。

判别模型的目的是准确区分输入样本是真实样本还是生成样本，在训练判别模型 D 时，固定生成模型 G，此时 $V(D,G)$ 衡量的是生成分布 $p_{\text{g}}[G(z)]$ 和真实分布 $p_{\text{data}}(\boldsymbol{x})$ 之间的差异，判别模型需要最大化 $V(D,G)$，也就是 $\max D$，即对于生成样本 $G(z)$，$D[G(z)]$ 趋近 0；对于真实样本 $\boldsymbol{x}$，$D(\boldsymbol{x})$ 趋近 1。生成模型的目的是使生成样本与真实样本在 D 上的表现尽量一致，让 D 无法区分两者，在训练生成模型 G 时，需要最小化 $V(D,G)$，也就是 $\min G$，即生成模型希望逐渐减小生成样本与真实样本之间的差异，此时 $D[G(z)]$ 要求尽可能大[1]。值得注意的是，GAN

的训练过程交替进行，D 和 G 的具体优化方式以损失函数形式给出

$$\begin{cases} L_G = E_{z\sim p_z(z)}(\lg\{1 - D[G(z)]\}) \\ L_D = E_{\boldsymbol{x}\sim p_{\text{data}}(\boldsymbol{x})}\left[\lg D(\boldsymbol{x})\right] + E_{z\sim p_z(z)}(\lg\{1 - D[G(z)]\}) \end{cases} \tag{7-2}$$

在训练过程中，先固定生成模型 G，优化判别模型 D，使 D 的判断准确率最大化；再固定判别模型 D，优化生成模型 G，使 D 的判断准确率最小化。当且仅当 $p_{\text{data}}(\boldsymbol{x}) = p_{\text{g}}[G(z)]$，即 D 的判断准确率为 0.5 时达到全局最优解。同一轮迭代更新时，一般对 D 的参数更新 k 次再对 G 的参数更新 1 次。根据经验，k 一般取 1～4。

GAN 的一大优势是不依赖任何先验分布，传统的很多数据生成方法会假设历史数据服从某一特定分布，如高斯混合模型、Weibull 分布等，然后使用极大似然法求解模型参数。而 GAN 使用任意分布直接进行采样，利用生成模型和判别模型之间的博弈逐渐地调整生成样本，理论上能够无限地接近真实样本，被认为是一种非参数的生成式建模方法。但 GAN 在实际应用中存在一些问题：①GAN 生成的样本可能只是对真实样本的简单更改，无法实现数据多样性；②GAN 训练过程的稳定性和收敛性难以保证，导致生成样本与真实数据差异较大[2,3]。

本章将全卷积神经网络和 GAN 相结合，利用 DCGAN 进行数据生成，以提高训练的稳定性和生成样本的质量。该网络结构的设计要点主要包括以下几方面[1-4]。

(1) 将判别模型替换成带步长的卷积神经网络，将生成模型替换成反卷积神经网络。

(2) 判别模型每层均采用 Leaky Relu 激活函数，负半区的斜率设置为 0.2；生成模型输出层采用 Tanh 函数，其他层均采用 Relu 激活函数，以解决梯度消失问题。

$$\text{Leaky Relu}(x) = \begin{cases} x, & x > 0 \\ 0.2x, & x \leqslant 0 \end{cases} \tag{7-3}$$

$$\text{Tanh}(x) = \frac{\mathrm{e}^{x} - \mathrm{e}^{-x}}{\mathrm{e}^{x} + \mathrm{e}^{-x}} \tag{7-4}$$

$$\text{Relu}(x) = \begin{cases} x, & x > 0 \\ 0, & x \leqslant 0 \end{cases} \tag{7-5}$$

(3) 为避免因参数初始化不当导致的训练问题，除判别模型的输入层和生成模型的输出层，其他层都经过标准化。

(4)通过卷积层将生成模型的输出层和判别模型的输入层直接连接，去掉全连接层。

7.2.2　基于 DCGAN 的注入功率样本生成

AMI 的大规模普及为配电网带来了大量的营销数据，虽然从数据库中可以获得不同时刻的各个节点负荷注入功率数据，但与训练神经网络所需要的样本数目还相距甚远，因此，如何利用有限的营销数据生成海量的注入功率样本是应用深度学习的基础。

下面介绍基于 DCGAN 的节点注入功率样本生成方法。图 7-3 给出了本章采用的 DCGAN 网络结构，生成模型和判别模型的网络参数如表 7-1 所示。生成模

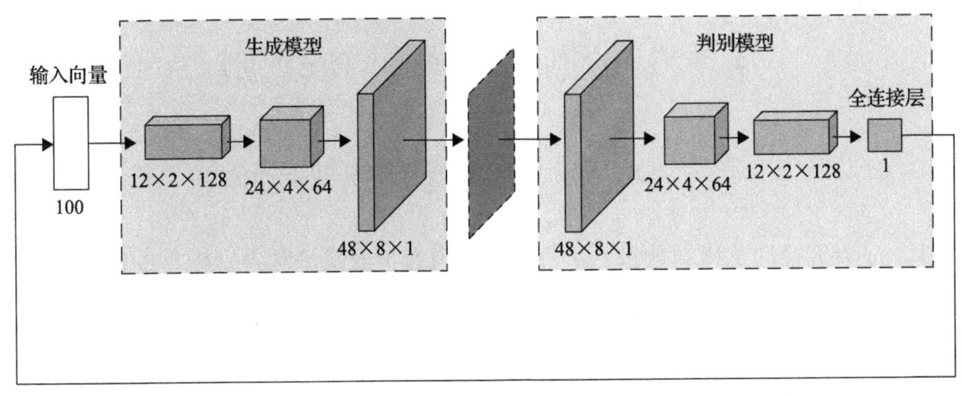

图 7-3　DCGAN 网络结构图

表 7-1　生成模型和判别模型的网络参数

层数	网络参数	生成模型	判别模型
输入层	输入样本维度	100(全连接层)	48×8×1(卷积层)
1D	滤波器个数	128	64
	卷积核大小	5×5	5×5
	步长	2	2
	激活函数	Relu	Leaky Relu
2D	滤波器个数	64	128
	卷积核大小	5×5	5×5
	步长	2	2
	激活函数	Relu	Leaky Relu
输出层	输出样本维度	48×8×1(卷积层)	1(全连接层)
	激活函数	Tanh	Leaky Relu

型把 100 维的随机噪声作为输入变量，利用 2 个反卷积层实现空间上采样，卷积核大小为 5×5，步幅大小为 2。判别模型利用 2 个卷积层实现空间下采样，提取输入样本的数据特征，并判断输入样本是否为真实样本，其输出是一维相量，表示输入样本为真实样本的概率。判别模型的卷积核大小和步幅与生成模型保持一致。

优化过程中 D 和 G 的训练必须交替进行，这是因为在训练数据不足的情况下，如果 D 先优化完成会导致“过拟合”，使得模型无法收敛，通常采用自适应矩估计（adaptive moment estimation，ADAM）优化器分别更新 D 和 G 的网络参数。在实际训练时，式(7-2)中 D 和 G 的损失函数中期望值采用生成数据和真实数据的均值进行替代。

$$g_{\theta^D}=\nabla_{\theta^D}\frac{1}{m}\sum_{i=1}^{m}\left(\lg D(\boldsymbol{x}^{(i)})+\lg\left\{1-D[G(\boldsymbol{z}^{(i)})]\right\}\right) \tag{7-6}$$

$$g_{\theta^G}=\nabla_{\theta^G}\frac{1}{m}\sum_{i=1}^{m}\lg\left\{1-D[G(\boldsymbol{z}^{(i)})]\right\} \tag{7-7}$$

式中，m 为批量训练样本数量；θ^G 和 θ^D 分别为生成模型和判别模型的网络参数；g_{θ^G} 和 g_{θ^D} 分别为生成模型和判别模型的网络参数更新梯度。

总体而言，基于 DCGAN 的节点注入功率样本生成流程图如图 7-4 所示。

7.3　基于深度神经网络的配电网状态估计方法

7.3.1　神经网络基本原理

深度学习的概念起源于人工神经网络，为了更好地发现大规模数据中的复杂特征，通过增加网络的层数来增强模型的泛化能力。多层前馈神经网络是一种典型的深度学习网络模型，可以有效地解决浅层网络模型对非线性系统和数据相关性的学习能力不足等问题。

对于前馈神经网络(feedforward neural network，FNN)，第 0 层为输入层 $\boldsymbol{x}=[x_1,x_2,\cdots,x_d]$，中间层为隐含层，最后一层为输出层 $\boldsymbol{y}=[y_1,y_2,\cdots,y_h]$。每层的神经元从上一层的神经元中获取信号，经过处理后传输给下一层，整个网络没有反馈，信号单向传播，最终输出层神经元输出结果。多层前馈神经网络(multi-layer feedforward neural network，MLFNN)是一种最简单的 DNN 模型，可用一个有向无环图表示，如图 7-5(b)所示。

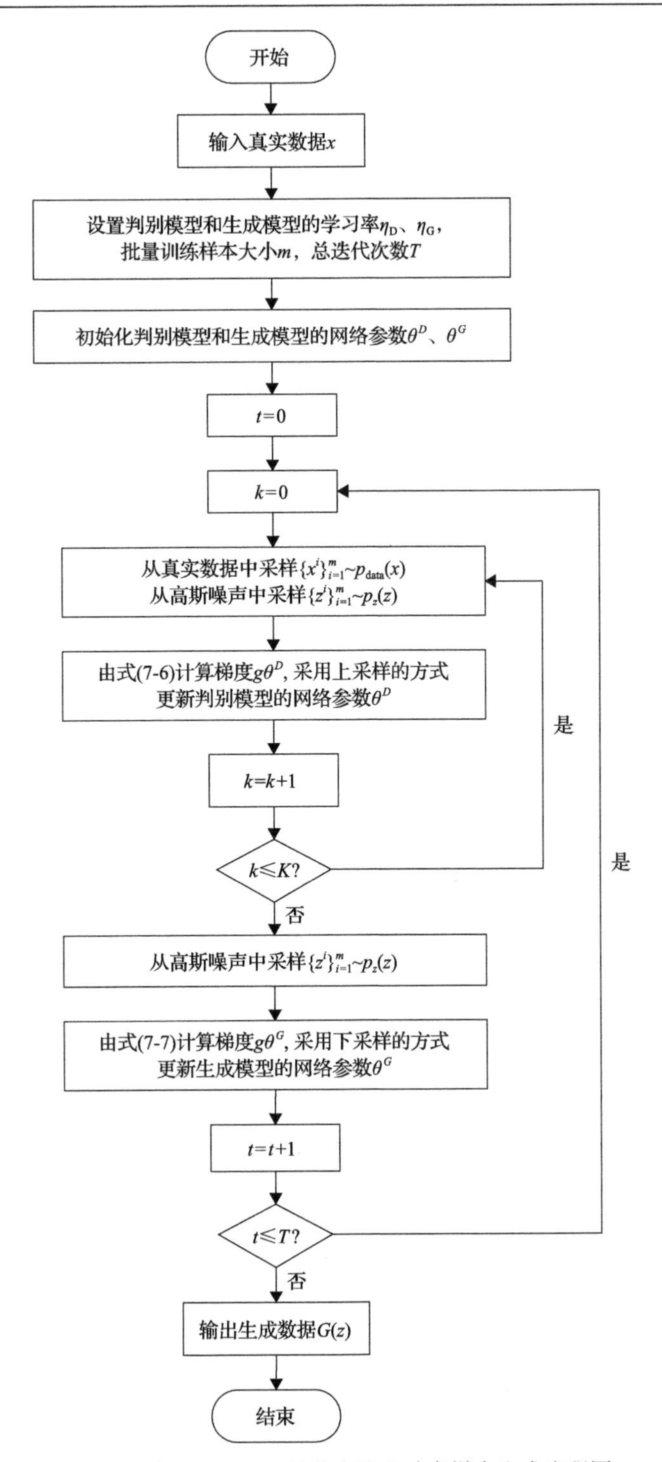

图 7-4　基于 DCGAN 的节点注入功率样本生成流程图

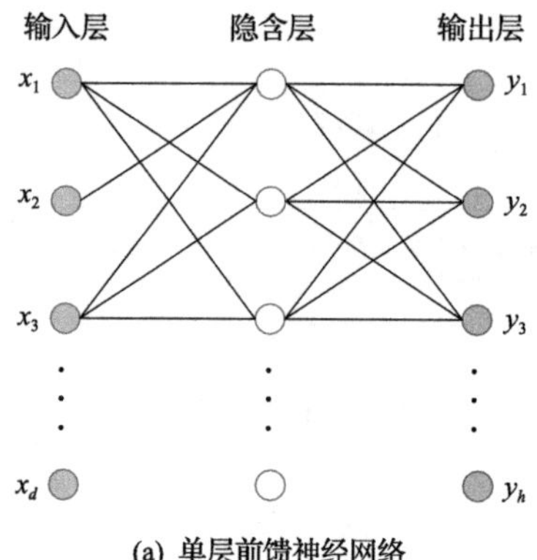

(a) 单层前馈神经网络

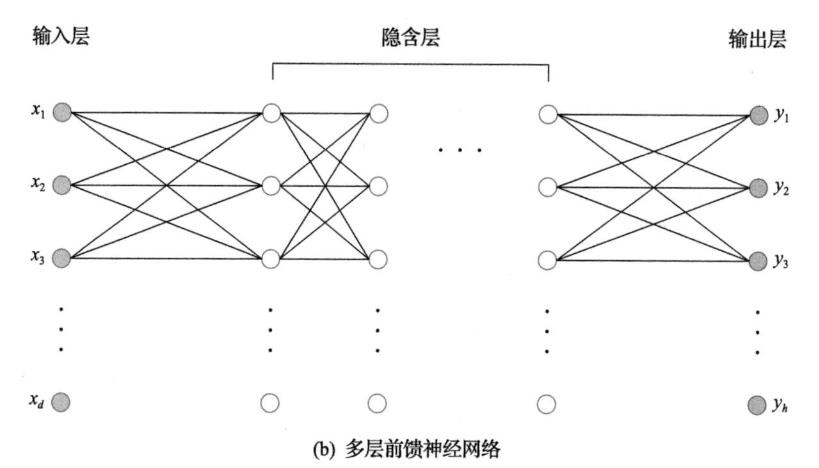

(b) 多层前馈神经网络

图 7-5　前馈神经网络结构示意图

对于一个 L 层的 MLFNN，假设输入层共 d 个神经元，输出层共 h 个神经元，那么第 l 层的第 i 个神经元接收到的输入 $a_i^{(l)}$ 由第 l–1 层的神经元的输出共同决定：

$$a_i^{(l)} = \sum_{j=1}^{m} \omega_{ij}^{(l)} z_j^{(l-1)} + b_i^{(l)} \tag{7-8}$$

$$z_i^{(l)} = f(a_i^{(l)}) \tag{7-9}$$

式中，m 为第 l–1 层神经元的个数；$\omega_{ij}^{(l)}$ 为第 l–1 层第 j 个神经元到第 l 层第 i 个神经元的权重系数；$b_i^{(l)}$ 为第 l 层的第 i 个神经元的偏置；$z_i^{(l)}$ 表示第 l 层的第 i 个神经元的输出；$f(\cdot)$ 表示激活函数。

MLFNN 的信息逐层传递，整个网络可以看成一个复合函数，将相量 $\boldsymbol{x}$ 作为第 0 层的输入 $\boldsymbol{z}^{(0)}$，将第 L 层的输出 $\boldsymbol{y} = \boldsymbol{z}^{(L)}$ 作为整个函数的输出。

$$x = z^{(0)} \to a^{(1)} \to z^{(1)} \to a^{(2)} \to \cdots \to z^{(L-1)} \to a^{(L)} \to z^{(L)} = y \tag{7-10}$$

将式(7-8)和式(7-9)表示为对应的矩阵形式，第 l 层的输出相量 $z^{(l)}$ 可以表示为第 l–1 层的输出相量 $z^{(l-1)}$ 的函数：

$$z^{(l)} = f[W^{(l)}(z^{(l-1)}) + b^{(l)}] \tag{7-11}$$

式中，$W^{(l)}$ 为第 l–1 层到第 l 层的权重矩阵；$b^{(l)}$ 为第 l–1 层到第 l 层的偏置；$f(x) = \left[f(x_1), \cdots, f(x_{m'})\right]^{\mathrm{T}}$，$m'$ 为第 l 层神经元的个数。

因此，MLFNN 的输入输出关系可以统一表示为

$$\begin{aligned} y &= \sum_{j=1}^{h} \omega_j^{(L)} f\left[W^{(L-1)}\left(f\left\{\cdots f\left[W^{(1)}(x) + b^{(1)}\right]\right\}\right)\right] + b_j^{(L)} \\ &\doteq \kappa(\omega, x) \end{aligned} \tag{7-12}$$

式中，ω 包含所有的权重系数 $\left\{\omega_{ij}^{(l)}\right\}_{l=1}^{L}$ 和偏置 $\left\{b_i^{(l)}\right\}_{l=1}^{L}$。

反向传播（back propagation，BP)算法早在 20 世纪 70 年代就被提出，广泛地应用于学习神经网络的参数。对于每个训练样本 (x_k, y_k)，BP 算法中输入层神经元首先从输入样本中获得信号，然后逐层传递信号，最终输出层产生结果；再通过计算得到输出层误差，将其逆向传递给隐含层神经元，根据隐含层神经元的误差修改参数(包括权重系数和偏置)，上述步骤不断迭代，直到达到停止条件[4,5]。

对于训练集 $\{(x_k, y_k)\}_{k=1}^{N}$，其中 $x_k \in \mathbf{R}^d$，$y_k \in \mathbf{R}^h$，假设某次迭代后神经网络的输出为 $\hat{y}_k = (\hat{y}_1^k, \hat{y}_2^k, \cdots, \hat{y}_h^k)$，那么使用均方误差表示的损失函数为

$$E_k = \frac{1}{2}\sum_{j=1}^{h}(\hat{y}_j^k - y_j^k)^2 \tag{7-13}$$

所有样本的总误差为

$$E = \frac{1}{N}\sum_{k=1}^{N} E_k \tag{7-14}$$

训练目标是不断调整参数使总误差变小，求得式(7-14)取最小值时的各个神经元的参数。

给定学习率 η，各层参数的更新公式[5,6]如下：

$$\delta^{(L)} = -(y - z^{(L)}) \odot f'(a^{(L)}) \tag{7-15}$$

$$\boldsymbol{\delta}^{(l)} = \left[(\boldsymbol{W}^{(l+1)})^{\mathrm{T}} \boldsymbol{\delta}^{(l+1)} \right] \odot \boldsymbol{f}'(\boldsymbol{a}^{(l)}) \tag{7-16}$$

$$\frac{\partial E}{\partial \boldsymbol{W}^{(l)}} = \boldsymbol{\delta}^{(l)} (\boldsymbol{z}^{(l-1)})^{\mathrm{T}} \tag{7-17}$$

$$\frac{\partial E}{\partial \boldsymbol{b}^{(l)}} = \boldsymbol{\delta}^{(l)} \tag{7-18}$$

$$\boldsymbol{W}^{(l)} \leftarrow \boldsymbol{W}^{(l)} - \frac{\eta}{N} \sum_{k=1}^{N} \frac{\partial E_k}{\partial \boldsymbol{W}^{(l)}} \tag{7-19}$$

$$\boldsymbol{b}^{(l)} \leftarrow \boldsymbol{b}^{(l)} - \frac{\eta}{N} \sum_{k=1}^{N} \frac{\partial E_k}{\boldsymbol{b}^{(l)}} \tag{7-20}$$

但传统的 BP 算法基于梯度下降策略，各参数初始值随机，通过目标的负梯度来调整网络参数，容易陷入局部最优；残差 δ 将随着网络层数增多而减小，导致“梯度弥散”[6,7]。为了解决上述问题，本章隐含层神经元不采用常见的 Sigmoid 激活函数，而是采用 Relu 函数，输出层神经元采用线性激活函数；并对权重系数和偏置分别进行合理的初始化，详见 7.4.3 节。

7.3.2 DNN-MMSE 状态估计器

状态量估计值 $\hat{\boldsymbol{x}}(\cdot)$ 是关于量测量 $\boldsymbol{z}$ 的函数，根据贝叶斯估计理论，$\hat{\boldsymbol{x}}(\cdot)$ 由 $\boldsymbol{x}$ 和 $\boldsymbol{z}$ 的联合分布及采用的优化目标定义。本章选取 MMSE 估计器来最小化状态量的均方误差 $\boldsymbol{E}\left[\left\|\boldsymbol{x} - \hat{\boldsymbol{x}}(\boldsymbol{z})\right\|^2\right]$。该函数的解 $\hat{\boldsymbol{x}}^*(\boldsymbol{z})$ 是在给定 $\boldsymbol{z}$ 时 $\boldsymbol{x}$ 的条件期望[7,8]。

$$\min_{\hat{\boldsymbol{x}}(\cdot)} \boldsymbol{E}\left[\left\|\boldsymbol{x} - \hat{\boldsymbol{x}}(\boldsymbol{z})\right\|^2\right] \;\Rightarrow\; \hat{\boldsymbol{x}}^*(\boldsymbol{z}) = E\left(\boldsymbol{x} \middle| \boldsymbol{z}\right) \tag{7-21}$$

式中，$\boldsymbol{x}$ 为状态量的基准值；$\hat{\boldsymbol{x}}(\boldsymbol{z})$ 为状态量的估计值。

在实际工程应用中，计算式(7-21)的条件期望是非常复杂的，更重要的是，很多情况下 $\boldsymbol{x}$ 和 $\boldsymbol{z}$ 的联合分布是未知的，导致直接根据式(7-21)计算 $\hat{\boldsymbol{x}}^*(\boldsymbol{z})$ 十分困难。

将 MMSE 估计器看作给定 $\boldsymbol{z}$ 的一种非参数回归，利用 DNN 直接建立 $\boldsymbol{x}$ 和 $\boldsymbol{z}$ 的非线性关系，以实现对式(7-21)的逼近，其中，DNN 的输入为实时量测量 $\boldsymbol{z}$，输出为状态量的估计值 $\hat{\boldsymbol{x}}$。类比式(7-12)，用 DNN 逼近 MMSE 估计器的输入和输出的关系可以表示为

$$\hat{\boldsymbol{x}}(\boldsymbol{z}) = \kappa(\boldsymbol{\omega}, \boldsymbol{z}) \tag{7-22}$$

因此，配电网状态估计问题转换为式(7-22)的 DNN-MMSE 估计问题，也就是说，根据量测量和状态量的训练集 $\left\{\left(\boldsymbol{z}_k, \boldsymbol{x}_k\right)\right\}_{k=1}^{N}$ 来离线训练 DNN 的参数 $\boldsymbol{\omega}$，再

利用训练好的 DNN 进行在线状态估计，避免了状态估计的显式建模。值得注意的是，不同于传统的状态估计模型，这里不要求量测量的数目大于状态量的数目，因为对于 DNN 而言，即使输入变量的数目小于输出变量的数目，深度学习技术也可以通过增加神经元的个数或者隐含层层数，很好地学习到输入输出的非线性关系。换句话说，DNN-MMSE 估计器可以在不引入伪量测的前提下，仅利用实时量测数据进行配电网状态估计，即实现非完全实时可观的配电网状态估计。

7.3.3 DNN 离线训练

本节介绍如何离线训练 DNN 的参数 $\boldsymbol{\omega}$，以更好地逼近式(7-22)的 DNN-MMSE 状态估计器，从而得到式(7-21)的最优解 $\hat{\boldsymbol{x}}^*(z)$，即均方误差最小的状态量估计值。为了训练 DNN 的参数，首先需要获得海量的输入输出(量测量和状态量)训练样本 $\{(z,\boldsymbol{x})\}$。在 7.2.2 节中，通过 DCGAN 生成了海量的节点注入功率样本 $\boldsymbol{s}=(\boldsymbol{P},\boldsymbol{Q})$，根据潮流计算公式，由有功、无功注入功率可以计算出状态量 $\boldsymbol{x}$，即各个节点的电压幅值和相角；再根据仪表精度等级，假设实时量测误差服从正态分布 $F_{\mathrm{e}}\sim N(\boldsymbol{0},\boldsymbol{W})$，通过 MCS 采样获得和状态量样本数目相同的量测误差样本 $\boldsymbol{e}$；最后根据量测方程，由 $z=\boldsymbol{h}(\boldsymbol{x})+\boldsymbol{e}$ 得到量测量样本 z。

$$\left.\begin{array}{l}\boldsymbol{x}=g(\boldsymbol{s})\\ \boldsymbol{e}\sim F_{\mathrm{e}}\end{array}\right]\xrightarrow{z=h(\boldsymbol{x})+\boldsymbol{e}}(z,\boldsymbol{x}) \tag{7-23}$$

式中，$g(\cdot)$表示节点注入功率和电压相量的函数，即潮流计算方程。

给定训练样本 $\left\{\left(z_k,\boldsymbol{x}_k\right)\right\}_{k=1}^{N}$，通过最小化训练样本的平均损失函数可以学习到网络参数的最优解 $\boldsymbol{\omega}^*$，即求解经验风险最小化(empirical risk minimization，ERM)

$$L(\boldsymbol{\omega},N)=\frac{1}{N}\sum_{k=1}^{N}\left\|\boldsymbol{x}_k-\kappa\left(\boldsymbol{\omega},z_k\right)\right\|^2 \tag{7-24}$$

$$\boldsymbol{\omega}^*=\arg\min_{\boldsymbol{\omega}} L(\boldsymbol{\omega},N) \tag{7-25}$$

可见，DNN-MMSE 状态估计器的离线学习等价于对 DNN 参数的离线训练，使得损失函数最小，因此，可以利用 BP 算法对式(7-24)和式(7-25)进行迭代求解。本章采用随机梯度下降(stochastic gradient descent，SGD)法的改进算法 ADAM 进行求解。相比于使用相同学习效率更新全部参数的 SGD，ADAM 通过计算梯度的一阶和二阶矩估计，设置针对不同参数的自适应学习效率。此外，ADAM 的优势还体现在对于非稳态目标和包含很高噪声的问题求解中，因此更适用于本章的网络模型。

DNN 的训练过程中经常会出现“过拟合”的现象，其训练误差持续降低，但测试误差却可能上升。常用的三种解决 DNN 过拟合的方法是：①“早停”(early stopping)，通过训练集更新参数，测试集估计误差，若训练集误差减小但测试集误差增大，则停止训练，同时返回具有最小测试集误差的参数；②“正则化”(regularization)，其基本思想是在损失函数中增加一部分用来描述网络复杂度，例如，权重系数与偏置的平方和；③“丢失数据”(dropout)，在训练过程中，按照一定的概率将 DNN 的神经元暂时从网络中丢弃，对于 SGD，由于是随机丢弃，所以每一组批训练样本训练的都是不同的网络。本章采用第三种方法来解决 DNN 的过拟合问题。

7.4 算例分析

7.4.1 算例数据

以改进的 IEEE33 节点系统为例，分别分析基于 DCGAN 的节点注入功率样本生成结果和基于 DNN 的配电网状态估计结果。以 IEEE33 节点系统为基础，在节点 18、22、25、33 分别经由 10/0.4kV 的降压变压器接入多个居民用户，如图 7-6 所示。假设仅在中压配电网关键节点 2、3、6 配置 PMU，PMU 电压幅值和电压相角量测的最大误差为 0.7%；中压配电网中 SCADA 量测的覆盖率约为 30%，

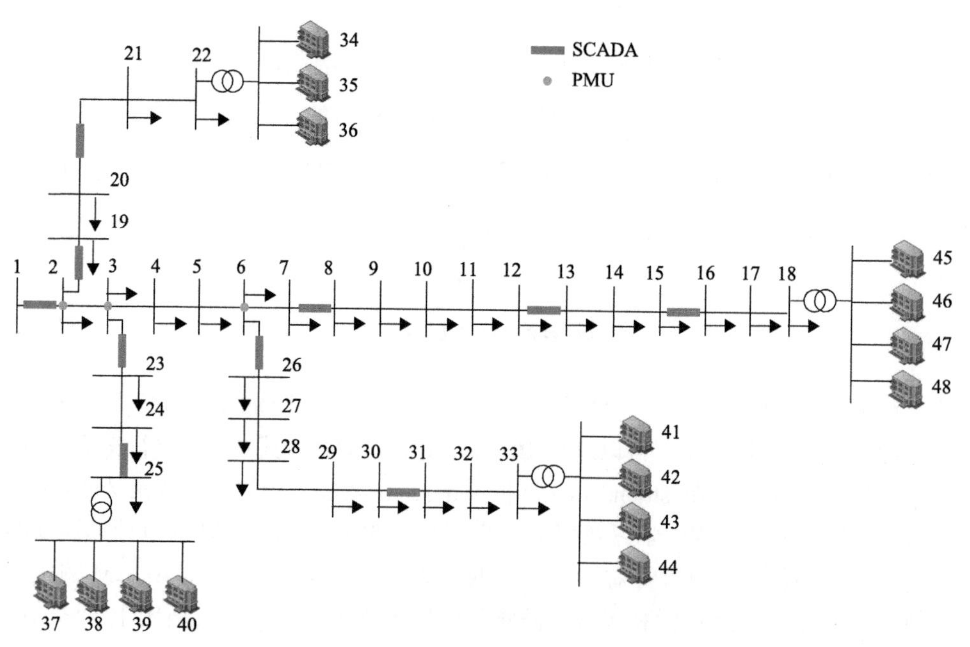

图 7-6　改进的 IEEE33 节点网架结构及实时量测配置示意图

SCADA 支路有功、无功功率量测的最大误差为 3%；中低压配电网所有节点均安装 AMI 量测装置，以 15min 为周期进行采样，记录节点有功、无功注入功率量测数据，AMI 量测的最大误差为 1%。

7.4.2 基于 DCGAN 的注入功率样本生成结果

使用某地区 180 天总负荷数据，适当缩放后作为本算例总负荷，并根据原算例的各节点负荷比例分配总负荷，使负荷变化尽可能地接近典型日负荷实际情况。考虑到负荷变化的时空相关性，对于全天 24 小时的量测数据，以每小时为单位看作一个样本，由于 AMI 量测装置每小时可以获得 4 组采样数据，且 AMI 量测记录节点注入有功功率和无功功率，故而可以获得维度为 4320×8 的样本数据，其中 80%作为训练集，20%作为测试集。对于改进的 33 节点系统，中低压配电网共有 48 个节点。因此，训练集维度为(3456, 48, 8)，测试集维度为(864, 48, 8)。

通过 DCGAN 来生成注入功率样本数据，其中各层卷积核的大小和滤波器的数量由实验决定。生成模型的输入是从高斯分布中随机采样得到的 100 维噪声数据，利用全连接层和上采样层使得数据维度不断膨胀，判别模型的输入数据维度为(48, 8, 1)。设置生成模型和判别模型的更新次数为 1:2。本章采用 ADAM 优化算法进行训练，将判别模型 ADAM 的学习效率设为 0.0001，生成模型 ADAM 的学习效率设为 0.0002，从而放慢判别模型的学习过程，避免判别模型的数据识别能力过强，使得生成模型产生的任何数据，判别模型均能够识别为假，动量项参数均设为 0.5，其余参数均为默认值。

DCGAN 的训练过程如图 7-7 所示，在前 15000 次迭代的过程中，$D(\boldsymbol{x})$ 和 $D[G(\boldsymbol{z})]$

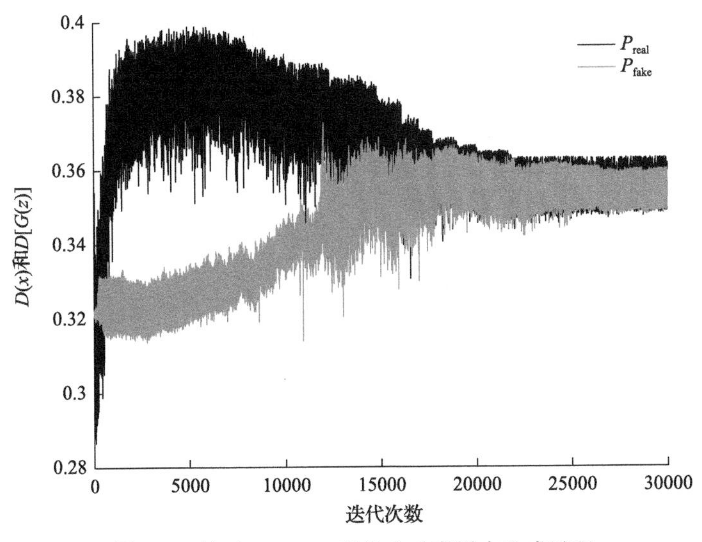

图 7-7　基于 DCGAN 的注入功率样本生成过程

相差较大，说明判别模型可以很好地区分真实数据和生成数据。在 15000 次迭代以后，$D(\boldsymbol{x})$ 和 $D[G(\boldsymbol{z})]$ 逐渐接近，在 25000 次迭代以后 $D(\boldsymbol{x})$ 和 $D[G(\boldsymbol{z})]$ 基本稳定，且大小基本保持一致，说明生成数据很好地欺骗了判别模型，具有与真实数据几乎完全一致的特征。

为了验证生成的注入功率样本数据是否合理，选取部分节点的生成数据与测试数据进行对比，某日全天 96 点的节点 2、18、25、33 的注入有功功率及无功功率对比如图 7-8 所示，这些测试集中的数据并没有用于训练 GAN。可以看出，生成数据与测试数据的波动趋势和数值大小基本保持一致。进一步地，为了说明 DCGAN 生成样本的优越性，将其与基于 GMM（Gaussian mixture model）生成样本的方法进行对比，以生成样本与测试样本的平均相对误差作为评价指标，两种方法的按小时分析结果如表 7-2 所示。可以看出，相较于传统的利用概率模型进行 MCS 采样生成样本的方法，基于 DCGAN 生成的节点注入功率样本数据平均相对误差较小，与真实数据更接近，说明该方法可以避免传统方法要求数据服从特定分布的先验假设，是一种精度较高的数据生成方法。

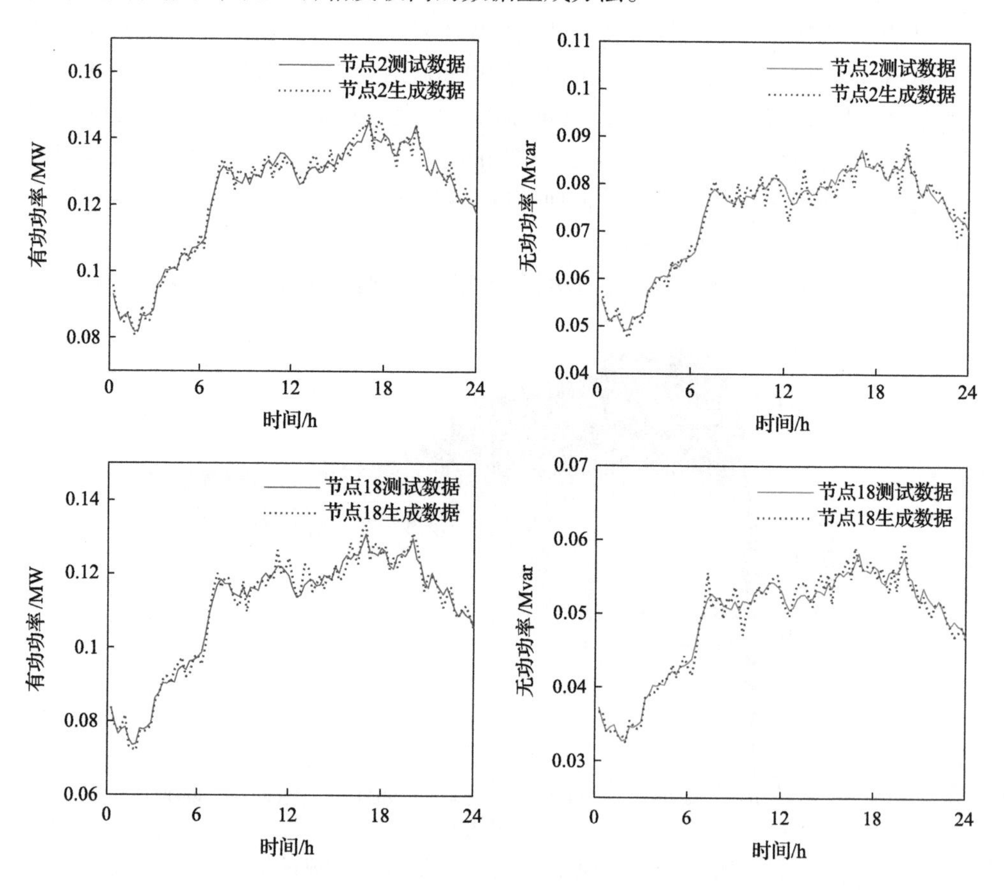

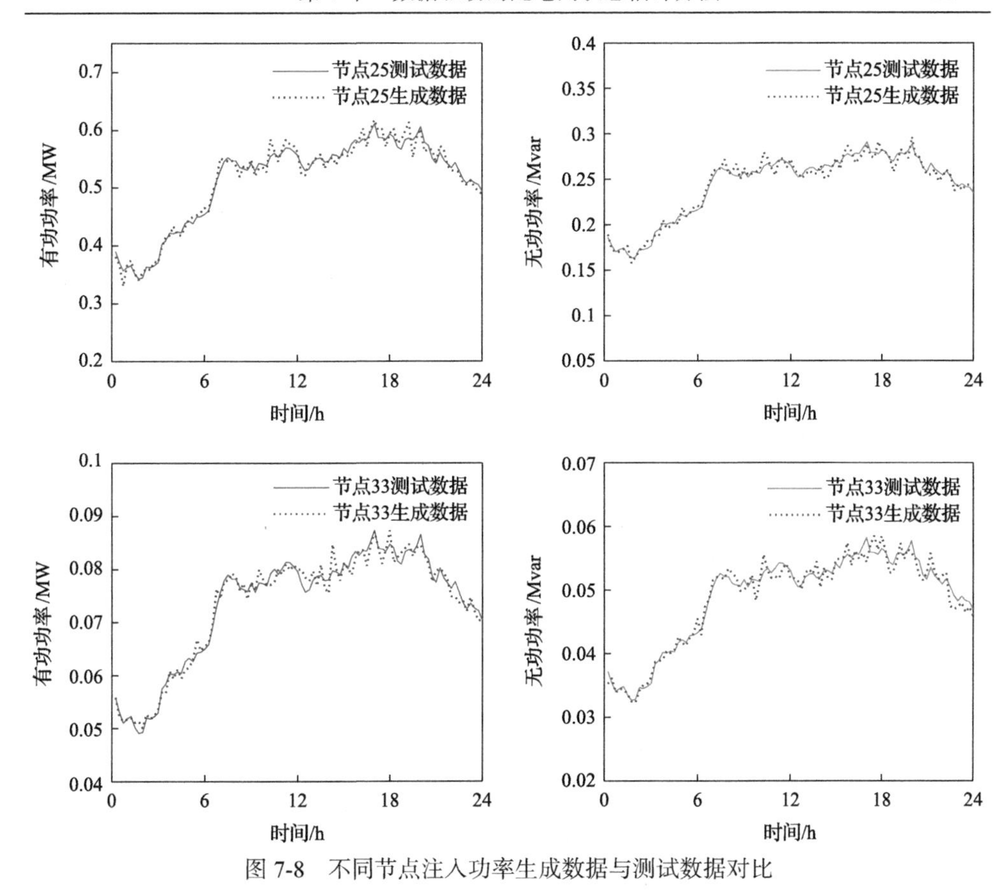

图 7-8　不同节点注入功率生成数据与测试数据对比

表 7-2　DCGAN 和 GMM 两种方法的生成数据误差对比

时间/h	有功功率相对误差/%		无功功率相对误差/%	
	DCGAN	GMM	DCGAN	GMM
1	0.7862	0.7869	0.0979	0.0992
2	0.3289	0.3318	0.0864	0.0873
3	0.1078	0.1092	0.0681	0.0682
4	0.3922	0.3939	0.6582	0.6801
5	0.0131	0.0139	0.0880	0.0887
6	0.0045	0.0046	1.1370	1.1481
7	0.1893	0.1900	0.0126	0.0126
8	0.3136	0.3290	0.7128	0.7129
9	0.3876	0.3900	0.9124	0.9296
10	0.3237	0.3245	0.6184	0.6228
11	0.0677	0.0688	0.3792	0.3795

续表

时间/h	有功功率相对误差/%		无功功率相对误差/%	
	DCGAN	GMM	DCGAN	GMM
12	0.3167	0.3172	0.4536	0.4623
13	1.0444	1.0453	0.4090	0.4116
14	0.5489	0.5566	0.6476	0.6500
15	0.0965	0.0967	0.0227	0.0227
16	0.6451	0.6465	0.0129	0.0130
17	0.5693	0.5709	1.2142	1.2372
18	0.1754	0.1757	1.0912	1.0932
19	0.4837	0.4840	1.0881	1.0887
20	0.3326	0.3362	0.1924	0.1925
21	0.0369	0.0370	0.2868	0.2876
22	0.0260	0.0261	0.2759	0.2774
23	0.6745	0.6759	0.9538	0.9597
24	0.1701	0.1708	0.5418	0.5423

为了更加全面地评价生成数据的质量，下面分析生成数据是否具有与测试数据相似的统计特征。图 7-9 分别给出了生成数据与测试数据的有功功率和无功功率的概率密度函数(probability density function，PDF)，可以看出，生成数据和测试数据的 PDF 非常接近，说明 DCGAN 无须进行先验分布假设就能够生成服从真实数据概率分布特征的样本。

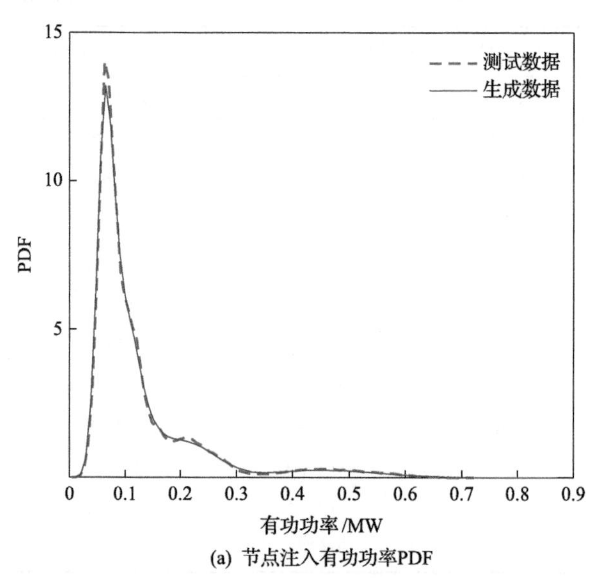

(a) 节点注入有功功率PDF

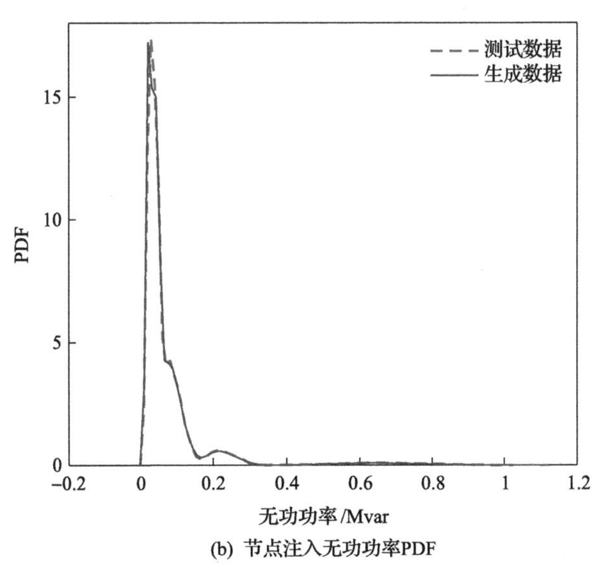

(b) 节点注入无功功率PDF

图 7-9　生成数据与测试数据的 PDF 示意图

7.4.3　基于深度学习的配电网状态估计结果

7.4.2 节中，通过 DCGAN 我们获得了 10000 组与真实样本特性相似的节点注入功率生成样本，按照 7.3.3 节中的方法可以进一步得到 10000 组量测量和状态量的样本 $\left\{\left(z_k,\boldsymbol{x}_k\right)\right\}_{k=1}^{10000}$，其中 80%作为训练样本，20%作为测试样本。样本规模取决于实际问题的需求，10000 组样本可以满足本章算例离线学习的要求。对于每一组训练样本，我们把量测量作为神经网络的输入，状态量作为输出，基于 ADAM 算法进行神经网络参数的训练，批处理量为 32。在本章算例中，DNN 采用最为普遍的多层前馈神经网络，其中隐含层采用 Relu 激活函数，输出层采用线性激活函数，并将偏置项初始化为 0.1，以避免神经元节点输出恒为 0 的问题。使用 dropout 的方式防止“过拟合”，丢弃率取 15%。

1. 数据预处理

由于实时量测量包括电压幅值、电压相角、支路有功功率、支路无功功率等，状态量包括电压幅值和相角，不同类型的量测量和状态量的数量级可能不同，为了避免不同的数值范围造成不同类型的输入输出变量对模型的重要性不同，在进行 DNN 的参数训练前，需要先对所有输入输出样本进行(0,1)归一化数据预处理。假设输入样本为 $N\times m$ 的矩阵 $\boldsymbol{Z}$：

$$\boldsymbol{Z}=\begin{bmatrix} z_{11} & z_{12} & \cdots & z_{1m} \\ z_{21} & z_{22} & \cdots & z_{2m} \\ \vdots & \vdots & & \vdots \\ z_{N1} & z_{N2} & \cdots & z_{Nm} \end{bmatrix} \tag{7-26}$$

式中，N 为样本个数；m 为输入变量个数，即实时量测量个数。

归一化处理后的输入样本 $\boldsymbol{Z}'$ 可以表示为

$$\boldsymbol{Z}'=\begin{bmatrix} z'_{11} & z'_{12} & \cdots & z'_{1m} \\ z'_{21} & z'_{22} & \cdots & z'_{2m} \\ \vdots & \vdots & & \vdots \\ z'_{N1} & z'_{N2} & \cdots & z'_{Nm} \end{bmatrix} \tag{7-27}$$

式中，$z'_{ij}=\dfrac{z_{ij}-\min\limits_{1\leqslant i\leqslant N} z_{ij}}{\max\limits_{1\leqslant i\leqslant N} z_{ij}-\min\limits_{1\leqslant i\leqslant N} z_{ij}}$，$1\leqslant j\leqslant m$。

输出样本归一化处理方法同上。

2. DNN 训练结果分析

首先分析不同的神经网络结构对于 DNN-MMSE 状态估计性能的影响。为了衡量配电网状态估计结果的准确性，定义各个节点状态量估计值的均方误差(mean squared error， MSE)如下：

$$\mathrm{MSE}=\frac{1}{Nn}\sum_{k=1}^{N}\left\|\hat{\boldsymbol{x}}_k-\boldsymbol{x}_k\right\|^2 \tag{7-28}$$

式中，N 为样本个数；n 为状态量个数；$\hat{\boldsymbol{x}}_k$ 和 $\boldsymbol{x}_k$ 分别为第 k 组样本的状态量估计值和基准值，其中基准值为潮流计算真值。

网络结构主要从神经元的个数和神经网络的深度两方面进行考虑。为了综合考虑两方面因素的影响，首先给定不同数量的神经元，其次在神经元总数一定的情况下，改变神经网络隐含层的数量，以评估最优的网络结构。图 7-10 给出了神经元总数分别为 300、600、900 和 1200 的四种情况下隐含层层数从 1～6 变化时 MSE 的大小。可以看出，图 7-10 中黑色虚线圈出的点，即神经元总数为 600，隐含层层数为 3 时状态量估计值的 MSE 最小，也就是说，对于本章算例，上述 DNN 结构最优。因此，在后续分析中统一使用神经元总数为 600 的三隐含层前馈神经网络。

对于三隐含层前馈神经网络，其网络训练误差和测试误差的收敛过程如图 7-11

所示，其中横轴为迭代次数，纵轴为 MSE 大小。由图 7-11 可知，经过 200 次迭代以后，MSE 显著减小，误差的数量级已经下降到 10^{-5}，说明 DNN 的训练效果十分明显。图 7-11 给出了迭代次数持续到 1000 次的 MSE 变化情况，通过右侧放大图可以看出，迭代次数为 500～1000 时，训练误差和测试误差仍然在稳步下降，并未出现“过拟合”等极端情况，模型的收敛效果良好。

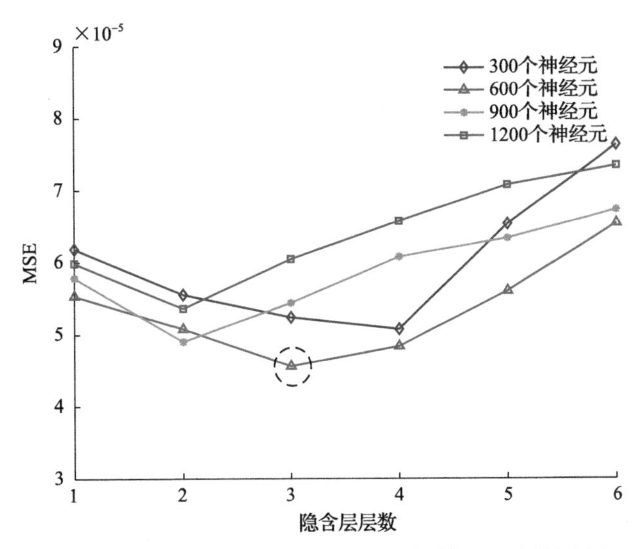

图 7-10　网络结构变化对 MSE 的影响(神经元总数固定)

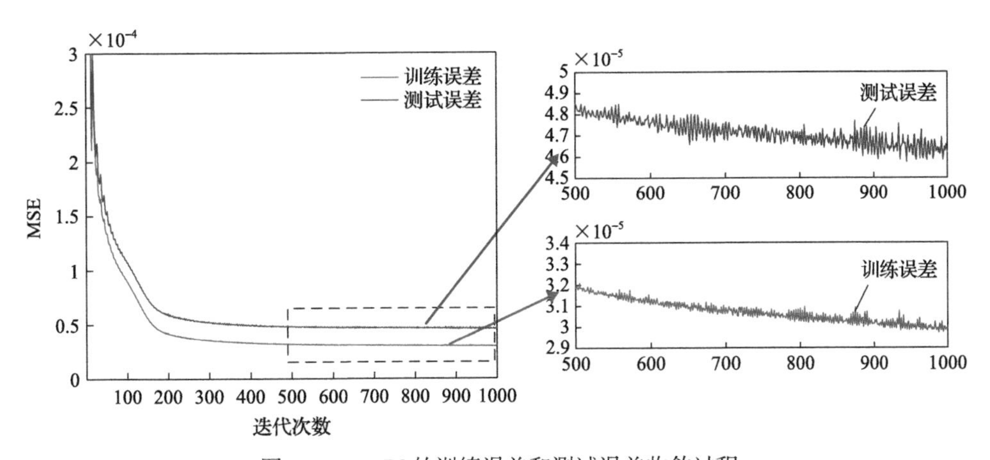

图 7-11　DNN 的训练误差和测试误差收敛过程

3. DNN-MMSE 状态估计结果分析

下面将本章所提方法(DNN-MMSE)与两种常见的配电网状态估计方法进行对比：①GMM-WLS[8]，该方法通过高斯混合模型产生伪量测，再通过 WLS 计算状态量；②ANN-WLS[9]，该方法通过人工神经网络产生伪量测，再通过 WLS 计算状态量。

根据式(7-28)，三种方法的 MSE 计算结果如图 7-12 所示。对于 DNN-MMSE，N 为总测试样本的个数，对于其余两种方法，N 为 MCS 的采样次数。可以看出，在全天 24 小时里，基于 DNN-MMSE 的状态量估计值的 MSE 计算结果要小于其余两种方法，说明本章所提出的基于数据驱动的非完全实时可观配电网状态估计方法具有较高的精度。同时，在全天 24 小时里，基于 DNN-MMSE 的状态量估计值计算结果的误差波动远小于其余两种方法，说明神经网络具有强大的学习能力，对于不同时段的量测量和状态量训练集，可以很好地抽象样本数据的特征，调节网络的参数以适应不同时段的物理模型。

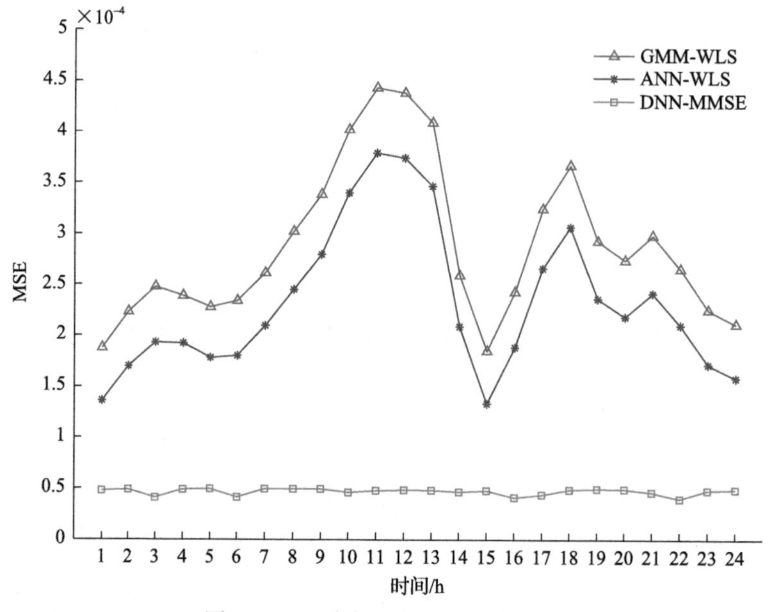

图 7-12　三种方法的 MSE 计算结果

另外，基于 WLS 的配电网状态估计方法总计大约需要 20s(MCS 的采样次数取 500)，但对于 DNN-MMSE 状态估计方法来说，每一次在线状态估计仅需要几毫秒就可以完成，能够更好地满足配电网状态估计对实时性的要求。当然，实现在线状态估计的前提是已经完成了离线学习，对于本章算例，离线学习的时间约为 18min，但离线学习在进行在线状态估计之前已经完成，并不会影响状态估计的实时性，同时，使用 GPU 也可以加速离线的神经网络训练过程。

因此，相比于传统的 GMM-WLS 和 ANN-WLS，本章所提出的 DNN-MMSE 状态估计方法在准确性和时效性方面都有一定的优势，避免了引入伪量测带来的较大误差。

下面考虑实时量测覆盖率从10%～50%依次递增10%变化时，上述三种方法的MSE计算结果，图7-13对比了三种方法15h时的MSE结果，可以看出，随着实时量测覆盖率的下降，传统的GMM-WLS和ANN-WLS两种方法的状态估计误差都逐渐增大，这是因为随着实时量测数目减少，上述两种传统方法都需要引入更多数目的伪量测，以满足系统的实时可观测性要求，而伪量测的误差一般要大于实时量测的误差，进而会降低状态估计的精度；相反，DNN-MMSE方法的状态估计误差几乎不受实时量测覆盖率的影响，也说明了本章所提出的方法更适用于实时量测不足的配电网。

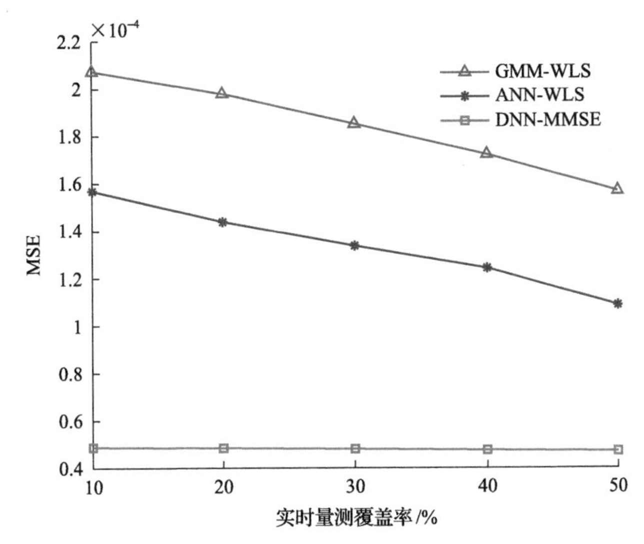

图7-13　实时量测覆盖率变化时三种方法15h时的MSE结果

7.5　本章小结

本章针对配电网实时量测数据不足的问题，介绍了数据驱动的配电网状态估计方法。首先建立了数据驱动的非完全实时可观配电网状态估计的总体框架，包括离线学习和在线状态估计两个阶段；接着针对神经网络中大量离线数据训练的需求，介绍了基于DCGAN的节点注入功率样本生成方法，用于进一步产生大量的量测量和状态量的离线学习训练样本，实现离线学习状态估计器；最后阐述了完整的DNN-MMSE状态估计方法，该方法仅需要较少的实时量测即可估计系统状态，状态估计结果准确、在线计算时间较短，尤其在实时量测覆盖率较低时优势明显。

参 考 文 献

[1] 王格格, 郭涛, 李贵洋. 多层感知器深度卷积生成对抗网络[J]. 计算机科学, 2019, 46(9): 243-249.

[2] 杨懿男, 齐林海, 王红, 等. 基于生成对抗网络的小样本数据生成技术研究[J]. 电力建设, 2019 (5): 71-77.

[3] Radford A, Metz L, Chintala S. Unsupervised representation learning with deep convolutional generative adversarial networks[J]. arXiv preprint arXiv:1511.06434, 2015.

[4] Rumelhart D E, Hinton G E, Williams R J. Learning internal representations by error propagation[M]. Learning Internal Representations by Error Propagation. Cambrige: The MIT Press, 1988.

[5] 周志华. 机器学习[M]. 北京: 清华大学出版社, 2016.

[6] 周念成, 廖建权, 王强钢, 等. 深度学习在智能电网中的应用现状分析与展望[J]. 电力系统自动化, 2019(4): 25.

[7] Mendel J M. Lessons in Estimation Theory for Signal Processing, Communications, and Control[M]. New York: Pearson Education, 1995.

[8] Angioni A, Schlösser T, Ponci F, et al. Impact of pseudo-measurements from new power profiles on state estimation in low-voltage grids[J]. IEEE Transactions on Instrumentation and Measurement, 2015, 65(1): 70-77.

[9] Manitsas E, Singh R, Pal B C, et al. Distribution system state estimation using an artificial neural network approach for pseudo measurement modeling[J]. IEEE Transactions on Power System, 2012, 27(4): 1888-1896.

第三篇
配电网运行状态评估方法

第 8 章　配电网运行状态不确定性度量

配电网的运行方式可以分为与大电网并网的常规配电网和脱离大电网的孤岛微电网两种。潮流计算作为研究系统运行状态的基础，能够为配电网后续的优化调度提供支撑。概率潮流计算考虑了配电网运行中的不确定性因素，能够准确地反映系统的实际运行情况与运行风险。本章考虑常规配电网和孤岛微电网两种形式，分别建立潮流计算模型和考虑不确定性因素的概率潮流模型，基于第 4 章介绍的全局灵敏度分析方法辨识影响配电网运行参数的关键不确定性源荷。

8.1　配电网潮流计算模型

常规配电网的潮流计算模型与传统输电系统相似，而孤岛微电网不与大电网相连，由下垂控制的分布式电源调节系统频率和电压，其中系统频率为变量；系统运行的启动方式、初始条件灵活多变。由于上述差异，传统的牛顿-拉弗森法求解孤岛微电网潮流时难以适应复杂多变的运行工况[1,2]，因此，需要鲁棒性和收敛性更强的方法求解。

本节讨论分布式电源的建模和下垂控制策略，介绍常规配电网和孤岛微电网的潮流模型，并采用改进的 LM 方法提高孤岛微电网潮流计算的鲁棒性和收敛性。

8.1.1　DG 控制方式及建模

1. DG 控制方式

孤岛微电网由于不与大电网相连接，其电压和频率稳定依赖分布式电源调节，因此 DG 的控制方式对孤岛微电网的运行尤为重要。孤岛微电网中的 DG 主要包括风电机组、光伏电场以及微型燃气轮机等，通过不同的 DG 控制方式设置可实现：①新的 DG 接入后，原有设备仍可正常运行；②每个元件的控制器拥有独立设置参数的能力；③每个 DG 的有功、无功出力可以独立调控；④满足负荷的动态需求。下垂控制参考传统火电机组的“功频静特性”，是目前最为广泛使用的分布式电源控制方式，常用于对等控制和综合控制的交流微电网中，参与系统频率与电压的调节，主要包括 $P\text{-}f/Q\text{-}U$ 和 $P\text{-}U/Q\text{-}f$ 下垂控制方式。

1) $P\text{-}f/Q\text{-}U$ 下垂控制

在孤岛交流微电网中，本书将 DG 装置处理[3-5]为 PQ 节点、PV 节点和下垂控制节点 3 种类型。一般来说，考虑到变压器、滤波器等感性原件，以及虚拟阻抗方法的应用，当逆变器型 DG 接入电网时，其等效阻抗呈感性。在这种情况下，下垂控制的 DG 节点采用 $P\text{-}f/Q\text{-}U$ 的控制策略，其控制结构图和下垂特性曲线分别如图 8-1 和图 8-2 所示。此时，孤岛微电网系统中的有功功率分配通过频率调节，无功功率分配通过电压幅值调节，当系统频率与 DG 所接入节点电压幅值降低时，DG 的有功、无功出力增长；反之则减少。由此可得孤岛微电网中下垂控制节点 i 流入微电网的功率方程为

$$\begin{cases} P_{\mathrm{G}i} = \dfrac{1}{n_{\mathrm{p}i}}(f_0 - f) \\ Q_{\mathrm{G}i} = \dfrac{1}{n_{\mathrm{q}i}}(U_{0i} - U_i) \end{cases} \tag{8-1}$$

式中，$P_{\mathrm{G}i}$、$Q_{\mathrm{G}i}$ 表示下垂控制节点 i 流入系统的有功、无功功率；$n_{\mathrm{p}i}$、$n_{\mathrm{q}i}$ 表示下垂控制节点 i 有功、无功下垂增益；f_0、U_{0i} 表示下垂控制节点 i 的空载频率和空载输出电压幅值。

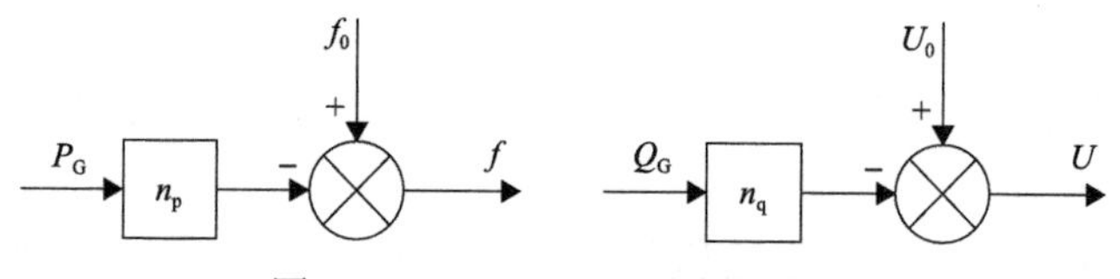

图 8-1　$P\text{-}f/Q\text{-}U$ 下垂控制结构图

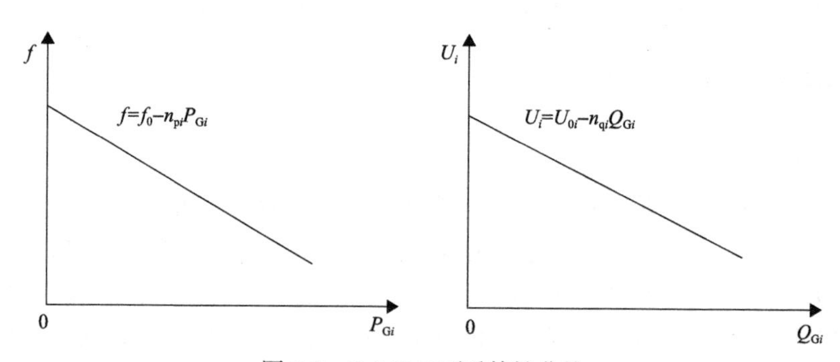

图 8-2　$P\text{-}f/Q\text{-}U$ 下垂特性曲线

为了保证微电网在空载运行的情况下，下垂装置内没有环流产生，一般要求各 DG 设置的空载参数相等，通常设为系统额定值。

尽管在孤岛微电网中系统频率为变量，但为了维持电网的安全稳定运行与供电可靠性，系统频率与节点电压仍需控制在一定范围内。在 $P\text{-}f/Q\text{-}U$ 的控制方式下，根据孤岛交流微电网的系统频率及节点电压幅值允许的调节范围，下垂控制

DG 节点 i 的有功、无功下垂增益需满足

$$\begin{cases} n_{\mathrm{p}i} = \dfrac{1}{P_{\mathrm{G}i,\max}}(f_{\max} - f_{\min}) \\ n_{\mathrm{q}i} = \dfrac{1}{Q_{\mathrm{G}i,\max}}(U_{i,\max} - U_{i,\min}) \end{cases} \tag{8-2}$$

式中，$P_{\mathrm{G}i,\max}$、$Q_{\mathrm{G}i,\max}$ 分别表示下垂控制节点 i 输出有功功率、无功功率的最大值；$f_{\max}$、$f_{\min}$ 表示系统频率的最大值和最小值；$U_{i,\max}$、$U_{i,\min}$ 表示下垂控制节点 i 电压幅值的最大值、最小值。

2) P-U/Q-f 下垂控制

有些情况下，微电网传输线路的阻感比比较大，其等效阻抗呈阻性，此时 DG 的接口逆变器即采取 P-U/Q-f 的下垂控制策略。控制结构图和下垂特性曲线分别如图 8-3 和图 8-4 所示。此时，孤岛微电网系统中的有功分配通过电压幅值调节、无功分配通过频率调节，当系统频率与 DG 所接入节点电压幅值降低时，DG 的有功、无功出力降低；反之则增长。因此由下垂控制节点 i 流入微电网的功率方程为

$$\begin{cases} P_{\mathrm{G}i} = \dfrac{1}{m_{\mathrm{p}i}}(U_{0i} - U_i) \\ Q_{\mathrm{G}i} = \dfrac{1}{m_{\mathrm{q}i}}(f - f_0) \end{cases} \tag{8-3}$$

式中，$m_{\mathrm{p}i}$、$m_{\mathrm{q}i}$ 表示下垂控制节点 i 有功、无功下垂增益。

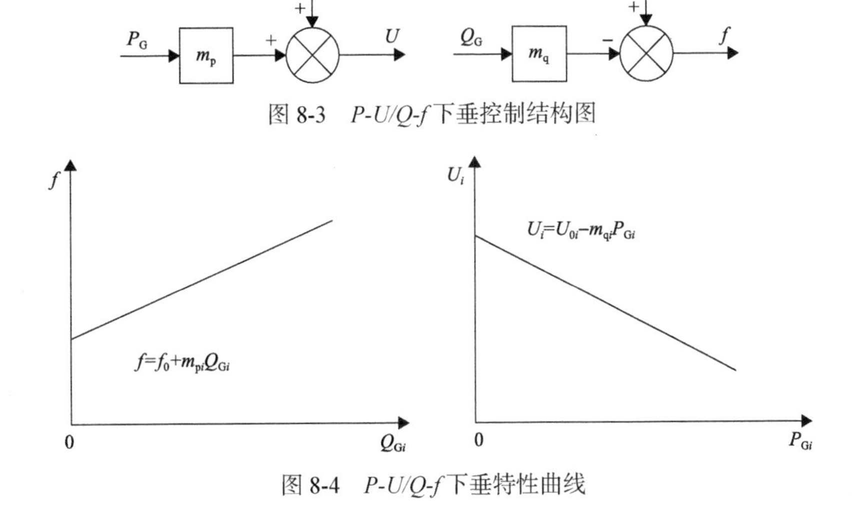

图 8-3　P-U/Q-f 下垂控制结构图

图 8-4　P-U/Q-f 下垂特性曲线

在 $P\text{-}U/Q\text{-}f$ 的下垂控制方式下，根据孤岛交流微电网的系统频率和节点电压幅值允许的调节范围，下垂控制 DG 节点 i 的有功、无功下垂增益需满足

$$\begin{cases} m_{\mathrm{p}i} = \dfrac{1}{P_{\mathrm{G}i,\max}}(U_{i,\max} - U_{i,\min}) \\ m_{\mathrm{q}i} = \dfrac{1}{Q_{\mathrm{G}i,\max}}(f_{\max} - f_{\min}) \end{cases} \tag{8-4}$$

2. 孤岛微电网的潮流模型

针对孤岛微电网的网架结构与运行特性，计及考虑到 DG 的下垂控制方式等，建立孤岛微电网的潮流计算模型。

1) DG 模型

在计算系统潮流时，下垂控制装置所需的物理参数是接入点的功率及电压，如图 8-5 所示，此时下垂控制装置可建模为一理想电压源，该装置的节点输出功率只与其下垂控制特性有关，具体见 8.1.1 节所述。

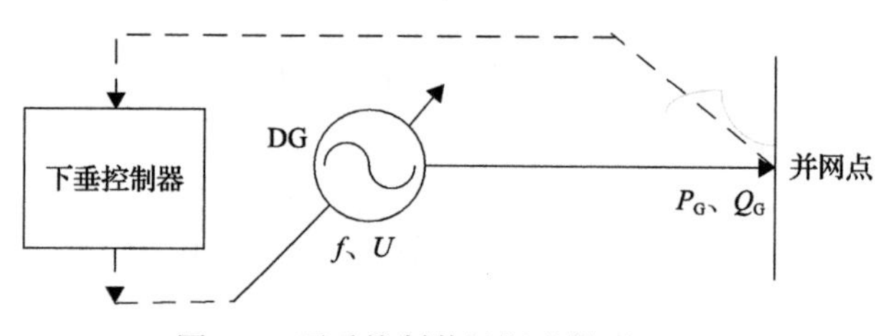

图 8-5　下垂控制装置潮流模型

2) 负荷模型

对等控制的孤岛交流微电网中，系统频率一般不稳定在工频，因此，需考虑负荷节点电压和系统实际运行频率对于负荷潮流模型的影响[6]，负荷节点 i 的功率方程为

$$\begin{cases} P_{\mathrm{L}i} = P_{0i}U_i^{\alpha}\left[1 + m_{\mathrm{p},i}(f - f_1)\right] \\ Q_{\mathrm{L}i} = Q_{0i}U_i^{\beta}\left[1 + m_{\mathrm{q},i}(f - f_1)\right] \end{cases} \tag{8-5}$$

式中，$P_{\mathrm{L}i}$、$Q_{\mathrm{L}i}$ 表示负荷节点 i 实际运行下的有功和无功功率；P_{0i}、Q_{0i} 表示负荷节点 i 额定频率下的有功和无功功率；U_i 表示负荷节点 i 实际的电压幅值；α、β 表示负荷有功和无功功率的负荷指数，不同类型的负荷一般设置不同；$m_{\mathrm{p},i}$、$m_{\mathrm{q},i}$ 表示负荷节点 i 的有功、无功频率特性参数；f_1 为系统的额定频率。

3) 节点功率平衡方程

在对等控制的模式下，将节点处理为 PQ 节点、PV 节点和下垂控制节点，并对孤岛交流微电网的节点建立功率平衡方程。其中 PQ 节点的功率方程为

$$\begin{cases} f_{\mathrm{PQ},i}^{\mathrm{P}} = P_{\mathrm{G}i} - P_{\mathrm{L}i} - P_i = 0 \\ f_{\mathrm{PQ},i}^{\mathrm{Q}} = Q_{\mathrm{G}i} - Q_{\mathrm{L}i} - Q_i = 0 \end{cases}, \quad i \in B_{\mathrm{PQ}} \tag{8-6}$$

式中，B_{PQ} 表示孤岛微电网中的 PQ 节点集合；$f_{\mathrm{PQ},i}^{\mathrm{P}}$、$f_{\mathrm{PQ},i}^{\mathrm{Q}}$ 分别表示 PQ 节点的有功、无功功率平衡方程；$P_{\mathrm{G}i}$、$Q_{\mathrm{G}i}$ 表示 PQ 节点 i 处分布式电源流入孤岛微电网的有功、无功功率，若该节点未配置 DG，则 $P_{\mathrm{G}i}$ 和 $Q_{\mathrm{G}i}$ 均为 0；$P_{\mathrm{L}i}$、$Q_{\mathrm{L}i}$ 表示节点 i 处的负荷实际的有功、无功功率；P_i、Q_i 为节点 i 注入的有功、无功功率。

同样地，PV 节点的功率方程

$$f_{\mathrm{PV},i}^{\mathrm{P}} = P_{\mathrm{V}i} - P_{\mathrm{L}i} - P_i = 0, \quad i \in B_{\mathrm{PV}} \tag{8-7}$$

式中，B_{PV} 表示孤岛微电网的 PV 节点集合；$f_{\mathrm{PV},i}^{\mathrm{P}}$ 表示 PV 节点的有功功率平衡方程；$P_{\mathrm{V}i}$ 表示 PV 节点 i 处的分布式电源流入孤岛微电网的有功功率。

下垂控制 DG 节点的功率平衡方程为

$$\begin{cases} f_{\mathrm{d}i}^{\mathrm{P}} = P_{\mathrm{G}i} - P_{\mathrm{L}i} - P_i = 0 \\ f_{\mathrm{d}i}^{\mathrm{Q}} = Q_{\mathrm{G}i} - Q_{\mathrm{L}i} - Q_i = 0 \end{cases}, \quad i \in B_{\mathrm{D}} \tag{8-8}$$

式中，$f_{\mathrm{d}i}^{\mathrm{P}}$、$f_{\mathrm{d}i}^{\mathrm{Q}}$ 分别表示下垂控制的分布式电源节点的有功、无功功率平衡方程；$P_{\mathrm{G}i}$、$Q_{\mathrm{G}i}$ 分别表示下垂控制节点 i 处的分布式电源发出的有功和无功功率，其值由具体的控制策略决定；B_{D} 表示孤岛交流微电网下垂控制节点集合。

8.1.2　常规配电网的潮流计算

常规配电网的潮流计算模型与传统电网类似，将配电网的公共连接点作为平衡节点，DG 连接在 PQ 或 PV 节点上，常规三相配电网的潮流方程可以写成如下形式：

$$\begin{cases} f_{\mathrm{PQ},i}^{\mathrm{P}}(\boldsymbol{U},\boldsymbol{\theta}) = P_{\mathrm{G}i} - P_{\mathrm{L}i} - P_i = 0, & i \in B_{\mathrm{PQ}} \\ f_{\mathrm{PQ},i}^{\mathrm{Q}}(\boldsymbol{U},\boldsymbol{\theta}) = Q_{\mathrm{G}i} - Q_{\mathrm{L}i} - Q_i = 0, & i \in B_{\mathrm{PQ}} \\ f_{\mathrm{PV},i}^{\mathrm{P}}(\boldsymbol{U},\boldsymbol{\theta}) = P_{\mathrm{G}i} - P_{\mathrm{L}i} - P_i = 0, & i \in B_{\mathrm{PV}} \end{cases} \tag{8-9}$$

式中，$\boldsymbol{U}$ 表示节点电压幅值相量；$\boldsymbol{\theta}$ 表示节点电压相角相量。

单相的有功功率和无功功率如式(8-10)所示。

$$\begin{cases} P_i^a = U_i^a \sum_{k\in i} \sum_{\mathrm{ph}\in a,b,c} \left\{ U_k^a \left[G_{ik}^{a(\mathrm{ph})} \cos\left(\theta_i^a - \theta_k^{\mathrm{ph}}\right) + B_{ik}^{a(\mathrm{ph})} \sin\left(\theta_i^a - \theta_k^{\mathrm{ph}}\right) \right] \right\} \\ Q_i^a = U_i^a \sum_{k\in i} \sum_{\mathrm{ph}\in a,b,c} \left\{ U_k^a \left[G_{ik}^{a(\mathrm{ph})} \sin\left(\theta_i^a - \theta_k^{\mathrm{ph}}\right) - B_{ik}^{a(\mathrm{ph})} \cos\left(\theta_i^a - \theta_k^{\mathrm{ph}}\right) \right] \right\} \end{cases} \tag{8-10}$$

为简化表述，可将式(8-10)改写为如下紧凑形式：

$$\boldsymbol{G}(\boldsymbol{x}) = 0, \quad \boldsymbol{x} = (\boldsymbol{U}^a, \boldsymbol{U}^b, \boldsymbol{U}^c, \boldsymbol{\theta}^a, \boldsymbol{\theta}^b, \boldsymbol{\theta}^c) \tag{8-11}$$

8.1.3 孤岛微电网的潮流计算

1. 含下垂控制 DG 的孤岛微电网潮流方程

综合 PQ、PV 及下垂控制 DG 节点的功率平衡方程，建立孤岛微电网的潮流方程，并写成如下的非线性方程组形式：

$$\begin{cases} f_{\mathrm{PQ},i}^{\mathrm{P}}(f, \boldsymbol{U}, \boldsymbol{\theta}) = P_{\mathrm{G}i} - P_{\mathrm{L}i} - P_i = 0, & i \in B_{\mathrm{PQ}} \\ f_{\mathrm{PQ},i}^{\mathrm{Q}}(f, \boldsymbol{U}, \boldsymbol{\theta}) = Q_{\mathrm{G}i} - Q_{\mathrm{L}i} - Q_i = 0, & i \in B_{\mathrm{PQ}} \\ f_{\mathrm{PV},i}^{\mathrm{P}}(f, \boldsymbol{U}, \boldsymbol{\theta}) = P_{\mathrm{G}i} - P_{\mathrm{L}i} - P_i = 0, & i \in B_{\mathrm{PV}} \\ f_{di}^{\mathrm{P}}(f, \boldsymbol{U}, \boldsymbol{\theta}) = P_{\mathrm{G}i} - P_{\mathrm{L}i} - P_i = 0, & i \in B_{\mathrm{D}} \\ f_{di}^{\mathrm{Q}}(f, \boldsymbol{U}, \boldsymbol{\theta}) = Q_{\mathrm{G}i} - Q_{\mathrm{L}i} - Q_i = 0, & i \in B_{\mathrm{D}} \end{cases} \tag{8-12}$$

为简化表述，可将式(8-12)改写为如下紧凑形式：

$$\boldsymbol{F}(\boldsymbol{x}) = 0, \quad \boldsymbol{x} = (f, \boldsymbol{U}, \boldsymbol{\theta}) \tag{8-13}$$

假设整个孤岛微电网系统中总节点数为 M，其中 PQ 节点有 m_{PQ} 个，PV 节点有 m_{PV} 个，下垂控制节点有 m_{D} 个，则潮流方程组的未知量的个数与方程数如表 8-1 所示。

表 8-1 潮流方程组的未知量个数与方程数

节点类型	未知量	未知量的个数	方程数
PQ	U_i,θ_i	$2m_{\mathrm{PQ}}$	$2m_{\mathrm{PQ}}$
PV	θ_i	m_{PV}	m_{PV}
下垂	U_i,θ_i	$2m_{\mathrm{D}}$	$2m_{\mathrm{D}}$
总计	—	$2M-m_{\mathrm{PV}}$	$2M-m_{\mathrm{PV}}$

因此，总的未知量有 $n=2M-m_{PV}$ 个，则 $\boldsymbol{x}$ 可表示为

$$\boldsymbol{x}=[\omega,\theta_1,\cdots,\theta_M,U_1,\cdots,U_{m_{PQ}},U_{m_{PQ}+1},\cdots,U_{m_{PQ}+m_D}] \tag{8-14}$$

需要强调的是，当 PV 类型或下垂控制类型的节点输出无功功率超过限定的最大值时，其将转化为 PQ 类型，且功率维持在限定值。

当孤岛交流微电网处于安全稳定运行时，频率在系统规定的允许范围内波动，对线路参数的影响很小[7,8]，因此，本书中假定线路参数不随系统频率变化，为固定值。

2. 基于 LM 方法的孤岛微电网潮流计算

潮流计算的本质是求解如式(8-12)所示的非线性方程组，常用的方法有牛顿法、信赖域法、LM 法等。牛顿法对于初值具有较高的依赖性，而孤岛微电网的运行工况多变，且不与大电网相连接，初值不一定在最终解的附近，容易导致算法不收敛，且线路阻抗比较大时，牛顿法迭代过程中会出现雅可比矩阵奇异的情况。信赖域法虽然对初值要求低，然而其收敛速度慢，求解效率低。因此，需要鲁棒性与收敛性更强的方法求解孤岛微电网潮流。本书采用自适应的 LM 法求解孤岛微电网的潮流方程，在传统的 LM 法[9]基础上，通过引入了自适应的阻尼因子，从而保证在迭代过程中雅可比矩阵始终保持非奇异，并且能够根据当前的迭代情况，自适应地调整迭代方向和迭代步长，从而有效地求解包括“病态”潮流方程在内的电网潮流。在潮流方程无解的情况下，还可给出最小二乘解，为后续的系统调整调度提供参考。自适应 LM 法的主要步骤如下所示。

(1) 设置初始的迭代次数 $g=1$，最大的迭代次数 G，收敛精度 ε，初始自适应因子 α_1，常量 $m>\alpha_1$，$0<p_0<p_1<p_2<1$。

(2) 在当前迭代点 $\boldsymbol{x}_g$ 处对微电网潮流方程 $\boldsymbol{F}(\boldsymbol{x})=0$ 的左侧进行一阶泰勒展开：

$$\boldsymbol{F}(\boldsymbol{x}_{g+1})=\boldsymbol{F}(\boldsymbol{x}_g)+\boldsymbol{J}(\boldsymbol{x}_g)\boldsymbol{d}_g \tag{8-15}$$

式中，$\boldsymbol{d}_g=\boldsymbol{x}_{g+1}-\boldsymbol{x}_g$ 为迭代步长，包括了迭代步长和迭代方向。

(3) 潮流方程的最小二乘解模型为 $\min G(\boldsymbol{x})=\dfrac{1}{2}F(\boldsymbol{x})^{\mathrm{T}}F(\boldsymbol{x})$ ，当满足 $G(\tilde{\boldsymbol{x}})=0$ 时即可得到潮流方程的解。进一步将泰勒展开式代入上述最小二乘模型，并按一定方式更新参数，通过求解优化问题得出迭代步长如下：

$$\boldsymbol{d}_g=-[\boldsymbol{J}(\boldsymbol{x}_g)^{\mathrm{T}}\boldsymbol{J}(\boldsymbol{x}_g)+\mu_g\boldsymbol{I}]^{-1}\boldsymbol{J}(\boldsymbol{x}_g)^{\mathrm{T}}\boldsymbol{F}(\boldsymbol{x}_g) \tag{8-16}$$

式中，μ_g 为阻尼因子。

(4) 其中自适应的阻尼因子 μ_g 的选取方式为 $\mu_g=\alpha_g\|\boldsymbol{F}(\boldsymbol{x}_g)\|$，$\alpha_g>0$ 为自适应因

子，调整方式根据当前迭代步的有效性来决定。

(5)通过引入评价指标 r_g 来辨别当前迭代的有效性，计算 $\boldsymbol{F}(\boldsymbol{x})$ 的实际下降量和预计下降量的比值：

$$r_g = \frac{\left\|\boldsymbol{F}(\boldsymbol{x}_g)\right\|_2^2 - \left\|\boldsymbol{F}(\boldsymbol{x}_g + \boldsymbol{d}_g)\right\|_2^2}{\left\|\boldsymbol{F}(\boldsymbol{x}_g)\right\|_2^2 - \left\|\boldsymbol{F}(\boldsymbol{x}_g) + \boldsymbol{J}(\boldsymbol{x}_g)\boldsymbol{d}_g\right\|_2^2} \tag{8-17}$$

(6)当 $r_g>p_0$ 时，则接受当前迭代步长，更新迭代点 $\boldsymbol{x}_{g+1}=\boldsymbol{x}_g+\boldsymbol{d}_g$，并且按如下调整自适应因子：

$$\alpha_{g+1} = \begin{cases} 4\alpha_g, & r_g < p_1 \\ \alpha_g, & p_1 \leqslant r_g \leqslant p_2 \\ \max\{\alpha_g/4, m\}, & p_2 < r_g \end{cases} \tag{8-18}$$

(7)如果满足精度：$\|\boldsymbol{J}(\boldsymbol{x}_g)^{\mathrm{T}}\boldsymbol{F}(\boldsymbol{x}_g)\|<\varepsilon$，或达到最大的迭代次数 G，则结束迭代，并输出当前的迭代点；否则 $g=g+1$，并返回步骤(2)。

由上述步骤可知，其中阻尼因子 μ_g 的选取是为了保证矩阵 $\boldsymbol{J}(\boldsymbol{x}_k)^{\mathrm{T}}\boldsymbol{J}(\boldsymbol{x}_k)+\mu_k\boldsymbol{I}$ 可逆，与信赖域算法中需要求解 Hessian 阵不同。通过选取适当的阻尼因子 μ_k 可使 LM 法具有以下特点(以下将 $\boldsymbol{F}(\boldsymbol{x}_k)$、$\boldsymbol{J}(\boldsymbol{x}_k)$ 简写为 $\boldsymbol{F}_k$、$\boldsymbol{J}_k$)。

(1)对于 $\forall\mu\geqslant 0$，步长表达式中的矩阵 $\boldsymbol{J}_k^{\mathrm{T}}\boldsymbol{J}_k+\mu_k\boldsymbol{I}$ 的 2 范数随 μ 单调递增。因此通过选取合适的阻尼因子 μ_k 可使迭代过程中的系数矩阵 $\boldsymbol{J}_k^{\mathrm{T}}\boldsymbol{J}_k+\mu_k\boldsymbol{I}$ 的条件数小于高斯牛顿法的 $\boldsymbol{J}^{\mathrm{T}}\boldsymbol{J}$，从而降低了对初值的依赖，可获得较好的初始启动。

(2)观察迭代步表达式可知，当 $\mu=0$ 时，LM 法转化为最小二乘解的高斯牛顿法；当 μ 很大时，转化为最速下降法(迭代步为 $\boldsymbol{d}_k\approx-\boldsymbol{J}_k^{\mathrm{T}}\boldsymbol{F}_k/\mu_k$)。因此在迭代初始时，较大的阻尼因子使 LM 法具有初始下降量大、迭代迅速的特点，在迭代末端，阻尼因子接近 0，具有二阶收敛特性且能避免最速下降法的锯齿形振荡。

基于上述特点，自适应 LM 法对于初值的选取不敏感，且具有较快的收敛速度，适用于本书中孤岛微电网的潮流计算，且其步长的计算过程以相量的形式表示，使得迭代过程计算更加简便，易于程序化实现。

8.2　配电网概率潮流计算

8.1 节中讨论了计及下垂控制 DG 的配电网潮流模型，并采用改进的自适应 LM 法进行求解孤岛微电网潮流模型。然而配电网系统中，分布式可再生能源的出力由于受到环境与气候，例如，风速、光照强度等的影响，具有较强的随机波动性与间接性。同时，配电网中的负荷单元相较于主网也具有更明显的随机波动性。另外，孤岛微电网由于不与大电网相连，这些不确定性因素对其运行情况的影响更加明显。此时，传统的确定性潮流计算已不能准确地反映系统的实际运行情况与运行风险。而概率潮流能够有效地计及系统中各种不确定因素的影响，进而分析系统运行状态的概率特性。

本节首先介绍配电网中可再生能源和负荷的概率模型，随后给出配电网概率潮流的计算步骤。

8.2.1　可再生能源及负荷概率模型

分布式可再生能源发电的出力，由于受到气候、环境等条件的影响，具有明显的间歇性和随机性。本节通过建立可再生能源型 DG (renewable-based DG, RDG) 出力及负荷波动的概率模型，进而分析其不确定性对孤岛微电网潮流的影响。

1. RDG 的不确定性

对于风机、光伏电场的出力，与风速、光照强度有密切的关系。关于风速、光照强度与 RDG 出力之间的映射关系已在 8.1 节中详细讨论，因此本节研究风速、光照强度的概率模型。获得风速、光照强度的概率模型之后，再基于 MCS 对其进行采样，最后利用 8.1.1 节的模型获得风电机组和光伏电场的出力样本。

1) 参数模型

通过研究表明，长时间段的风速 v 分布情况基本服从 Weibull 分布，其概率密度函数为

$$f(v)=\frac{k}{c}\left(\frac{v}{c}\right)^{k-1}\exp\left[-\left(\frac{v}{c}\right)^{k}\right] \tag{8-19}$$

式中，k 和 c 分别为形状参数和尺度参数。

同样地，长时间段的光照强度 r 近似于服从 Beta 分布，其概率密度函数为

$$f(r)=\frac{\Gamma(\mu+\gamma)}{\Gamma(\mu)\Gamma(\gamma)}\left(\frac{r}{r_{\max}}\right)^{\mu-1}\left(1-\frac{r}{r_{\max}}\right)^{\gamma-1} \tag{8-20}$$

式中，r 为光照强度；$r_{\max}$ 为最大光照强度；μ 和 γ 分别为 Beta 分布的形状参数；Γ为 Gamma 函数。

2) 非参数模型

另外，若基于大量的历史统计数据并且对于特定问题精度要求很高时，可采用核密度估计(kernel density estimation，KDE)方法，这种非参数的估计法基于一

定的基函数，利用输入变量的历史样本拟合出其概率密度函数。假设随机输入变量 x 的 N 个样本为 $\{x^1, x^2, \cdots, x^N\}$，则对 x 概率密度函数的核密度估计 $\hat{f}(x)$ 为

$$\hat{f}(x) = \frac{1}{Nh}\sum_{i=1}^{N} K\left(\frac{x - x^i}{h}\right) \tag{8-21}$$

式中，h 为带宽；$K(\cdot)$ 为核函数，满足下列条件：

$$\begin{cases} K(t) = K(-t) \\ \int K(t)\mathrm{d}t = 1 \\ \int tK(t)\mathrm{d}u = 0 \\ \int t^2 K(t)\mathrm{d}t > 0 \end{cases} \tag{8-22}$$

当 $N \to \infty$，$h \to 0$ 且 $Nh \to \infty$ 时，估计值 $\hat{f}$ 将收敛于实际的概率密度函数 f。核函数选用高斯函数，用于估计风速、光照强度等的概率分布，其数学表达式为

$$K(t) = \frac{1}{\sqrt{2\pi}}\exp\left(-\frac{1}{2}t^2\right) \tag{8-23}$$

结合式(8-21)和式(8-23)可得出，基于 KDE 的随机变量的累积分布函数(cumulative distribution function，CDF) $\hat{F}(x)$ 为

$$\hat{F}(x) = \frac{1}{N}\sum_{i=1}^{N} \Phi(x, x^i, h) \tag{8-24}$$

式中，$\Phi(x, x^i, h)$ 表示期望为 x^i、标准差为 h 的正态分布变量的 CDF。

2. 负荷的不确定性

负荷的随机波动对于孤岛运行的微电网影响较大，因此求解潮流时计及孤岛微电网中的负荷随机波动。假定电网中负荷的功率因数保持不变，且负荷的有功功率波动呈现正态分布

$$f(P_{\mathrm{L}i}) = \frac{1}{\sqrt{2\pi}\sigma_i}\exp\left[-\frac{(P_{\mathrm{L}i} - \mu_i)^2}{2{\sigma_i}^2}\right] \tag{8-25}$$

式中，μ_i 和 σ_i 分别为节点 i 有功功率的期望及标准差。而不同的负荷若具有不同的波动程度，则通过设置不同的标准差 σ_i 来实现，然后利用基于 MCS 或拟蒙特

卡罗模拟得到具有随机波动性的负荷样本。

3. 计及相关性的源荷不确定性

微电网中的可再生分布式电源由于位于相近的地理位置，具有相近的气候环境，导致同种类型的 RDG 出力之间具有一定的相关性。此外，微电网中负荷的相关性主要与负荷类型有关，主要包括家用负荷、商业负荷和工业负荷。由于相同的消费模式，同种类型的负荷在微电网中具有更强的相关性。采用相关系数矩阵描述输入随机变量之间的相关性

$$\rho = \begin{array}{c} \\ x_1 \\ x_2 \\ \vdots \\ x_m \end{array} \begin{array}{c} \begin{array}{cccc} x_1 & x_2 & \cdots & x_m \end{array} \\ \begin{pmatrix} \rho_{11} & \rho_{12} & \cdots & \rho_{1m} \\ \vdots & \vdots & & \vdots \\ \rho_{i1} & \rho_{i2} & \cdots & \rho_{im} \\ \vdots & \vdots & & \vdots \\ \rho_{m1} & \rho_{m2} & \cdots & \rho_{mm} \end{pmatrix} \end{array} \tag{8-26}$$

式中，m 表示随机变量的个数；ρ_{ij} 表示输入随机变量 x_i 与 x_j 之间的相关系数，代表了变量之间的相关程度，考虑相关性的随机输入变量主要包括分布式可再生能源的出力和随机波动的负荷。

另外，由于相关系数矩阵适合于描述正态分布随机变量之间的相关性，而分布式电源的出力显然不能简单地以正态分布表示，因此，为了处理如风速、光照强度等非正态分布变量之间的相关性，引入 Nataf 变换，利用累积分布函数变换(cumulative distribution function transformation, CDFT)实现相关的非正态分布随机变量与相关的正态分布随机变量的映射，进而利用相关系数矩阵描述光照强度、风速等随机变量之间的相关性。

8.2.2　考虑源荷不确定性的配电网概率潮流计算

在配电网运行中，8.1.1 节中潮流模型的 DG 的出力 $P_{\mathrm{G}i}$、$Q_{\mathrm{G}i}$，负荷 $P_{\mathrm{L}i}$、$Q_{\mathrm{L}i}$ 具有不确定性，因此潮流解也具有概率特性，因此，称式(8-11)和式(8-13)为对等控制下的常规配电网和孤岛微电网概率潮流模型。

配电网概率潮流计算的主要思路是采用蒙特卡罗模拟或拟蒙特卡罗模拟对配电网中的随机输入变量进行采样，将概率问题转换为多组确定性问题，利用适用于常规配电网或孤岛微电网的潮流计算方法进行求解，再通过核密度估计法，获取输出变量的概率分布特性。

配电网概率潮流计算流程如图 8-6 所示。

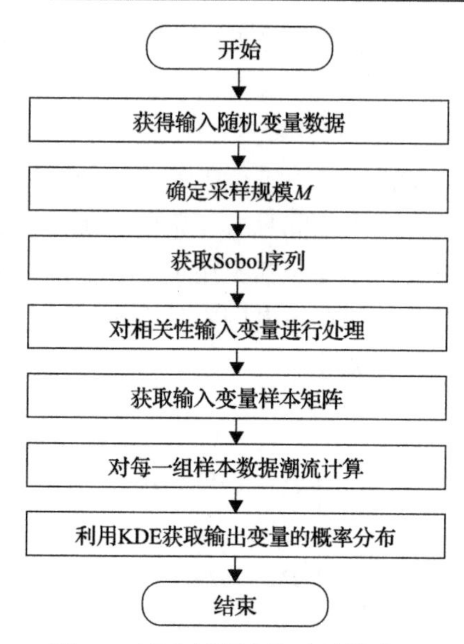

图 8-6 配电网概率潮流计算流程

近年来为提高 MCS 的效率，基于模拟法的改进算法相继被提出。其中，目前最为广泛应用且精度较高的采样方法分别为拉丁超立方采样(latin hypercube sampling，LHS)和基于 Sobol 序列的拟蒙特卡罗模拟(quasi-MCS，QMCS)采样。①LHS 基于分层采样，优化了生成随机输入变量样本的过程，以确保其采样值能够更加可靠地反映随机变量的整体概率特性，关键思想是确保变量的分布区域都能够被采样点较均匀覆盖；②基于 Sobol 序列的拟蒙特卡罗模拟的出发点与 LHS 相同，主要是通过低差异 Sobol 序列尽可能地实现采样空间的有效覆盖。这两种方法都旨在通过提高样本的质量来减少模拟法所需的样本量，相较于蒙特卡罗模拟有所改进，但其模拟法的本质决定了仍需要大量的配电网潮流输出样本才能保障其结果的精确性。

8.3 算例分析

8.3.1 孤岛微电网潮流计算

1. 算例系统

本节在标准 IEEE33 节点网架结构基础上，另接入 5 个分布式电源和分布式储能，并断开于主网的连接，形成 33 节点孤岛交流微电网系统，基准电压为 12.66kV，基准容量为 1MV·A，基准频率为 50Hz，系统的基准总负荷为(3550+j1979)kV·A。接入的 5 个 DG/DS，分别为两个风电场、一个光伏发电场、一个燃气轮机及一个分布式储能。其中，光照强度与风速的原始数据是基于我国西部某地的一年统计数值，并利用非参数核密度估计获得其概率分布；两个风电场的风机总额定容量分别为 800kW 和 1000kW，风机的切入风速为 3m/s，额定风速为 15m/s，切出风速为 20m/s；光伏阵列的总面积为 4000m^2，风电场的光电转换效率为 14%；并且对于风机和光伏电场，均采用无功就地补偿的形式，同时保持 DG 的功率因数恒定；分布式储能则处理为 PQ 节点的形式，在本章的算例中处于放电状态；燃气轮机采用 *P-f*/*Q-U* 的下垂控制策略，并用于调节系统的节点电压与频率，其有功、无功的下垂增益分别为 0.00556(标幺值)、0.08(标幺值)。图 8-7 为 33 节点孤岛微电网结构图。

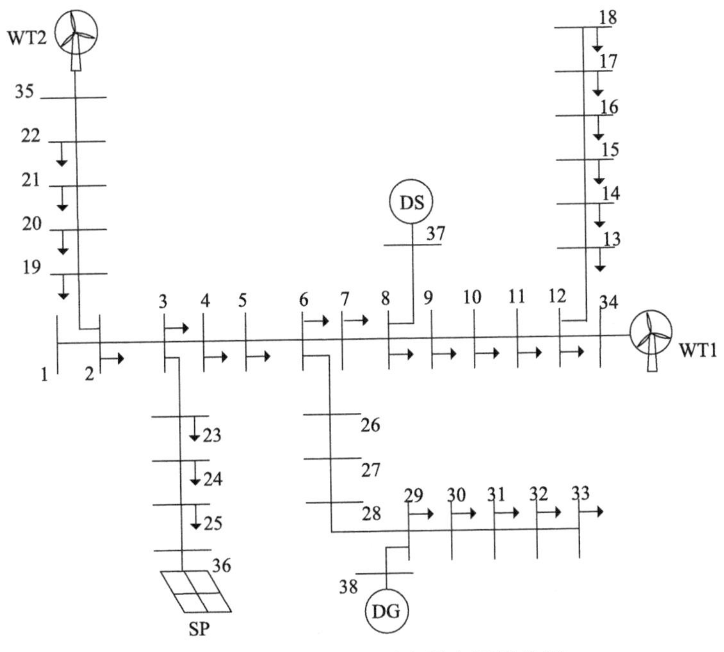

图 8-7　33 节点孤岛微电网结构图

2. 自适应 LM 法

微电网的负荷为动态负荷模型，现考虑其运行值在额定值±1%内取值，抽样 20 次，并分别采取牛顿法与自适应 LM 法计算 8 节点-孤岛交流微电网系统潮流，两种方法的收敛情况如图 8-8 所示。两种方法在 20 次内的潮流结果相同，并且，两种方法计算 20 次孤岛微电网的潮流时耗分别为 2.44205s 和 1.43863s，因此，验证了自适应 LM 法在计算孤岛微电网潮流时具有较快的收敛速度和有效性。

此外，基于孤岛微电网在运行上的灵活性，其不一定是采用平启动的启动方式，同时微电网的传输线路阻抗比较大，因此其潮流计算在系统参数设置及初值选取上需有所改变。为了验证自适应 LM 法相较于牛顿法在收敛范围上的优越性，现增大原始参数中的线路阻抗比，并调整两种方法的初值。经过多组算例测试发现，当调整线路阻抗比为初始值的 5 倍，并且节点的电压相角初值为 0.08 时，牛顿法将呈现大量的方法不收敛的情况，即传统潮流计算中所说的“病态”情况，而自适应 LM 方法仍然能够有效地收敛计算，相较于牛顿法体现了卓越的收敛有效性，两种方法对于 20 次负荷抽样的潮流收敛情况如图 8-9 所示。

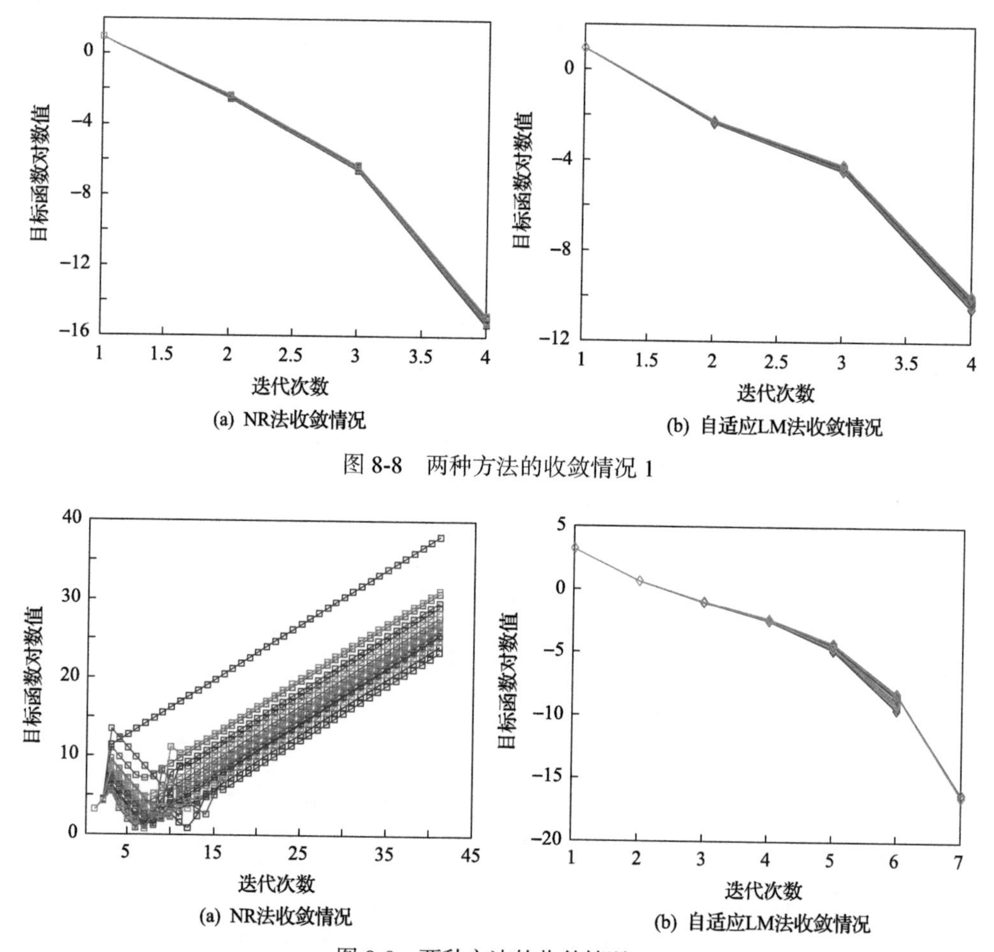

图 8-8　两种方法的收敛情况 1

图 8-9　两种方法的收敛情况 2

3. 不同下垂增益对潮流计算的影响

本书中的下垂控制节点的下垂增益设置为(0.00556, 0.08)(情况 1)，是基于 8.1.1 节的建模与系统频率、节点电压幅值的允许范围设置的。现分别增大下垂节点的下垂增益设置为(0.01, 0.15)(情况 2)；减小下垂节点的下垂增益设置为

(0.0025，0.04)(情况 3)，得到系统频率与各节点电压幅值的情况如图 8-10 所示，其中横坐标依次表示频率与各节点电压幅值，纵坐标为潮流结果的标幺值。由图 8-10 可知，基于实际系统参数与允许的波动情况设置合理的下垂控制增益，能够使得系统运行在安全合理的范围内，过大或过小的参数设置都会影响孤岛微电网的稳定运行。

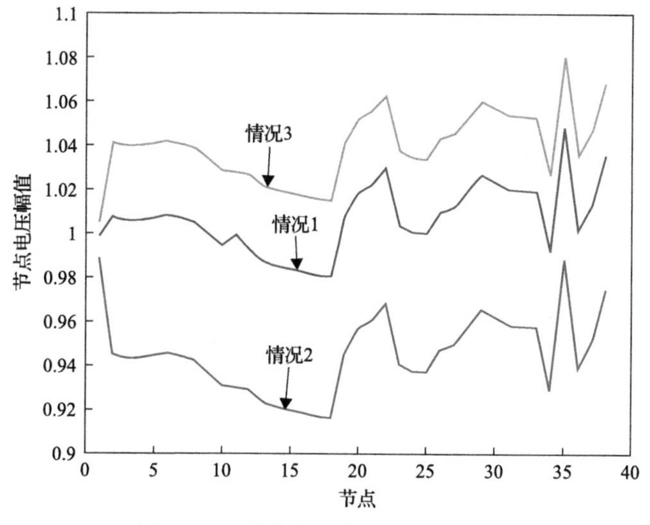

图 8-10　不同下垂增益下的潮流结果

4. 不同下垂控制策略下的潮流计算结果

对于 8.1.1 节中所提到的两种下垂控制模式：*P-f*/*Q-U* 和 *P-U*/*Q-f* 控制，虽然本书采用的是 *P-f*/*Q-U* 策略，但对于 *P-U*/*Q-f* 策略，本书所提的基于改进 LM 法的孤岛微电网潮流计算方法也具有适用性。表 8-2 列出在不同的分布式电源出力及负荷的情况下，微电网运行频率与各节点电压幅值的结果。

表 8-2　*P-U*/*Q-f* 下垂控制下的微电网潮流结果

标幺值	源荷 1	源荷 2	源荷 3	源荷 4
系统频率	1.002344	0.999741	1.000187	1.006488
节点 1 电压幅值	0.991610	0.993553	0.993891	0.914562
节点 2 电压幅值	0.991610	0.993553	0.993891	0.914562
节点 3 电压幅值	0.989423	0.992546	0.991707	0.916754
节点 4 电压幅值	0.988974	0.994056	0.992419	0.920919
节点 5 电压幅值	0.988892	0.996012	0.993547	0.925672
节点 6 电压幅值	0.988777	1.000955	0.996343	0.937787

续表

标幺值	源荷 1	源荷 2	源荷 3	源荷 4
节点 7 电压幅值	0.984433	1.000008	0.994074	0.936550
节点 8 电压幅值	0.980923	1.000981	0.993307	0.937248
节点 9 电压幅值	0.971458	0.999631	0.988804	0.935225
节点 10 电压幅值	0.962421	0.998763	0.984762	0.933716
节点 11 电压幅值	0.961216	0.998795	0.984313	0.933659
节点 12 电压幅值	0.959056	0.998984	0.983590	0.933689
节点 13 电压幅值	0.947583	0.988000	0.972422	0.921883
节点 14 电压幅值	0.942262	0.982903	0.967240	0.916414
节点 15 电压幅值	0.938436	0.979239	0.963515	0.912479
节点 16 电压幅值	0.934461	0.975434	0.959646	0.908390
节点 17 电压幅值	0.924993	0.966362	0.950423	0.898663
节点 18 电压幅值	0.921678	0.963187	0.947194	0.895256
节点 19 电压幅值	0.992735	0.994187	0.995014	0.913884
节点 20 电压幅值	1.003956	1.001009	1.006217	0.909069
节点 21 电压幅值	1.007781	1.003489	1.010034	0.908031
节点 22 电压幅值	1.015478	1.008711	1.017715	0.906848
节点 23 电压幅值	0.988201	0.989908	0.988968	0.913778
节点 24 电压幅值	0.986392	0.985184	0.984038	0.908422
节点 25 电压幅值	0.987856	0.983747	0.982401	0.906642
节点 26 电压幅值	0.990426	1.002260	0.997761	0.940707
节点 27 电压幅值	0.992865	1.004214	0.999877	0.944934
节点 28 电压幅值	1.004389	1.013291	1.009662	0.964201
节点 29 电压幅值	1.013484	1.020539	1.017448	0.979174
节点 30 电压幅值	1.010893	1.017971	1.014871	0.976484
节点 31 电压幅值	1.005773	1.012891	1.009774	0.971173
节点 32 电压幅值	1.004309	1.011439	1.008318	0.969656
节点 33 电压幅值	1.004051	1.011182	1.008060	0.969388
节点 34 电压幅值	0.959594	1.016607	0.994563	0.951366
节点 35 电压幅值	1.037089	1.024225	1.039280	0.906848
节点 36 电压幅值	0.989697	0.983865	0.982401	0.906642
节点 37 电压幅值	0.989724	1.009609	1.002000	0.946450
节点 38 电压幅值	1.023091	1.028867	1.026140	0.992750

8.3.2　孤岛微电网概率潮流计算

1. 算例系统

为分析孤岛微电网的概率潮流，本章在标准 IEEE-33 节点系统的基础上，将原本与主网(utility grid，UG)连接的节点 1 处的静态开关(主分隔实现装置)断开，并在节点 12、22、18、33、25、10 和 29 处分别接入七个分布式电源装置，其中包含 3 个风机组(wind turbine，WT)、2 个光伏(photovoltaic，PV)电场及 2 个微型燃气轮机，从而构成了 33 节点的孤岛运行的交流微电网，其具体的系统架构如图 8-11 所示。节点 10、29 所接 DG 采用 $P\text{-}f/Q\text{-}U$ 下垂控制，DG1 和 DG2 的下垂参数设置如下：有功功率下垂增益分别为 0.0032(标幺值)、0.0053(标幺值)，无功功率下垂增益分别为 0.08(标幺值)、0.12(标幺值)；另外，节点 38 处所接光伏 DG 处理为 PV 节点，剩余的接入风机与光伏的节点处理为 PQ 节点；系统允许的 $U_{\max}$、$U_{\min}$ 分别为 1.06 和 0.94，$f_{\max}$、$f_{\min}$ 分别为 1.004 和 0.996(均为标幺值)，系统基准容量为 1MV·A，基准频率为 50Hz；分别采用 Weibull 分布和 Beta 分布描述风速和光照强度的概率特性，3 台风电机组与 2 个光伏电场的参数分别见表 8-3、表 8-4；负荷的随机波动呈现高斯分布，其期望是初始统计数据，标准差是期望值的 1%。

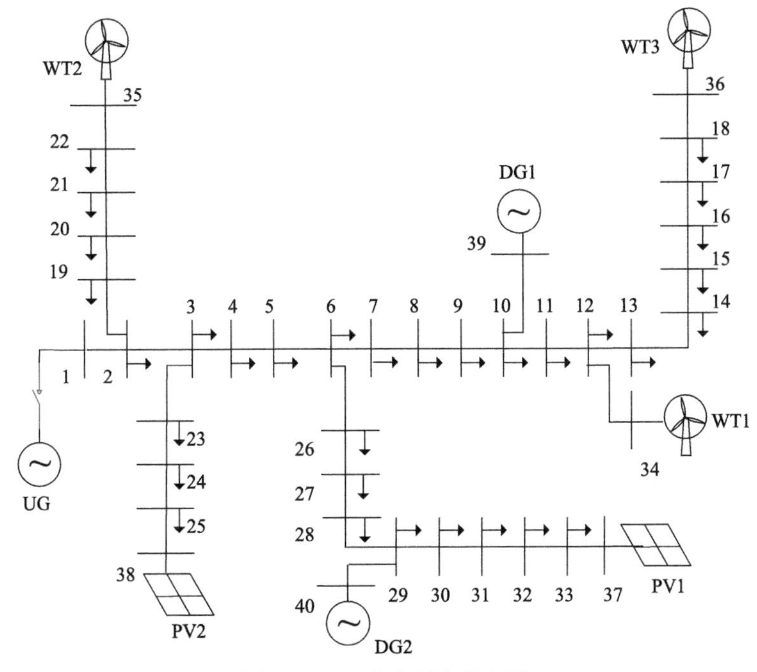

图 8-11　33 节点孤岛微电网

表 8-3　3 台风电机组的参数

风电机组	P_r/kW	v_{in}/(m/s)	v_r/(m/s)	v_{out}/(m/s)
WT1	1000	3.5	14.5	20.0
WT2	600	3.0	13.0	20.0
WT3	1000	3.5	15.5	20.0

表 8-4　2 个光伏电场的参数

光伏电场	A/m^2	η/%
PV1	16800	15
PV2	13200	14

2. 孤岛微电网潮流计算结果

1)低维随机变量系统

首先，考虑分布式可再生能源出力(即光伏和风电机组)的不确定性。本算例中假设 WT1 与 WT3 的风速之间相关性较强且相关系数为 0.8，其余 WT 的风速两两之间的相关系数均为 0.4，两个 PV 之间的光照强度的相关系数为 0.6。因此该算例中，系统的随机输入变量维度 k=5，系统稳定运行时的频率、节点电压幅值相角、线路的传输功率均可作为关心的输出响应。为研究潮流的概率特性，分别采用 MCS、SRSM、SPCE 三种方法获得 50000 次的输出响应。其中，为获得 SRSM 的待求系数所需 ED 样本规模为 N=3×[(3+5)!/(3!5!)]=168，同样也设置求解 SPCE 待求系数的 ED 样本规模为 168，从而在相同的样本量的情况下进行对比。注：本书在 UQLab 工具包[10]的基础上编写并求解 SPCE 模型。通过算例分析统计，当考虑 5 个随机输入变量时，三种得到的 50000 次系统频率的 PDF 如图 8-12 所示，三种方法求解概率潮流的对比如表 8-5 所示。

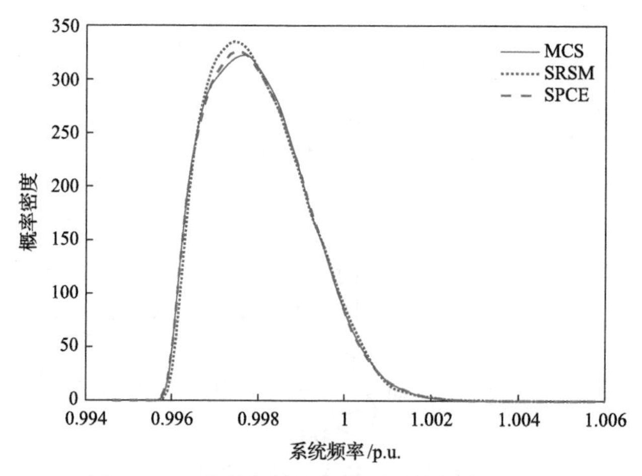

图 8-12　5 个随机输入变量时系统频率的 PDF

表 8-5　5 个随机输入变量时 MCS、SRSM 和 SPCE 结果对比

方法	模拟次数	耗时/s	频率期望/p.u	频率标准差/p.u.
MCS	50000	2563.33	0.9980	0.0011
SRSM	168	8.69	0.9980	0.0011
SPCE	168	14.07	0.9980	0.0011

根据图 8-12 可知，这三种方法获得的 50000 次系统频率的累积概率分布基本一致，并且以 50000 次 MCS 的结果为基准，在相同 ED 规模的情况下，SPCE 的结果相比于 SRSM 更加精确。此外，对比表 8-5 中统计的系统频率的期望和标准差均与 MCS 的结果相等，进一步验证了 SRSM 和 SPCE 方法在求解概率潮流时的有效性。在计算效率上可发现，相比于 MCS 方法，SRSM 和 SPCE 均展示了明显的高效性，在低维随机变量模型中均能够快速有效地求解，另外因为 SPCE 中存在 LAR 的过程，因此其求解相同规模的 ED 时间比 SRSM 方法略有增加。

2) 高维随机变量系统

当考虑到负荷的随机波动，计及微电网中 5 个分布式可再生能源与 33 个负荷节点的不确定性时，此时随机输入变量的维度 k=38。其中 DG 的相关性不变，同时，负荷之间的相关性矩阵如图 8-13 所示，同种类型的负荷具有强相关性，不同类型相关性较弱，相关系数分别为 0.2 和 0.8。MCS 的 ED 规模为 50000 次，获得 SRSM 的待求系数所需 ED 样本规模为 $N=3\times[(3+38)!/(3!38!)]=31980$，而设置 SPCE 求解的 ED 规模为 1000(下面解释设置原因)。根据 50000 次输出响应的统计分析，节点 40 的电压幅值 CDF 如图 8-14 所示，三种方法的概率潮流计算结果对比如表 8-6 所示。

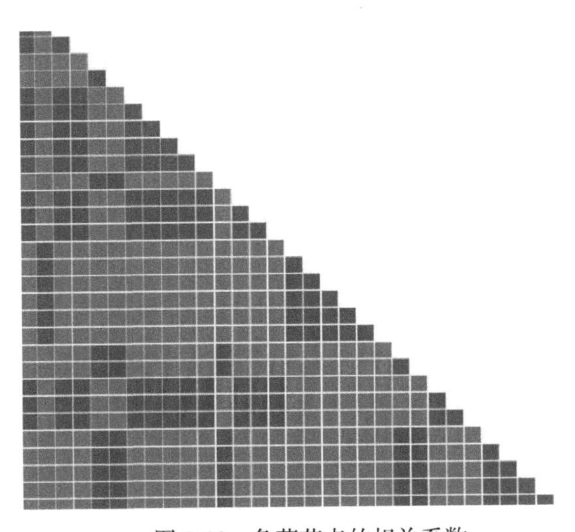

图 8-13　负荷节点的相关系数

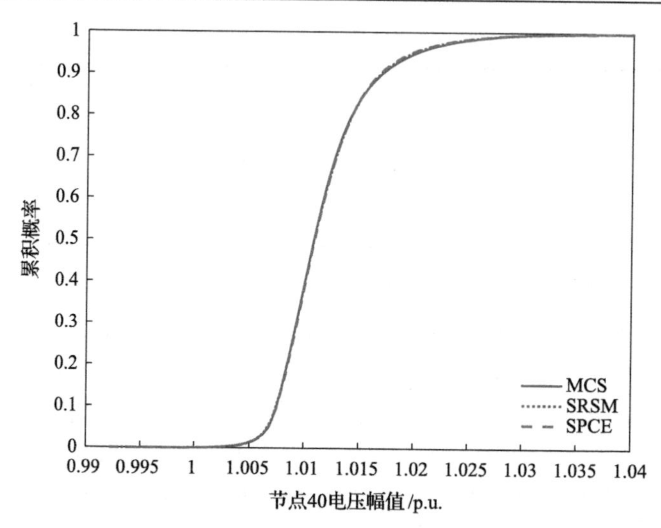

图 8-14 38 个输入变量时节点电压的累积概率

表 8-6 38 个输入变量时 MCS、SRSM 和 SPCE 结果对比

方法	样本规模	耗时/s	电压期望/p.u.	电压标准差/p.u.
MCS	50000	2567.63	1.0117	0.0043
SRSM	31980	2851.56	1.0117	0.0043
SPCE	1000	91.04	1.0117	0.0043

由图 8-14 和表 8-6 可知，在处理较高维随机变量的系统时，虽然三种方法所得结果的概率特性基本一致，但是此时相较于 MCS，以 SRSM 为代表的 PCE 方法不再具有计算效率上的优势，而 SPCE 方法在较小 ED 规模的情况下仍可得到精确的结果，相较于 MCS 方法和 SRSM 方法，计算效率具有明显优势。因此，对于含有高维随机输入变量的系统，SPCE 同时具有高效的求解效率和准确的求解精度，使其在随机问题处理及实际工程中具有更强的实用性。

进一步验证在更大的微电网系统中，计及更多随机输入变量时，SPCE 算法的适用性。在美国 PG&E 69 节点微电网系统的网架结构基础上，接入了 6 个风电机组、3 个光伏电源及 5 个下垂控制的微型燃气轮机形成 69 节点孤岛微电网。其中分布式电源的参数与接入位置如表 8-7～表 8-9 所示。采用 MCS 和 SPCE 方法求解概率潮流，分别设置 ED 规模为 50000 次和 1000 次，两种方法得到 50000 组输出响应的时间分别为 6451.34s、238.19s，线路 17 传输的有功功率 CDF 如图 8-15 所示。而此时的 SRSM 所需的 ED 规模 N=255960，总耗时已超过 10 小时，已超过计算内存。由表 8-7～表 8-9 和图 8-15 可知，SPCE 方法在处理更高维系统时，基于较小的 ED 规模，不仅能保持很高的计算精度，同时具有较高的计算效率，对不同规模的系统、不同维度的随机变量均有良好的适用性。

表 8-7　PG&E 69 节点系统中风电机组的参数

风机	P_r/kW	v_{in}/(m/s)	v_r/(m/s)	v_{out}/(m/s)
WT1	750	3.5	14.5	20.0
WT2	300	3.0	13.0	19.0
WT3	500	3.5	15.5	20.0
WT4	500	3.0	13.0	18.5
WT5	250	3.5	14.0	19.0
WT6	500	3.5	14.0	19.0

表 8-8　PG&E 69 节点系统中光伏电池的参数

光伏电池	A/m^2	η/%
PV1	8400	15
PV2	6600	14
PV3	8125	16

表 8-9　PG&E 69 节点系统中 DG 接入位置

DG	WT1	WT2	WT3	WT4	WT5	WT6	PV1	PV2	PV3
节点	70	71	72	73	74	75	76	77	78
接入位置	51	12	32	59	58	52	10	53	38

DG	Droop1	Droop2	Droop3	Droop4	Droop5
节点	79	80	81	82	83
接入位置	36	50	42	65	21

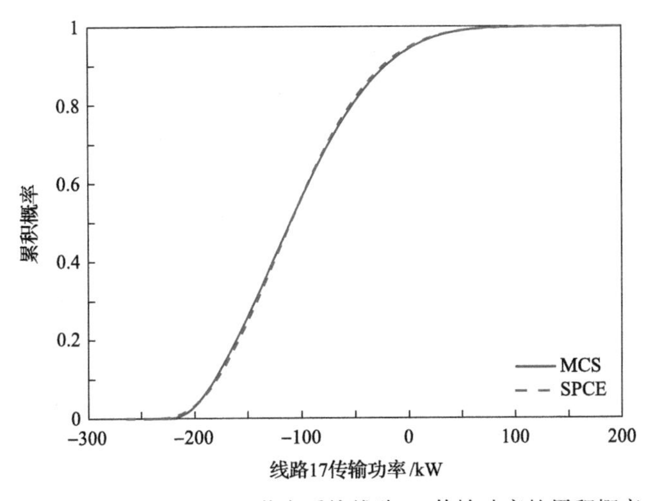

图 8-15　PG&E 69 节点系统线路 17 传输功率的累积概率

3. SPCE 特性分析

1)模型泛化能力

为分析 SPCE 方法抑制“过拟合”问题的效果，对 PCE 与 SPCE 均具有良好效果的 5 变量情况进行分析。采用相等的 ED 规模(N=300)进行测试。随着多项式最高阶数 p 的增加(模型复杂性增加)，分别计算 PCE 方法的经验误差、泛化误差及 SPCE 方法的 LOO 误差、泛化误差如图 8-16 所示。由图 8-16 可知，随着模型复杂性的增加，①PCE 方法的经验误差不断减小而泛化误差在 3 阶之后呈增大趋势，这表明此时基于 OLS 的 PCE 方法出现了“过拟合”的问题。②而 SPCE 方法的 LOO 误差与其泛化误差均同趋势减小且二者相差不大。表明了采用 LOO 误差有效地避免了过拟合现象，同时说明采用 LOO 误差的 SPCE 方法对测试样本的适应能力强，所得拟合模型的泛化能力强，且随着模型复杂性的增加，其效果明显。

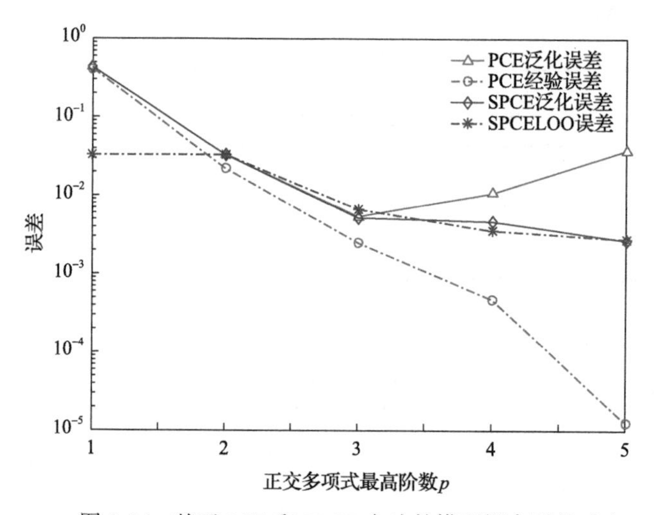

图 8-16 基于 PCE 和 SPCE 方法的模型拟合误差对比

2)ED 规模分析

进一步，我们对上面高维 38 变量算例中 SPCE 的 ED 规模进行分析。分别计算不同 ED 规模下节点 40 电压幅值和线路 10 传输有功的 LOO 误差，如图 8-17 所示。由图 8-17 可知，随着 ED 规模的增大，节点 40 电压幅值和线路 10 传输有功的 LOO 误差均逐渐减小。当 ED 规模在 500 之前时，LOO 误差的减小显著；而当 ED 规模为 1000～1500 时，节点 40 电压幅值和线路 10 传输有功的 LOO 误差分别在 0.00337±0.0008(A 区域)和 0.00174±0.0008(B 区域)之间波动，变化已经很小，此时模型的拟合精度已能够满足需要。因此，设置 SPCE 方法的 ED 规模为 1000 是合理的，在保证拟合精度的同时，尽量地降低 ED 样本规模有利于提高计算效率。此外，对于不同的实际问题，可根据所需精度自行设置 LOO 误差所满足的范围，适当地调整 ED 规模。

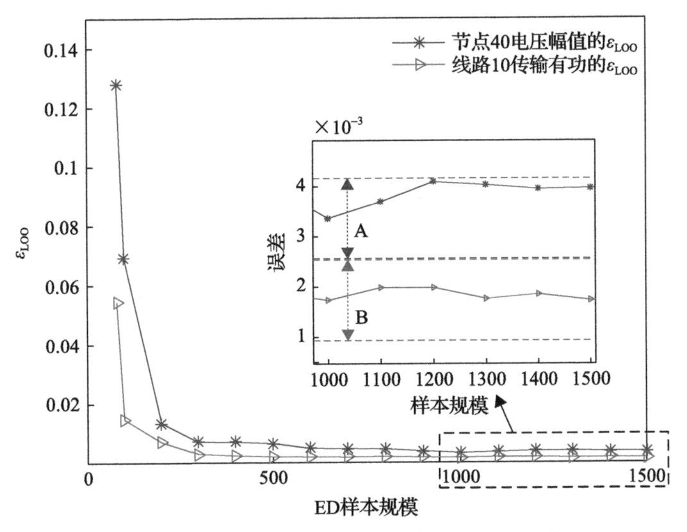

图 8-17　不同实验设计规模下的 LOO 误差

3) 系数稀疏性

SPCE 相比于 PCE 方法最关键的改进在于显著地减少展开式中的正交多项式个数。在上面的算例 38 变量模型中，PCE 有 10660 个待求系数，而 SPCE 仅含 120 个非零系数，其中常数项相等，而多项式基的系数如图 8-18 所示。由图 8-18

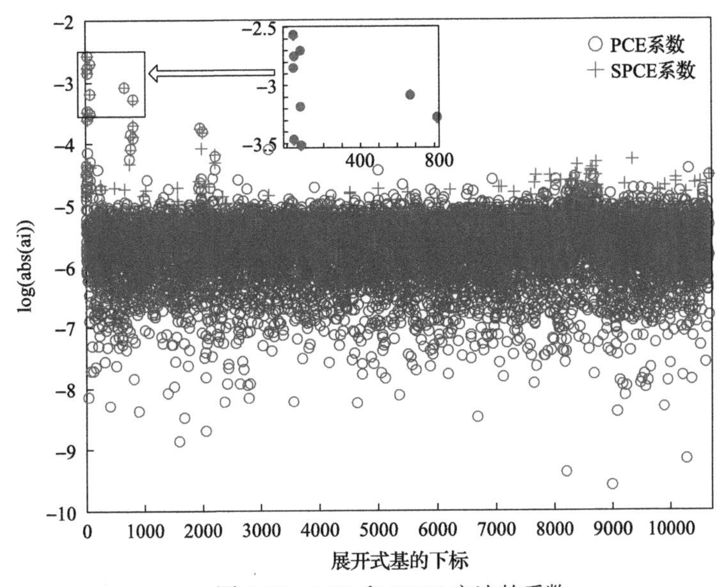

图 8-18　PCE 和 SPCE 方法的系数

可知，PCE 和 SPCE 中的重要项(对应系数绝对值较大)的系数基本一致。由此可清晰地看出，对于相同的系统，SPCE 只需用较少的多项式基与非零系数即可精确地获得输出响应，极大地减少了系数估计时所需的大量 ED 规模，因此能够克服 PCE 在高维随机变量系统时存在的“维数灾”问题。

4. 孤岛微电网网损分析

已证明了 SPCE 在求解概率潮流时的有效性和高效性，现以孤岛微电网的网损为研究对象，进一步地扩展孤岛微电网概率潮流的应用场景，基于 SPCE 研究分布式可再生能源的接入对于网损的影响。

1) 相关性

由于可再生型 DG 出力与气候环境息息相关，气候、季节、环境等因素会影响其出力的相关性，从而影响微电网的运行。以 WT1 和 WT2 为例，假设在三种场景案例 1、案例 2 和案例 3 下，两 DG 的风速相关系数 ρ_{12} 分别为 0.2、0.5 和 0.8，其余参数保持不变。设置 SPCE 的 ED 规模为 1000，建立孤岛微电网的有功网损模型，三种场景下获得有功网损率的 PDF 如图 8-19 所示，具体网损情况如表 8-10 所示。由图 8-19 和表 8-10 可知，随着 WT1 与 WT2 相关性的增加，RDG 的接入比例均值基本不变，而系统网损的均值及方差均略有增加。由此可知，基于 SPCE

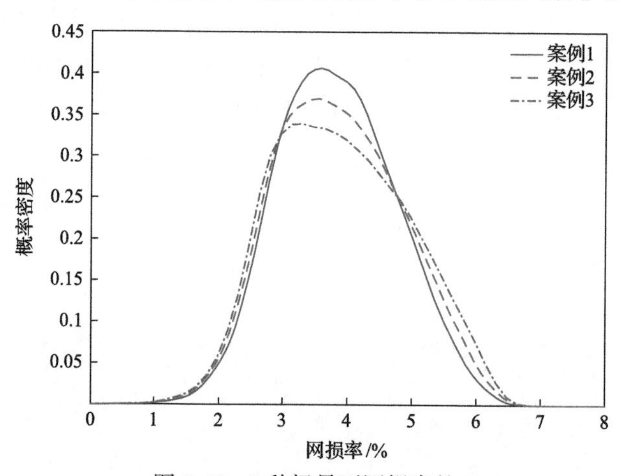

图 8-19　3 种场景下网损率的PDF

表 8-10　3 种场景下的网损情况

场景	RES 比例均值/%	网损率均值/%	网损率标准差/%
案例 1	22.36	3.83	0.91
案例 2	22.36	3.86	0.98
案例 3	22.36	3.89	1.04

方法的网损计算能够适应不同的系统运行参数，并快速准确地获得网损的概率特性，为系统的运行优化提供参考。

2）接入比例

在确保系统的运行频率安全可靠(0.996～1.004p.u.)的前提下，分析可再生能源接入比例对网损的影响。改变风电机组和光伏的接入规模，并保持其功率因数不变，构建场景案例 4、案例 5 和案例 6，3 种场景相应的 DG 接入情况与相应的网损率如表 8-11 所示，其中有功网损率的 PDF 如图 8-20 所示，其均值分别为 4.78%、4.20%和 3.89%。由上述可知，随着可再生型 DG 在系统中接入比例的提高，孤岛微电网的有功网损均值总体减小。这是因为，随着 DG 的容量加大，其有功功率就近注入与消纳，减少了远距离传输导致的线路有功消耗，网损率降低。需注意的是，RDG 的接入比例是有限制的，高比例的可再生能源接入孤岛电网会导致系统运行的不确定性增加，下垂控制节点的调控压力加大，容易导致频率电压等偏离安全运行范围。因此，基于 SPCE 方法的概率潮流能够快速有效地分析不同 RDG 接入比例的影响，从而在保证安全稳定运行的情况下，采用更合理的可再生能源消纳率，从而降低系统网损，提高经济性和清洁性。

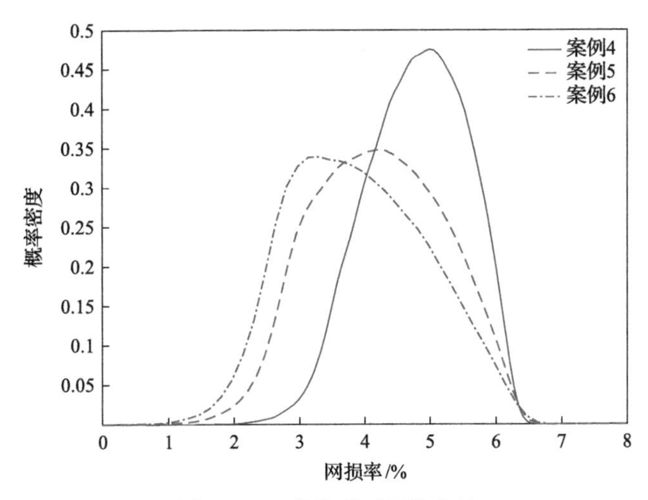

图 8-20　3 种情况下网损率的 PDF

表 8-11　3 种场景下的网损情况

场景	RES 功率与负荷的比例			网损率均值/%
	均值/%	最大值/%	最小值/%	
案例 4	10.53	35.32	0.00	4.78
案例 5	17.26	57.66	0.00	4.20
案例 6	22.36	75.20	0.00	3.89

8.3.3　孤岛微电网潮流的全局灵敏度分析

1. 算例系统

对于 8.3.1 节中的系统模型，对于风机(WT)和光伏(PV)，基于我国的某西部地区的年历史数据获得风速与光照的概率统计。而负荷的总基准值为(3550+j1979) kV·A，其随机波动符合正态分布，期望为基准值，标准差为期望值的 1%。为了后续的分析，将 33 节点孤岛交流微电网系统按图 8-21 所示划分为 4 个区域，其中，A1 区、A2 区及 A3 区中分别包含一个可再生能源的分布式电源。

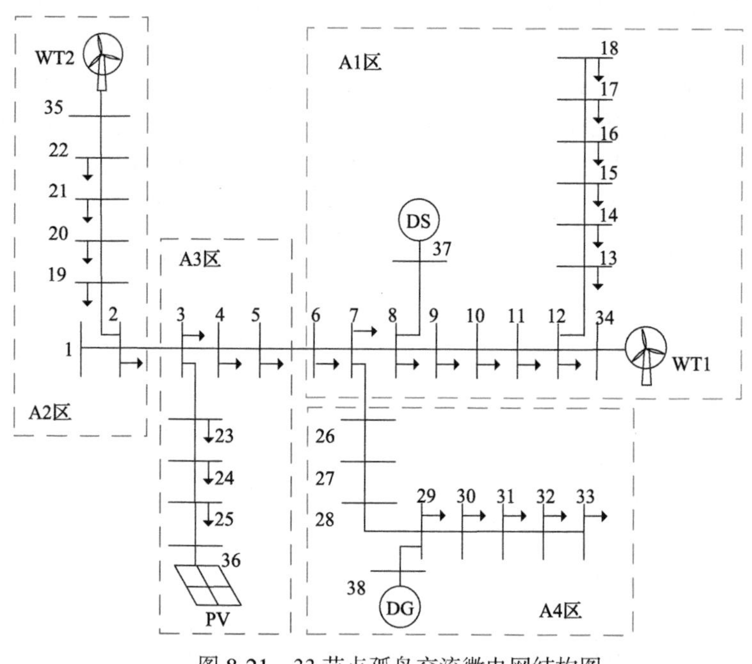

图 8-21　33 节点孤岛交流微电网结构图

2. 基于模拟法的 GSA

首先考虑分布式可再生能源出力的不确定性，通过 GSA 分析其对于输出响应的影响。基于拟合得到的风速、光伏的概率密度函数，通过蒙特卡罗模拟获得样本规模为 50000 的风电机组与光伏电场的出力样本，利用改进的 LM 法计算孤岛微电网的潮流结果，并基于 Sobol 的理论分析各随机输入变量对于不同的输出响应的灵敏度系数。

1) 系统频率

对于孤岛微电网而已，系统的实际运行频率是判别电网是否安全稳定的重要评判标准，因此有必要针对微电网的频率对各随机输入变量的全局灵敏度进行分析。对 50000 次输出响应结果，基于 Sobol 的理论获得的 WT1、WT2 及 PV 对于电网频率的一阶灵敏度系数的收敛情况如图 8-22 所示，其一阶、总灵敏度系数的具体数值如表 8-12 所示。

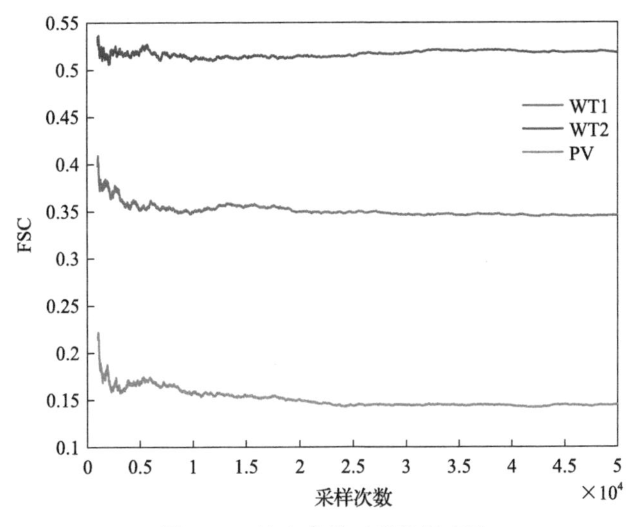

图 8-22　输入变量对系统频率的 FSI

表 8-12　输入变量对频率的 FSI 和 TSI

DG	WT1	WT2	PV
FSI	0.3451	0.5153	0.1393
TSI	0.3502	0.5159	0.1402

由图 8-22 可知，WT2 出力的不确定性对于孤岛微电网的实际运行频率的影响最大，其次为 WT1，而 PV 的出力不确定性对于频率的影响最小。根据表 8-12 中的具体数值可发现针对电网频率，系统的所有随机输入变量(风电机组与光伏出力)的一阶灵敏度系数之和为 0.9997，与 1 十分接近；同时，对于每一个随机输入变量而言，其总灵敏度系数略大于一阶灵敏度系数，这表明随机变量之间的相互作用对于输出响应的影响极小，电网频率的概率特征主要受到各随机输入变量单独作用的影响。在随机输入变量相互独立的情况下，其 FSI 与 TSI 基本一致，因此本章对于独立的随机输入变量采用 FSI 作为判别指标用于辨识影响输出响应的关键因素。

2) 节点电压幅值

除了运行频率，节点电压赋值也是管理者关注的运行状态量，其中下垂控制节点的电压赋值尤为重要。对于本章中的下垂节点(节点 38)，其电压赋值的可再生能源出力的 FSI 如图 8-23 左半部分所示。由此可知，RDG 出力对于下垂控制的 38 节点的影响程度由高到低依次为 WT2、WT1、PV。可以发现在本算例中，各可再生能源出力的不确定性对于电网频率与下垂控制节点电压赋值的 FSI 排序一致，这是因为在本算例中设置了 RDG 的功率因数相等，导致下垂控制节点的有功、无功出力受到 RDG 的影响是同比例的，因此对于电网频率与下垂控制节点的电压赋值，3 台分布式可再生能源出力的影响程度排序一致。

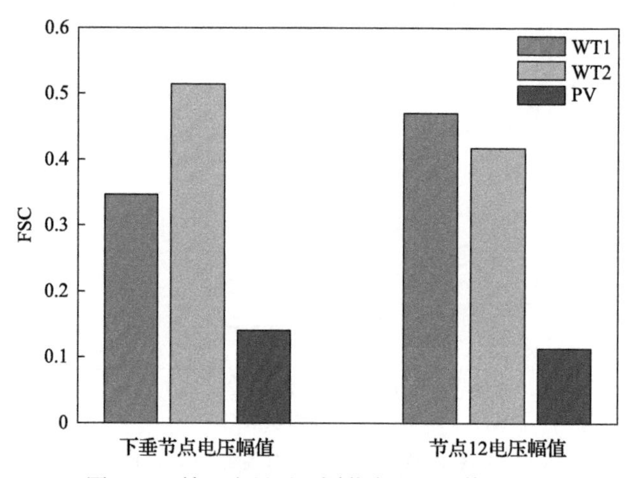

图 8-23 输入变量对不同节点电压幅值的 FSI

除了下垂控制节点，对于负荷节点，以节点 12 的电压幅值为例，同样获得 3 台分布式可再生能源出力的 FSI 收敛情况如图 8-23 右半部分所示。对比 3 台 RDG 的出力对于下垂控制的 38 节点与 12 节点的电压幅值的 FSI，可以发现在同一孤岛微电网中，各分布式可再生能源出力的不确定性对于不同节点的电压赋值的影响程度不同，排序也不一致。节点 12 在系统中距离 WT1 更近，因此相比于系统中的其他节点，节点 12 电压幅值的概率特征受到 WT1 出力随机性的影响最大，其次为风电机组 2，受光伏出力随机性的影响较小。

3）线路潮流

同样受到运行者关心的系统状态对于线路 5-6 传输的有功功率和无功功率，3 台分布式可再生能源出力的 FSI 如图 8-24 所示。由图 8-24 可知，线路 5-6 传输的有功功率和无功功率的不确定性受到 WT2 的影响最大，其次为 PV，而 WT1 出力的不确定性对于其传输功率的影响基本为零。对于同一条线路，各 RDG 对于其有功功率和无功功率的影响程度基本相同。为不失一般性，再选取分区 A1 中线路 11-12 的传输功率做灵敏度分析，其有功功率、无功功率的 FSI 如图 8-25 所示，可以发现 WT1 的一阶灵敏度系数约等于 1，而其余变量的 FSI 约为 0，说明线路 11-12 的传输功率不确定性基本只受到 WT1 出力的影响。

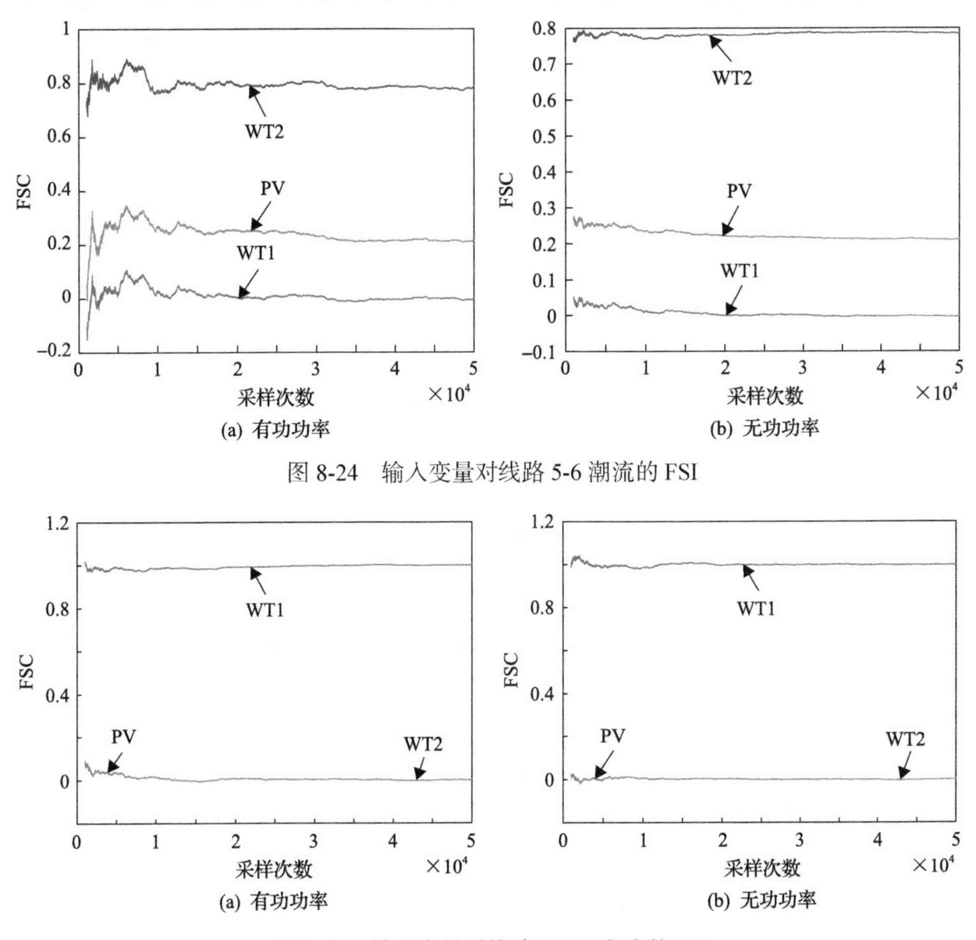

图 8-24　输入变量对线路 5-6 潮流的 FSI

图 8-25　输入变量对线路 11-12 潮流的 FSI

在此基础上，为验证基于 Sobol 法获得的灵敏度系数是否有效地辨识了关键因素，设置了以下三种情况。案例 1：3 台 RDG 的出力依旧处理随机变量，如上述算例所示。案例 2：WT1 的出力处理随机变量，而 WT2 与光伏的出力则分别设置为定值，取概率分布的均值。案例 3：WT1 的出力设置为定值，取概率分布的均值，而 WT2 和 PV 的出力仍处理为随机变量。对于上述的三种情况，对线路 11-12 传输有功功率进行概率分析，分别获得有功传输功率的 CDF 如图 8-26 所示。由图 8-26 可知，对于案例 2(即仅考虑 GSA 判定的重要输入变量的不确定性)时，其输出响应的概率统计结果与案例 1(即计及所有变量的不确定性)时基本一致；反之即仅考虑 GSA 判定的不重要输入变量的不确定性，输出响应的概率统计结果与案例 1 相差极大。由此可知，通过基于 Sobol 法的一阶全局灵敏度系数判别标准能够有效地辨识出影响系统输出响应概率特性的关键随机输入变量，从而在电力系统的概率分析问题中能够降低随机变量的维度，减小求解规模并提高求解效率。因此，后续的 GSA 分析采用 FSI 作为随机输入变量的灵敏度系数，用于判别其对于系统输出响应的影响程度。

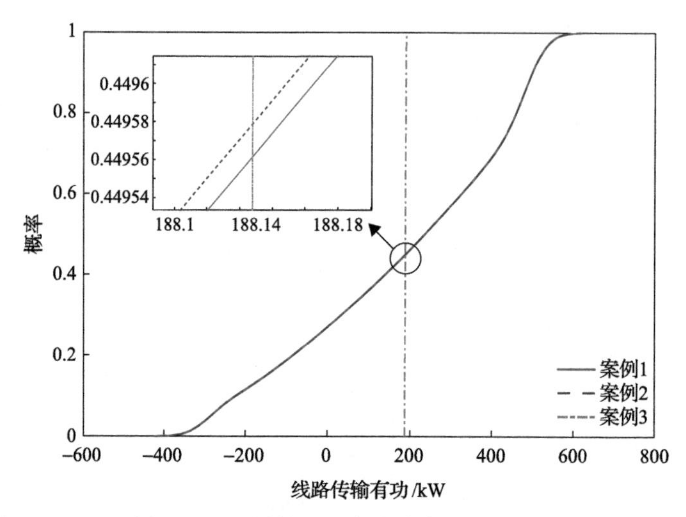

图 8-26　不同情况下有功功率的累积分布

3. 基于 SPCE 的 GSA

上述算例基于模拟法获得了精确的结果，验证了基于 Sobol 法的 GSA 指标的有效性。然而其计算效率低下，对于单个变量的一阶灵敏度系数计算就需要 10min 以上，并且对于不同的季节气候环境，随机输入变量之间的相关性都会受到不同程度的影响，因此基于 SPCE 方法研究不同相关程度下的全局灵敏度系数。对于算例中的 2 台风电机组，分别设置其相关系数为 0、0.2、0.4、0.6、0.8，分别计算 3 台 RDG 的出力不确定性对于系统实际运行频率的一阶灵敏度系数，如图 8-27 所示，具体数值如表 8-13 所示。由图 8-27 可知，随着 WT1 与 WT2 间相关性的增强，WT1 与 WT2 的灵敏度系数均增大，且差距减小，而其余变量(PV)的灵敏度系数减小。基于 SPCE 方法计算单个变量的一阶灵敏度系数计算仅需 8s 左右，极大地提高了灵敏度系数的计算效率，能够快速有效地适应孤岛微电网复杂多变的运行工况，并及时对运行调度优化等给出指导意见。

进一步，利用基于 SPCE 的 GSA 方法分析计及系统源荷不确定性的高维变量系统的灵敏度系数。根据图 8-21 所示分区，研究各区域内 DG 出力和负荷波动的综合不确定性对分区间联络线上传输有功功率的影响。各分区的 FSI 如图 8-28 所示，可知负荷随机波动相较于其余分区对传输线功率基本没有影响。而 A2 区中的源荷不确定性对各分区联络线的传输有功功率影响最大；而 A1 分区中的源荷不确定主要影响了 A1 区～A4 区的联络线传输有功功率。

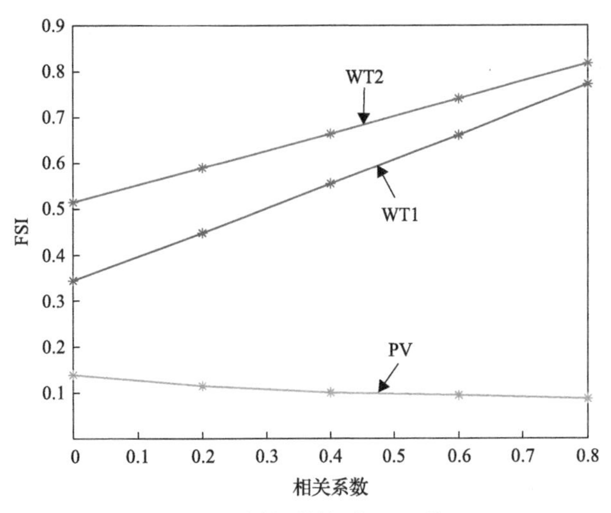

图 8-27　不同相关性下 RDG 的 FSI

表 8-13　不同相关性下输入变量对频率的 FSI

相关系数	0	0.2	0.4	0.6	0.8
WT1	0.3454	0.4480	0.5550	0.6610	0.7716
WT2	0.5152	0.5899	0.6640	0.7407	0.8170
PV	0.1395	0.1148	0.1001	0.0943	0.0867

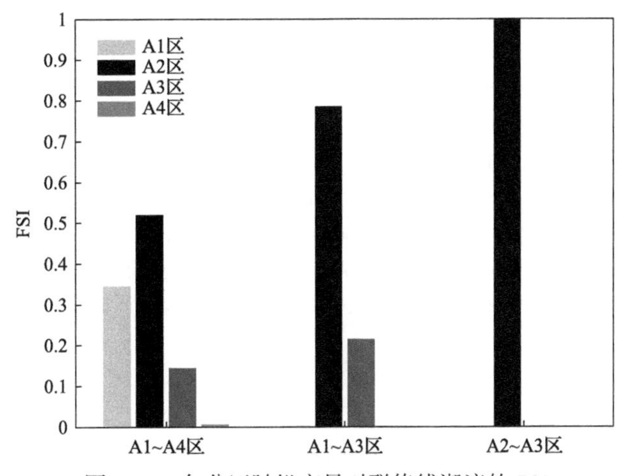

图 8-28　各分区随机变量对联络线潮流的 FSI

8.4　本 章 小 结

本章分析了不确定性因素对配电网运行状态的影响，首先分别介绍了常规配电网和孤岛微电网的潮流计算模型，并考虑由分布式电源和负荷波动性带来的不确定性因素，建立了配电网概率潮流计算模型。进一步，采用前面所述的全局灵敏度分析方法辨识影响配电网运行的关键不确定性源荷。

可再生能源 DG 的接入位置、类型、容量的不同都可能导致其不确定性对系统输出响应概率特性的影响不同，而基于 Sobol 的 GSA 指标能够准确有效地分辨出其中影响孤岛微电网状态量的重要输入变量和不重要输入变量。若基于 Sobol 法得出的灵敏度系数很小，则表明该随机输入变量的不确定性对输出响应概率特性的影响几乎为零，因此可在其他的概率分析优化问题中，将其设置为固定值，从而降低随机问题的求解规模，简化模型。相比于传统的 MCS 方法和传统 PCE 方法，SPCE 方法利用 LAR 方法得到少量正交基组成的原响应模型的稀疏多项式混沌表达式，极大地减少了待求系数的规模。对于计及源荷随机性与相关性的孤岛微电网概率潮流计算，基于 SPCE 方法能准确快速地获得系统输出响应的概率分布，进一步分析可再生能源不确定性对系统频率、节点电压以及线路损耗的影响，从而为可再生能源的合理消纳和孤岛微电网的安全运行提供参考。

参考文献

[1] 别朝红, 王锡凡. 雅可比矩阵的奇异性检测和网络孤岛的判断[J]. 电力系统自动化, 1998(11): 24-27.

[2] 吴盛军, 徐青山, 袁晓冬, 等. 光伏防孤岛保护检测标准及试验影响因素分析[J]. 电网技术, 2015, 39(4): 924-931.

[3] 彭寒梅, 曹一家, 黄小庆, 等. 无平衡节点孤岛运行微电网的连续潮流计算[J]. 中国电机工程学报, 2016, 36(8): 2057-2067.

[4] 张杰, 管霖, 黄振琳. 基于几何分布的微电网孤岛运行可靠性快速概率评估[J]. 电力系统自动化, 2018, 42(20): 24-33, 37.

[5] 赵向阳, 黄涛. 基于频率特征的微电网孤岛潮流计算[J]. 电网与清洁能源, 2014, 30(9): 43-46.

[6] Eajal A A, Abdelwahed M A, El-Saadany E F, et al. A unified approach to the power flow analysis of AC/DC hybrid microgrids[J]. IEEE Transactions on Sustainable Energy，2016，7(3)：1145-1158.

[7] 李培帅, 施烨, 吴在军, 等. 孤岛微电网潮流的类奔德斯分解算法[J]. 电力系统自动化, 2017, 41(14): 119-125.

[8] 彭寒梅, 曹一家, 黄小庆. 基于 BFGS 信赖域算法的孤岛微电网潮流计算[J]. 中国电机工程学报, 2014, 34(16): 2629-2638.

[9] 范翔. 应用 Levenberg-Marquardt 方法提高电力系统大规模潮流计算收敛性研究[D]. 上海: 上海交通大学, 2014.

[10] Marelli S, Sudret B. UQLab: A framework for uncertainty quantification in Matlab[C]. 2nd International Conference on Vulnerability, Risk Analysis and Management, Liverpool, 2014: 2554-2563.

第 9 章　配电网结构脆弱性及供电能力评估

主动配电网运行状态的时变性、网络元件的多样性和随机模糊性、自动化系统的主动自愈性对系统的安全稳定运行提出了新的挑战[1-5]。配电网支路在结构安全方面起着重要作用，由于配电网拓扑结构为辐射状，网络路径形式简单，当处于核心位置的线路发生故障时，会严重地影响配电网网架结构的鲁棒性，从拓扑层面量化研究配电网的脆弱性和配电网的鲁棒性具有重要意义。本章考虑配电网的变结构特性，对配电网供电能力进行评估；并通过计及孤岛支撑的自愈能力分析，对事故后系统可能自愈的形式及能力进行深入分析，为配电网故障后的自愈能力评估提供有效参照。

9.1　考虑变结构特性的配电网安全供电能力分析

输电网络闭环设计、运行等特点使得其静态安全分析相关研究内容是在 N–1 准则基础上进行的，包括了对刻画事故后果严重程度指标的定义，以及能够直接在元件模拟开断后开展的计算求解。不同于输电网，配电网由于具有不同于输电网的特点，如闭环设计、开环运行等特点，且网架结构中存在众多的分段开关与联络开关，其变结构特性非常突出，并且在元件模拟开断后，与该元件连接的沿潮流方向的区域将处于完全失电状态，导致非故障失电区域的存在，这样的特点使配电网的静态安全分析不能完全沿用输电网络的相关指标与理论方法。

在充分考虑了配电系统的运行特点的基础上，王天华等[6]提出了 N–1+1 安全性准则，即当系统中一条支路由于故障切除时，需要首先闭合 1 个线路开关来实现对非故障失电区域的供电恢复。然而，该故障发生后可能存在多种配电网供电恢复方式，这是由其变结构特性决定的，即存在 K 种供电恢复方式，由此便得到了配电网的 K(N–1+1) 安全性准则[7,8]。

实际配电系统运行时，任意一个可能发生的潜在故障，均对应存在一个 K 值，K 值为 0 表示的是系统中发生该故障时，不存在能够在满足系统各个约束前提下可以恢复非故障失电区域供电的恢复方案，这种情况下只能对部分负荷进行切除操作，从而使得其他负荷用户恢复供电。基于供电安全性的考虑，应使得配电系统当中潜在的偶然事故相应的 K 值尽可能多地大于 0。但当 K 大于 1 时，意味着多个供电恢复方案中存在一个最优方案。本节在 K(N–1+1) 安全准则基础上，开展对安全供电能力分析的研究工作。

9.1.1 配电网事故后果严重程度评估

本节通过对偶然事故发生的瞬时后果和长期后果的分析刻画，对配电网中偶然事故后果的严重程度进行评估。

1. 事故后能量损失率

配电网中将考虑负荷等级的事故后负荷损失率定义为

$$\rho_{\mathrm{FL}}=\frac{S_{\mathrm{FL}}}{S_{\mathrm{SL}}}=\sum_{i=1}^{N_{\mathrm{FC}}}S_{\mathrm{FL}}^{i}\Big/\sum_{j=1}^{N_{\mathrm{SC}}}S_{\mathrm{SL}}^{j} \tag{9-1}$$

式中，S_{SL}^{j} 表示系统中第 j 个用户的容量；S_{FL}^{i} 表示系统中第 i 个失电用户的容量；N_{FC} 为事故发生后系统中所有失去供电的用户数；N_{SC} 为系统中总的用户数量。

引入等级系数 η 区分用户重要程度，其中Ⅰ级负荷、Ⅱ级负荷及Ⅲ级负荷的等级系数分别为 1、0.8 和 0.5，考虑负荷等级的负荷损失率为

$$\rho_{\mathrm{FE}}=\sum_{i=1}^{N_{\mathrm{FC}}}(\eta_{\mathrm{FL}}^{i}\cdot S_{\mathrm{FL}}^{i})\Big/\sum_{j=1}^{N_{\mathrm{SC}}}(\eta_{\mathrm{SL}}^{j}\cdot S_{\mathrm{SL}}^{j}) \tag{9-2}$$

式中，η_{FL}^{i} 表示第 i 个被切除用户的等级因子；η_{SL}^{j} 表示的是系统中第 j 个用户的等级因子。

负荷损失率只能够对系统中事故发生瞬间的后果严重程度进行解释，不能够反映一段时间内的长期影响。此时，引入支路故障率 λ，从而能够对事故发生后一段时间内对网络产生的潜在影响进行解释。从而，含有时间特性的事故后能量损失率 C_{FE} 可表示为

$$\begin{aligned}C_{\mathrm{FE}}&=\rho_{\mathrm{FE}}\cdot(T_{\mathrm{FL}}/T_{\mathrm{E}})\cdot(\lambda\cdot L\cdot T_{\mathrm{E}})\\&=T_{\mathrm{FL}}\cdot(\lambda\cdot L\cdot T_{\mathrm{E}})\cdot\sum_{i=1}^{N_{\mathrm{FC}}}(\eta_{\mathrm{FL}}^{i}\cdot S_{\mathrm{FL}}^{i})\Big/\left[T_{\mathrm{E}}\cdot\sum_{j=1}^{N_{\mathrm{SC}}}(\eta_{\mathrm{SL}}^{j}\cdot S_{\mathrm{SL}}^{j})\right]\end{aligned} \tag{9-3}$$

式中，T_{E} 为评价周期；T_{FL} 为事故持续时间；L 为线路长度。

2. 事故后用电时户数损失率

考虑用户等级的事故后用户损失率可以表示为

$$\rho_{\mathrm{FC}}=\sum_{i=1}^{N_{\mathrm{FC}}}\eta_{\mathrm{FL}}^{i}\cdot S_{\mathrm{FL}}^{i}\Big/\sum_{j=1}^{N_{\mathrm{SC}}}\eta_{\mathrm{SL}}^{j} \tag{9-4}$$

用户损失率只能够对事故发生瞬间的后果严重程度进行解释，不能够反映一段时间内的长期影响。基于时间与故障率影响的考虑，事故后用电时户数损失率 C_{FC} 定义如下：

$$\begin{aligned} C_{FC} &= \rho_{FC} \cdot (T_{FL} / T_E) \cdot (\lambda \cdot L \cdot T_E) \\ &= T_{FL} \cdot (\lambda \cdot L \cdot T_E) \cdot \sum_{i=1}^{N_{FC}} \eta_{FL}^i \bigg/ \left(T_E \cdot \sum_{j=1}^{N_{SC}} \eta_{SL}^j \right) \end{aligned} \tag{9-5}$$

3. 事故后果严重程度指标

对前述事故后能量损失率与事故后用电时户数损失率进行化简，能够得到如下表达式：

$$\begin{cases} C_{FE} = T_{FL} \cdot (\lambda \cdot L) \cdot \sum_{i=1}^{N_{FC}} (\eta_{FL}^i \cdot S_{FL}^i) \bigg/ \sum_{j=1}^{N_{SC}} (\eta_{SL}^j \cdot S_{SL}^j) \\ C_{FC} = T_{FL} \cdot (\lambda \cdot L) \cdot \sum_{i=1}^{N_{FC}} \eta_{FL}^i \bigg/ \sum_{j=1}^{N_{SC}} \eta_{SL}^j \end{cases} \tag{9-6}$$

从式(9-6)中可以发现，简化后的能量损失率与事故后用电时户数损失率与具体的评价周期无关，这是由于在评价周期较长的情况下，事故的发生可能性及造成的潜在损失也会较大，但这段时间内配电网产生的总用电量等各个方面效益也同样较大，从而不会产生较大的相对损失，即表示这段时间内配电网的事故后严重程度不会更高；同理对较短的评价周期也可得到相似的结论。因此，前述能量损失率与事故后用电时户数损失率两项指标具有很好的评价周期无关性，其反映的是特定配电系统中对偶然事故影响固有特征的刻画，具有较普遍的适用性。

进一步，将上述能量损失率与事故后用电时户数损失率两项指标进行加权求和，即可得到对配电网中单一偶然事故后果的严重程度刻画指标：

$$\begin{aligned} C_F &= w_1 \cdot C_{FE} + w_2 \cdot C_{FC} \\ &= \lambda \cdot L \cdot T_{FL} \cdot (w_1 \cdot \rho_{FE} + w_2 \cdot \rho_{FC}) = \lambda \cdot L \cdot T_{FL} \cdot \rho_F \end{aligned} \tag{9-7}$$

上述指标刻画了配电网中单一事故的影响，为进一步地评估配电网中可能遭遇到的所有偶然事故，考虑引入配电网偶然事故后果严重程度指标：

$$C_{SF} = \sum_{i=1}^{K_F} C_F^i / K_F = \sum_{i=1}^{K_F} (\lambda_i \cdot L_i \cdot T_{FL}^i \cdot \rho_F^i) / K_F \tag{9-8}$$

式中，K_{F} 为配电网的总支路数；C_{F}^{i} 为第 i 条线路发生事故对应的后果严重程度指标。

9.1.2　配电系统网架结构强弱评估

可采用如下方法判断配电系统网架结构的强弱，考察系统中任一潜在的偶然事故发生后，在满足各项经济安全约束的前提下，能否以代价不大的操作措施，实现对非故障失电区域的供电恢复，即系统中任一偶然事故对应的 K 值均大于 0。

在实际配电系统中，可能存在的状况包括以下几种。

(1) 当偶然事故发生后，无法恢复非故障区域的供电，或转供代价过大，只能切除部分负荷，即存在偶然事故对应 K=0。

(2) 当偶然事故发生后，能够通过较小的代价实现非故障区域的供电恢复，但该偶然事故产生的后果已经非常严重。

(3) 当某些配电系统中全部潜在的可能事故发生后，存在较多的成功恢复供电方案，但后果严重影响的事故也较多；而针对另一类配电系统，存在较少的成功恢复供电方案，但偶然事故后果的严重程度也同时较低。这样的情况中，无法直接通过 K 值来判定后一种配电系统的网架结构弱于前一种配电系统。

基于以上考虑，为准确地判断某个配电系统网架结构的强弱程度，应同时考虑事故后果的严重程度及相应的供电恢复方案 K 值。故而，对配电系统网架结构强弱指标 K_{S} 的定义如下：

$$K_{\mathrm{S}}=\left[\sum_{i=1}^{K_{\mathrm{F}}}(K_i+1)/C_{\mathrm{F}}^{i}\right]\Bigg/\left(\sum_{i=1}^{K_{\mathrm{F}}}C_{\mathrm{F}}^{j^{-1}}\right) \tag{9-9}$$

式中，K_{F} 为配电系统的总支路数；K_i 为第 i 条线路发生事故所对应的供电恢复方案数；C_{F}^{i} 为第 i 条线路发生事故对应的后果严重程度指标。

9.1.3　配电系统供电能力评估

前述中的配电系统事故后果严重程度指标与系统网架结构强弱指标均反映了系统安全性的不同侧面，将二者结合能够对配电系统安全供电能力进行全面刻画，定义配电系统供电能力指标为

$$S_{\mathrm{S}}=K_{\mathrm{S}}/C_{\mathrm{SF}} \tag{9-10}$$

由式(9-10)可以看出，在 K_{S} 指标不变的情况下，系统中事故发生的后果严重程度 C_{SF} 越小，则安全性指标 S_{S} 越好；C_{SF} 指标不变时，S_{S} 指标随着 K_{S} 指标变大而增加。

9.2　计及孤岛支撑能力的配电网自愈能力分析

9.1 节结合配电网的变结构特性对配电网安全供电能力进行了评估，但对事故后的系统自愈形式及能力没有深入考察。随着分布式电源的深入渗透，偶然事故发生后，含源配电网中的孤岛运行形式将对部分非故障失电区域进行有效支撑，进而一定程度上提升了配电网的自愈能力[9-11]。

本节结合配电网的拓扑特征，介绍一种适用于配电网结构脆弱性分析的评价方法，定义配电网自愈恢复率、自愈恢复速度和自愈可持续时间覆盖率三个指标，以刻画配电网自愈能力。

1. 配电网自愈恢复率

配电系统偶然事故发生后，供电恢复方案的具体过程通常从事故发生开始，一直持续到事故完全排除并恢复整个配电系统正常供电。与 9.1 节中的出发点统一，考虑负荷等级的配电网自愈恢复率可定义为

$$R_r = \frac{\sum_{t=1}^{T_c}(\eta_1 P_{\mathrm{I},t} + \eta_2 P_{\mathrm{II},t} + \eta_1 P_{\mathrm{III},t})\Delta t}{\sum_{t=1}^{T_c}(\eta_1 L_{\mathrm{I},t} + \eta_2 L_{\mathrm{II},t} + \eta_1 L_{\mathrm{III},t})\Delta t} \tag{9-11}$$

式中，不同负荷等级的实际恢复功率及相应的等级因子分别为 $P_{\mathrm{I},t}$、$P_{\mathrm{II},t}$、$P_{\mathrm{III},t}$ 与 η_1、η_2、η_3；$L_{\mathrm{I},t}$、$L_{\mathrm{II},t}$、$L_{\mathrm{III},t}$ 为需要恢复的功率需求。

配电网自愈恢复率是指事故发生后，经由自愈控制恢复的带权重因子的负荷恢复电量与初始损失用电量的占比。其描述了事故持续时段中，配电网对负荷的电量支撑情况。该指标的高低表明了配电网对考虑权重等级的负荷供电保障能力的强弱。

2. 自愈恢复速度

事故发生后，配电网要求能够尽快地恢复非故障失电区域的供电。配电网中事故发生后，事故持续时间可以分割为四个阶段：故障区域定位时间 T_1，故障隔离与非故障失电区域供电恢复时间 T_2，事故故障区域抢修时间 T_3，以及全网恢复操作时间 T_4。事故后果严重程度不同，导致的事故后各部分持续时间时长不同。在此基础上，引入不同事故严重程度影响，定义自愈恢复速度如下：

$$R_{\mathrm{S}} = \nu_1 T_1 + \nu_2 T_2 \tag{9-12}$$

式中，ν_1 与 ν_2 表示不同事故严重程度对应的时间系数。

配电网自愈恢复速度能够表明配电网对事故的应急响应速度。通常来讲，其受配电系统自动化水平等因素影响。

3. 自愈可持续时间覆盖率

配电网中事故发生后，系统自愈主要通过离网与并网两种形式进行。并网自愈形式中，还需要考察计及分布式电源可持续运行能力所决定的孤岛支撑能力，其定义如下：

$$T_{I\,\mathrm{MAX}} = \max\left\{t \mid \sum P_t^{\mathrm{Load}} < \sum P_t^{\mathrm{DG}} + P_t^{\mathrm{ESS}}\right\} \tag{9-13}$$

$$T_s = \min(T_{I\,\mathrm{MAX}}, \nu_3 T_3 + \nu_4 T_4) \tag{9-14}$$

式中，T_s 与 $T_{I\,\mathrm{MAX}}$ 表示系统自愈可持续时间与孤岛最大支撑时间；P_t^{Load}、P_t^{DG} 与 P_t^{ESS} 分别为孤岛内的负荷需求、分布式能源与储能的可用功率。定义中规定，当孤岛内的电源最大出力大于负荷需求时，孤岛能够持续运行。

基于联络线开关闭合的并网恢复供电，本章假设其自愈可恢复时间覆盖率为100%。针对孤岛离网自愈形式，定义单一孤岛内平均功率与全部恢复负荷的平均功率的比值为相应恢复权重 γ：

$$\gamma_i = \frac{\overline{P_i}}{\sum_{i=1}^{N} \overline{P_i}} \tag{9-15}$$

整个系统的自愈可持续时间覆盖率 R_{CT} 定义如下：

$$R_{\mathrm{CT}\,i} = \frac{T_s}{\nu_3 T_3 + \nu_4 T_4} \tag{9-16}$$

$$R_{\mathrm{CT}} = \sum_{i=1}^{N} \gamma_i R_{\mathrm{CT}\,i} \tag{9-17}$$

式中，$\overline{P_i}$ 与 $R_{\mathrm{CT}\,i}$ 分别表示系统中第 i 个孤岛在持续时间内的平均功率及自愈可持续时间覆盖率；R_{CT} 为系统层面的自愈可持续时间覆盖率。

系统的自愈可持续时间覆盖率越大，说明系统中孤岛的可支撑时间越久，当数值达到 100%时，表示系统自愈恢复方案能够完全覆盖事故故障区域抢修时间 T_3 及全网恢复操作时间 T_4，直至故障得到修复。

9.3 算 例 分 析

9.3.1 配电网供电能力分析

算例系统选取 IEEE 33 节点系统，如图 9-1 所示，为了不失一般性且便于计算，用户等级参数在 0～1 内随机取得，用户数在 1～6 内同样随机取得，并假设同一节点用户均为相同用户等级。

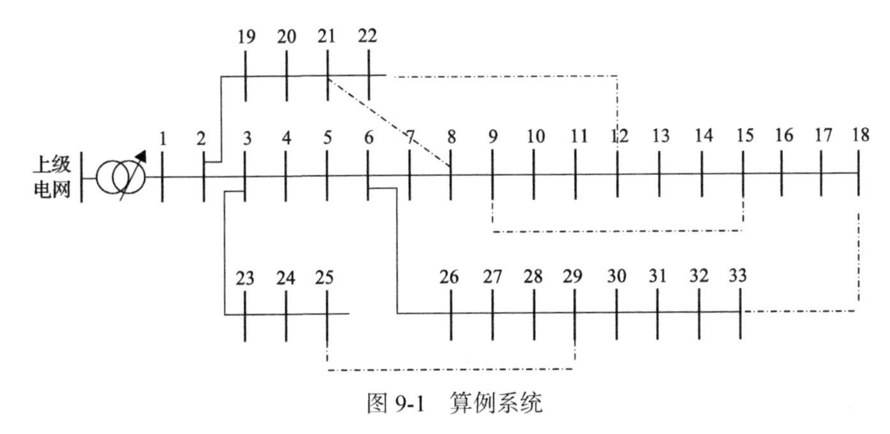

图 9-1　算例系统

首先，在初始运行状态下进行考虑变结构特性的配电网供电能力分析；然后，去除联络线 18-33 支路后再次进行分析，此时会引起系统供电能力降低，计算结果见表 9-1。

表 9-1　安全供电能力分析结果

原始算例系统				
故障支路起点	故障支路终点	K	C_{FE}	C_{FC}
1	2	0	1	1
2	3	2	0.84310	0.8324
3	4	3	0.71576	0.7093
4	5	3	0.70910	0.7107
5	6	3	0.63870	0.6432
6	7	3	0.31920	0.3215
7	8	3	0.28460	0.2860
8	9	2	0.26110	0.2519
9	10	3	0.23440	0.2213
10	11	3	0.19970	0.2001
11	12	3	0.16590	0.1687

续表

原始算例系统				
故障支路起点	故障支路终点	K	C_{FE}	C_{FC}
12	13	2	0.1439	0.1477
13	14	2	0.1162	0.1221
14	15	2	0.0909	0.0916
15	16	1	0.0645	0.0576
16	17	1	0.0380	0.0365
17	18	1	0.0151	0.0113
2	19	2	0.1269	0.1258
19	20	2	0.0730	0.0783
20	21	2	0.0424	0.0389
21	22	1	0.0113	0.0208
3	23	1	0.0893	0.0841
23	24	1	0.0498	0.0477
24	25	1	0.0153	0.0147
6	26	2	0.2053	0.2117
26	27	2	0.1818	0.1776
27	28	2	0.1551	0.1470
28	29	2	0.1204	0.1258
29	30	1	0.0866	0.0944
30	31	1	0.0646	0.0734
31	32	1	0.0369	0.0478
32	33	1	0.0116	0.0173
综合指标		K_S=2.25	C_S=0.45	S_S=5.03
去掉 18-33 联络线后的算例系统				
综合指标		K_S=1.76	C_S=0.53	S_S=3.32

由表 9-1 中数据可得，在去除一条联络开关后，系统供电能力有所下降，在本书提出三项指标中均有明显体现：系统中部分支路发生事故之后事故的严重程度增加或可行的供电恢复方案减少，例如，支路 13-14，14-15，27-28 等，这是由于联络开关的减少使原来能够使用的转供路径不再有效，这些单一事故安全指标的弱化，使系统整体安全供电能力减弱，如 K_S 由 2.25 减小到 1.76，C_S 从 0.45 增加至 0.53，S_S 从 5.03 降低至 3.32。这些指标的变化，准确地体现了配电系统供电能力的变化。

同时，进一步地考虑配电系统通过直流配电网与其他配电系统连接的情况，可以将具体的连接点认为是除了节点 1 的另一条新增馈线，针对交直流混合配电网系统进行供电能力分析，结果如表 9-2 所示。相比于独立单馈线配电系统，接入交直流混合配电网后，系统的各项安全供电指标均得到强化，其中最为显著的是 C_S 指标，即事故严重程度下降最为明显。这是由于柔性互联装置能够灵活地控制系统潮流，实现多区域间的负荷转移，优化配电网的供电方式，体现了交直流混合配电网能够实现广域潮流范围内能量调度的优点。

表 9-2　交直流混合配电网分析结果

考虑接入交直流混合配电网后的算例系统			
综合指标	K_S=2.76	C_S=0.29	S_S=9.52

9.3.2　配电网自愈能力分析

在该部分，同样基于 IEEE33 节点系统，如图 9-2 所示，共划分为 8 个区域。SS1 为区域 5 与区域 8 之间的联络开关。当配电网中的某区域发生故障时，分段开关将会隔离该故障区域与其他非故障区域之间的连接。

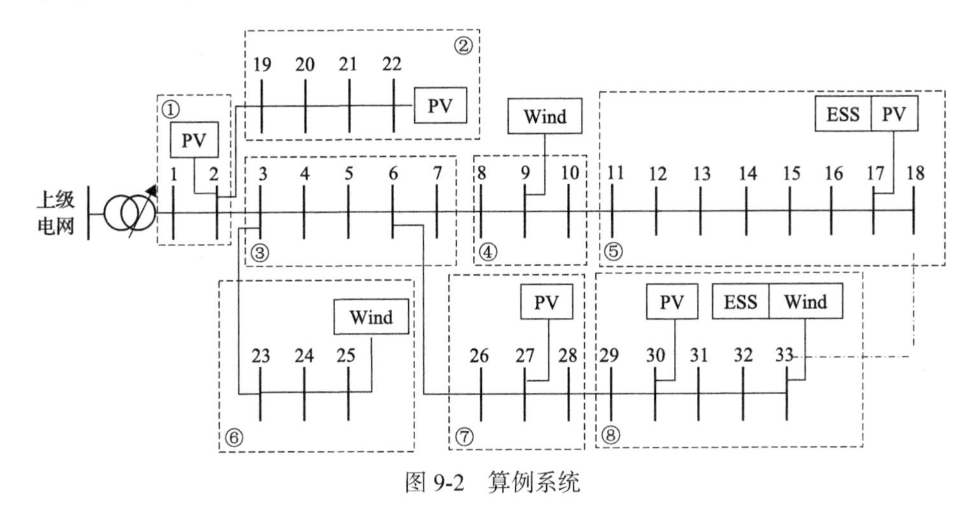

图 9-2　算例系统

负荷等级共分为Ⅰ级、Ⅱ级与Ⅲ级负荷。光照强度与风速时间特性见图 9-3。

1. 单一故障发生时刻的配电系统自愈能力分析

故障发生后，发生故障区域不同所对应的系统自愈方式不同，主要包括并网自愈方式与离网自愈方式。并网恢复方式主要是通过闭合区域间联络开关实现转供供电；离网自愈方式主要是指无法通过转供恢复供电，而是通过依靠孤岛离网运行的孤岛恢复供电方案。配电系统自愈恢复过程中的各项主要操作动作所用时间如图 9-4 所示。

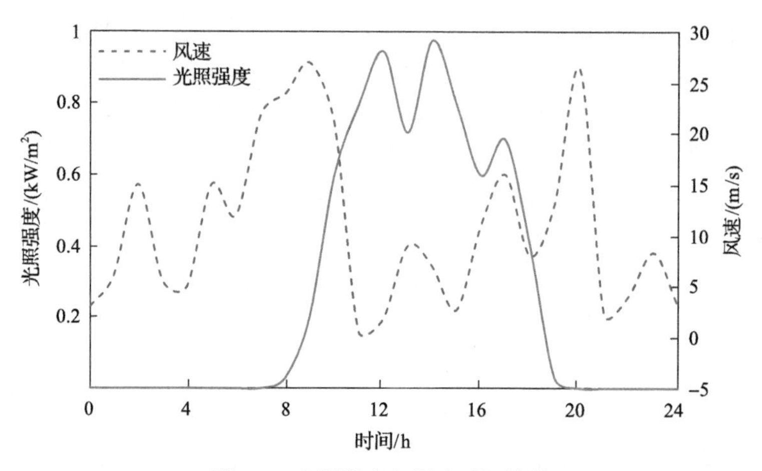

图 9-3　光照强度与风速时间特性

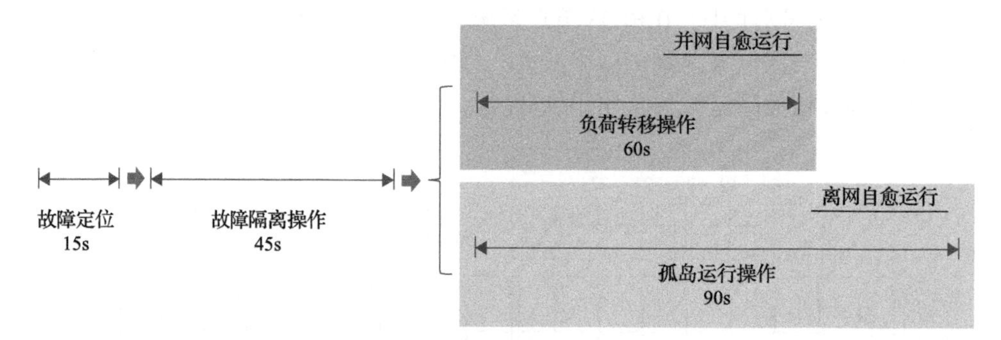

图 9-4　配电系统自愈恢复过程中的各项主要操作动作所用时间

将配电网故障时刻选定为中午 12:00，对系统中各个区域进行各项自愈能力指标的分析，故障发生时刻系统中各个区域的自愈能力如表 9-3 所示。各个区域的自愈能力重要性基于该区域事故后果严重程度进行判定，即用该区域的事故后果严重程度与系统所有区域事故后果严重程度之和的比值来给定相应的权重。某一区域的事故后果严重程度越高，则该区域故障后自愈能力越重要，因此该区域自愈能力越高，则整个配电网的自愈能力越强；某一区域的事故后果严重程度越低，则该区域故障后自愈能力相对不重要，因此该区域自愈能力越弱，对整个配电网的自愈能力影响不显著。

分析表 9-3 中各项结果，首先自愈恢复率方面，可发现系统中区域 4 的自愈恢复率最高，为 91.54%，该区域自愈恢复率高是由于该区域负荷水平较低，可以通过其他区域转供快速实现供电恢复；区域 2 自愈恢复率最低，为 32.86%，造成其数值较低是因为该区域分布式电源出力较小，故障发生后，该区域即失去孤岛运行能力，并且无法通过转供实现供电恢复；区域 8 自愈恢复率同样较低，为 39.25%，主要是由于区域 8 中负荷均为 I 级负荷，故障发生后无法通过并网或离网方式实现供电恢复。

表 9-3　各个区域自愈能力

故障区域	权重	自愈能力指标		
		自愈恢复率/%	自愈恢复速度/s	自愈可持续时间覆盖率/%
区域 1	0.0277	76.89	150	38.3
区域 2	0.1891	32.86	60	100
区域 3	0.0488	80.52	150	52.5
区域 4	0.0953	91.54	120	100
区域 5	0.2885	64.07	60	100
区域 6	0.0953	86.91	60	100
区域 7	0.1324	85.91	120	100
区域 8	0.1229	39.25	60	100
系统整体指标	1	63.96	80.55	95.97

自愈恢复速度方面，区域 2、5、6、8 恢复最快，均约为 60s，若此 4 个区域发生故障，只需要通过故障定位与隔离操作，将故障区域断开便能恢复非故障区域供电；而区域 4 与区域 7 则需要定位与隔离后，通过闭合联合开关实现对非故障区域的转供恢复，用时约 120s；恢复速度最慢的为区域 1 和区域 3，若故障发生在这两个区域当中，将使部分非故障区域形成孤岛运行状态，对应的孤岛恢复供电过程需要将分布式电源、储能投入运行，用时约 150s。

自愈可持续时间覆盖率方面，除区域 1 与区域 3 之外，其他全部区域故障发生后不会产生孤岛运行情况，自愈可持续时间覆盖率数据均为 100%。在配电网中，区域 1 中故障发生后，区域 3、区域 4 与区域 5 联合成为孤岛运行，该孤岛区域中分布式电源与储能的支撑能力有限，持续时间为 46min，对应自愈可持续时间覆盖率为 38.3%；区域 3 中故障发生后，配电系统中将形成多个独立孤岛运行，持续时间增长至 63min，对应自愈可持续时间覆盖率为 52.5%。

2. 配电网全天自愈能力分析

算例系统的全天自愈能力分析结果如图 9-5 所示。其中图 9-5(a)为系统全天的自愈恢复率时序曲线，从图 9-5(a)中可以看出，系统日间自愈恢复率远大于夜间，这是由于夜间缺少了光伏出力，仅风电机组与储能对系统自愈恢复的支撑力量相对有限，系统全天自愈恢复率的最低值在早上 6:00 时刻出现，为 54.28%；

日间中午风机出力出现较大的下滑，同样导致系统自愈能力的减弱；上午与下午两段时间中，光伏与风电机组出力在全天内处于相对较高水平，系统负荷能够得到有效的功率支撑，在故障发生时也能得到较长的孤岛持续运行时间，系统的自愈恢复率处于较高的水平，系统全天自愈恢复率的最高值在早上 10:00 时刻出现，为 69.40%。

自愈恢复速度曲线如图 9-5(b)所示，系统的自愈恢复速度在全天均保持在 80.55s，这是由于系统的自愈恢复速度与故障发生的时刻无关，而仅仅与配电网自身的自动化水平有关。

图 9-5(c)中展示的是系统的自愈可持续时间覆盖率曲线，可以从曲线中得出结论，系统在日间的自愈可持续时间覆盖率低于夜间水平，这是由于日间光伏与风电机组出力水平相对较高且波动较大，从而使得故障发生后初始形成的孤岛范围较大，反而使得自愈恢复后期时段分布式电源与储能难以支撑孤岛范围内较大的用电负荷需求，孤岛可持续运行时间受到限制；而夜间由于负荷功率需求处于较低水平且功率需求相对稳定，分布式电源与储能能够进行较长时间的孤岛运行支撑。系统的自愈可持续时间覆盖率最大值在 0:00 时刻出现，为 99.25%；最小值在中午 12:00 时刻出现，为 95.97%。

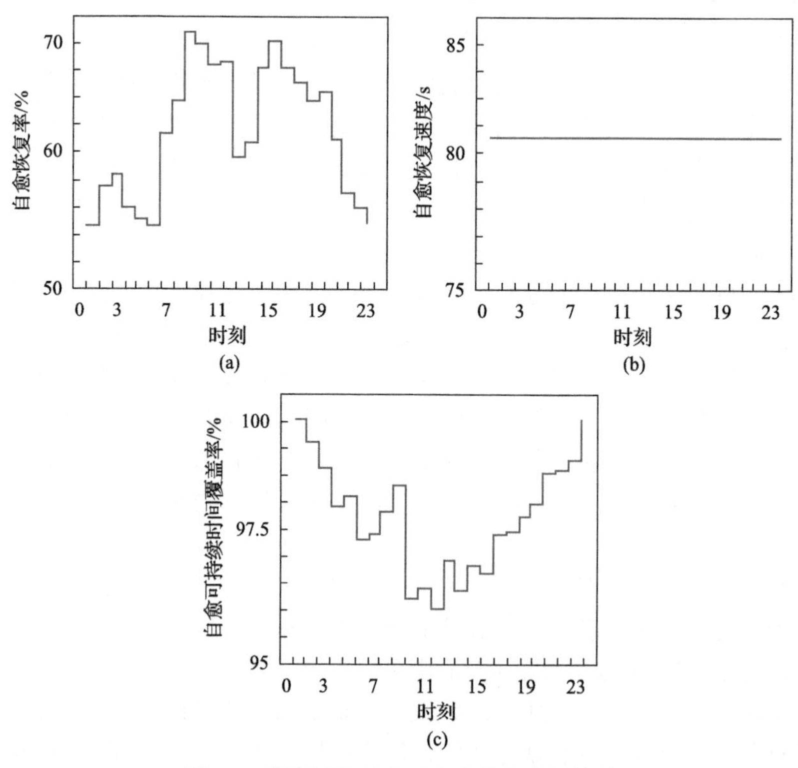

图 9-5　算例系统的全天自愈能力分析结果

9.4 本章小结

本章主要介绍了考虑配电网变结构特性的配电网供电能力评估方法。首先从配电网物理模型角度入手，着重考察配电网的转供能力，在 $K(N\text{-}1+1)$ 安全性准则下对配电网安全供电能力进行分析评估；然后，从配电网的拓扑结构角度入手，对含有分布式新能源接入的配电系统，在发生事故后系统可能自愈的形式及能力进行深入考察与分析评估。通过算例分析，验证了所设计的供电能力指标的有效性。

参考文献

[1] 柯梓阳, 汪隆君, 王钢. 考虑负荷裕度的主动配电网运行优化模型[J]. 电网技术, 2018, 42(8): 2570-2576.
[2] 黄伟, 葛良军, 华亮亮, 等. 基于概率潮流的主动配电网日前——实时两级优化调度[J]. 电力系统自动化, 2018, 42(12): 51-57, 105.
[3] 徐航, 鞠力, 董树锋, 等. 提高配电网状态估计精度的智能配电单元优化布点方法[J]. 电网技术, 2018, 42(4): 1210-1216.
[4] 徐熙林, 宋依群, 姚良忠, 等. 主动配电网源–荷–储分布式协调优化运行(一):基于一致性理论的分布式协调控制系统建模[J]. 中国电机工程学报, 2018, 38(10): 2841-2848, 3135.
[5] 徐熙林, 宋依群, 姚良忠, 等. 主动配电网源–荷–储分布式协调优化运行(二): 考虑非理想遥测环境的一致性算法[J]. 中国电机工程学报, 2018, 38(11): 3244-3254.
[6] 王天华, 王平洋, 范明天. 用 0-1 规划求解馈线自动化规划问题[J]. 中国电机工程学报, 2000, 20(5):54-58.
[7] 刘伟, 郭志忠. 配电网安全性指标的研究[J]. 中国电机工程学报, 2003(8): 86-91.
[8] 刘佳, 程浩忠, 肖峻, 等. 计及 N-1 安全准则的智能配电网多目标重构策略[J]. 电力系统自动化, 2016, 40(7): 9-15.
[9] 汤一达, 吴志, 顾伟. 主动配电网故障恢复的重构与孤岛划分统一模型[J/OL]. [2020-05-22]. https://doi.org/10.13335/j.1000-3673.pst.2019.1483.
[10] 许寅, 王思家, 吴翔宇, 等. 基于同步相量测量的配电网孤岛多源协同控制方法[J]. 电网技术, 2019, 43(3): 872-880.
[11] 葛少云, 孙昊, 刘洪, 等. 考虑可靠性与故障后负荷响应的主动配电网供电能力评估[J]. 电力系统自动化, 2019, 43(6): 77-84.

第 10 章　基于同步相量测量的孤岛检测方法

随着分布式电源渗透率持续上升，孤岛检测面临前所未有的挑战：可再生电源给配电网运行带来了不可忽视的不确定性与噪声，加剧了扰动的强度，而这些扰动如果被错误识别为孤岛情况，分布式电源将被强制切除运行，带来巨大的危害[1-3]。因而，具有高识别精度的孤岛检测方法对含高渗透率分布式电源的配电网的安全至关重要[4,5]。本章考虑PMU高密采样量测特点，通过在并网节点配置PMU装置进行信号采集，并计及高阶统计量挖掘电压信号高阶特征[6-10]，引入完备集合经验模态分解进行多尺度化提取孤岛与扰动的关键特征，构建基于深度学习的孤岛检测方法，实现对孤岛与扰动的准确检测。

10.1　基于深度学习与高阶多分辨率奇异谱熵的孤岛检测方法

本节研究孤岛和电网扰动分类检测问题，其本质为二分类问题，具体的流程如图 10-1 所示，主要步骤如下所述。

(1) 采用两种类型的样本，包括扰动状况下的电压跌落与暂升情况，孤岛状况下的电压跌落和暂升情况。应用经验模态分解及高阶多分辨率奇异谱熵对上述样本进行处理，提取计及高阶统计量的关键特征相量。

(2) 构建基于 DNN 框架的孤岛检测方法。

(3) 采用栈式自编码器对 DNN 参数进行逐层训练，获取初始化参数。

(4) 使用最速梯度下降法对栈式自编码器进行有监督的微调训练，微调整个网络的参数，得到参数的最优解。

(5) 采用 Softmax 回归对样本进行分类。

(6) 使用训练完毕的模型对测试样本进行测试，对孤岛及扰动情况进行判定识别。

10.1.1　高阶奇异谱分析

通常来说，高阶统计(high-order statistics)指的是大于二阶的统计方法。

记 $\boldsymbol{C}_A$ 为轨迹矩阵 $\boldsymbol{A}$ 的协方差矩阵，有

$$\boldsymbol{C}_A=\boldsymbol{A}\boldsymbol{A}^{\mathrm{T}} \tag{10-1}$$

$\boldsymbol{C}_A$ 的元素是时间序列的无偏自相关函数 $\boldsymbol{R}_A$，有

$$(\boldsymbol{C}_A)_{i,j}=R_A[(j-i)P\Delta t] \tag{10-2}$$

$$R_A(qP\Delta t)=\frac{1}{N}\sum_{i=1}^{N}c_i(t_0+k\Delta t)\,c_i(t_0+k\Delta t+qP\Delta t) \tag{10-3}$$

式中，P 为重构延迟；Δt 为采样时间间隔；$q=0,1,2,\cdots,m-1$；N 为相空间元素数量；c_i 为 EMF 分量；t_0 为初始时刻；k 为采样点序号。

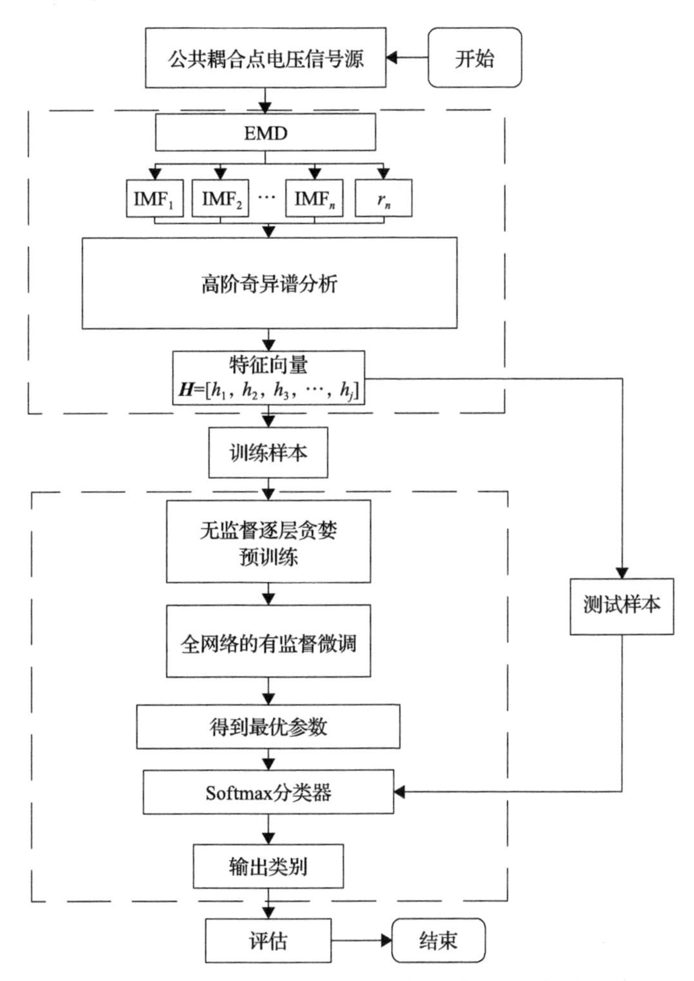

图 10-1　基于深度学习与高阶多分辨率奇异谱熵的孤岛检测方法流程

对由 IMF（本征模态函数；intrinsic mode function）分量重构得到的矩阵 $\boldsymbol{A}_{m\times N_m}$ 进行奇异值分解（singular value decomposition，SVD）：

$$\boldsymbol{C}_A=\boldsymbol{U}^{\mathrm{T}}\boldsymbol{\Lambda}\boldsymbol{U} \tag{10-4}$$

式中，$\boldsymbol{\Lambda}_{l\times l}$($l$=min($m$, N_m))的非零对角元素 λ_{ij}(j=1,2,3,…,l)为 i(i=1,2,3,…,m)层 IMF 分量对应重构矩阵的奇异值。

原始信号的奇异谱熵可以被定义为

$$H_i = -\sum_{j=1}^{l} p_{ij} \ln(2 p_{ij}) \tag{10-5}$$

$$p_{ij} = \frac{\lambda_{ij}}{\sum_{j=1}^{l} \lambda_{ij}} \tag{10-6}$$

式中，H_i 为 i 层分布所具有的信息熵；p_{ij} 为关于奇异值 λ 的概率分布。

在计及高阶统计量的目标下，使用高阶累积量元素构造高阶统计量矩阵替代奇异谱分析中的协方差矩阵，进行高阶奇异谱分析。

信号 $c_i(t_0+k\Delta t)$ 的 p 阶矩若存在可表示为

$$\begin{aligned} m_p^c(\tau_1,\tau_2,\cdots,\tau_{p-1})=&E\{c_i(t_0+k\Delta t)c_i(t_0+k\Delta t+\tau_1) \\ &\cdots c_i(t_0+k\Delta t+\tau_{p-1})\} \end{aligned} \tag{10-7}$$

进一步，可以用其高阶矩表示 s 阶累积量：

$$\begin{aligned} \boldsymbol{C}_s^c(\tau_1,\tau_2,\cdots,\tau_{p-1})=&m_s^c(\tau_1,\tau_2,\cdots,\tau_{s-1}) \\ &-m_s^G(\tau_1,\tau_2,\cdots,\tau_{s-1}) \end{aligned} \tag{10-8}$$

式中，$m_s{}^G(\tau_1, \tau_2,\cdots,\tau_{s-1})$ 表示的是和 $c_i(t_0+k\Delta t)$ 同时具有相同均值及自相关序列的等价高斯信号 s 阶矩函数。

4 阶累积量 $\boldsymbol{C}_4{}^c(\tau_1,\tau_2,\tau_3)$ 可以刻画元素概率分布的陡峭程度。令 $\tau_2=\tau_3$ 作对角切片，实现了对计及高阶统计量的矩阵 $\boldsymbol{T}_c$ 的构造过程，并从 4 阶累积量 $\boldsymbol{C}_4{}^c(\tau_1,\tau_2,\tau_3)$ 中选取 $\tau_2=\tau_3$ 作对角切片的元素来构成矩阵 $\boldsymbol{T}$ 中的元素：

$$(\boldsymbol{T}_c)_{i,j} = \boldsymbol{C}_4^c(i,j,j) \tag{10-9}$$

用高阶统计量矩阵 $\boldsymbol{T}_c$ 替换式(10-4)中的 $\boldsymbol{C}_A$，对经过经验模态分解多尺度处理后的各分层信号求取奇异谱熵，即可得到 MSHOSSE。

高阶累积量在高斯信号 3 阶及以上的累积量恒为 0，具有盲高斯特性，从原理上讲能够完全抑制原始信号中高斯噪声的干扰[11]。同时，MSHOSSE 还能够对高阶相关的非线性特征进行充分的反映，理论上能够提高重构参数的鲁棒性[12]。

10.1.2　SAE 算法

本节介绍如何在 SAE 算法体系下，通过逐层贪婪训练方法依次对神经网络中的每一层进行训练，从而完成对整个神经网络的预训练。

SAE 神经网络是一个由多层稀疏自编码器(auto-encoder)组成的神经网络。其构成系统中的多个自动编码器通过依次将下层隐含层的输出作为上层输入单元的输入来实现网络连接。单个自动编码器是一种三层神经网络，它在经过中间隐藏层后，试图实现在输出层进行重建输入。自动编码器的目的是通过最小化输入信息和已习得的重构信息之间的重构误差，实现对输入信息的隐含或压缩表征的训练学习。

SAE 网络的初始参数需要通过逐层贪婪算法对自编码网络进行无监督的预训练而得到，其具体过程如下所示。

首先，记自动编码器中输入单元和隐藏单元的数量为 N_{I} 和 N_{H}，$\boldsymbol{X}=\{\boldsymbol{x}_i\in\Re^{N_{\mathrm{I}}}\}_{i=1}^{M}$ 是从 M 个对象获取的一组训练样本，自动编码器能够通过一个线性映射和一个非线性激活函数 f 将 $\boldsymbol{x}_i$ 映射到一个隐含层表征输出 $\boldsymbol{y}_i\in\Re^{N_{\mathrm{H}}}$，表示如下：

$$\boldsymbol{y}_i=f(\boldsymbol{W}_1\boldsymbol{x}_i+\boldsymbol{b}_1) \tag{10-10}$$

式中，$\boldsymbol{W}_1\in\Re^{N_{\mathrm{H}}\times N_{\mathrm{I}}}$ 和 $\boldsymbol{b}_1\in\Re^{N_{\mathrm{H}}}$ 分别为编码权重矩阵与偏移相量。

自编码神经网络是一种无监督学习方法，该方法基于反向传播算法对神经网络中的初始参数执行预训练步骤，具体过程是令目标值等于输入值，即隐含层的表征输出 $\boldsymbol{y}_i$ 被映射到相量 $\hat{\boldsymbol{x}}_1\in\Re^{N_{\mathrm{I}}}$，以近似地通过式(10-11)所示线性映射对输入相量 x_i 进行重构。

$$\hat{\boldsymbol{x}}_i=\boldsymbol{W}_2\boldsymbol{x}_i+\boldsymbol{b}_2\approx\boldsymbol{x}_i \tag{10-11}$$

式中，$\boldsymbol{W}_2\in\Re^{N_{\mathrm{I}}\times N_{\mathrm{H}}}$ 和 $\boldsymbol{b}_2\in\Re^{N_{\mathrm{I}}}$ 分别为编码权重矩阵与偏移相量。

出于对特征本质的学习目的，需要使 $\boldsymbol{x}_i$ 与 $\hat{\boldsymbol{x}}_i$ 之间的重构误差最小化以提高分类模型的泛化能力。记重构误差为 $l(\boldsymbol{X},\hat{\boldsymbol{X}})$，表达式为

$$l(\boldsymbol{X},\hat{\boldsymbol{X}})=\frac{1}{2}\sum_{i=1}^{M}\|\boldsymbol{x}_i-\hat{\boldsymbol{x}}_i\|_2^2 \tag{10-12}$$

此外，为了更好地实现隐含层参数的稀疏性，引入 Kullback-Liebler 散度表征第 j 层隐含层的平均活跃度 ρ 与目标平均活跃度 $\hat{\rho}$ 之间的差异。Kullback-Liebler 散度表征的是两个分别以 ρ 和 $\hat{\rho}$ 为均值的伯努利随机变量之间分布差异的相对

熵，具体表达式如下：

$$\mathrm{KL}(\rho \| \hat{\rho}) = \rho \log \frac{\rho}{\hat{\rho}} + (1-\rho)\log \frac{1-\rho}{1-\hat{\rho}} \tag{10-13}$$

至此，得到求解初始参数的损失函数：

$$\min l(\boldsymbol{X}, \hat{\boldsymbol{X}}) + \gamma \sum_{j=1}^{N_{\mathrm{H}}} \mathrm{KL}(\rho \| \hat{\rho}) \tag{10-14}$$

式中，γ 为控制稀疏性惩罚因子的权重。

自编码神经网络通过逐层贪婪算法对网络参数进行预训练,其具体的过程包括：最开始先通过原始输入来训练网络的第一层，采用最速梯度下降法在每次迭代中对网络的参数进行调整优化，从而得到其参数 W_1 和 b_1；在此之后，记从输入层的原始输入转化成的隐含层活化值所组成的相量为 D，并将这一相量记为第二层的输入，并对第二层参数依据相同的过程进行训练；对自编码神经网络后续各层也同样采取一致策略，将前一层输出作为下一层输入的方式进行依次训练。

由于在通过上述训练模式对网络每层参数进行训练过程中，会将网络中其他各层的参数保持固定不变。因此，为了得到更好的网络参数训练结果，在预训练过程完成之后还需要通过反向传播算法等方式对所有网络层的参数同时进行调整以改善结果，通常将上述全局参数调整的过程称作微调(fine-tuning)。

10.1.3　有监督的微调过程

微调能够大幅提升一个自编码神经网络的性能表现，其将自编码神经网络的各层视为一个模型，在每次的迭代过程中，网络中所有的权重值都能够得到调整与优化。

上面经过逐层贪婪方法进行预训练得到的 DNN 参数需要在有监督的方式下略微调整，直到 DNN 的损失函数达到极小值。在本书中，基于有效性和效率，采用反向传播算法进行微调。在微调过程中，BP 定期以自上而下的方式工作。一个周期意味着所有的参数都被更新一次，从而得到更小的分类误差。分类误差被进一步反向传递以得到最优网络参数，在经过一定的 BP 周期，得到所有最优参数。至此，DNN 的训练过程完成。

10.1.4　Softmax 分类器

网络参数训练结束后，进一步引入 Softmax 回归对测试样本进行分类。训练集包括$\{(\boldsymbol{x}_1, y_1), (\boldsymbol{x}_2, y_2), \cdots, (\boldsymbol{x}_n, y_n)\}$，其中$\hat{\boldsymbol{x}}_i \in \Re^{N_1}$，假设函数如下：

$$\boldsymbol{h}_\theta(\boldsymbol{x}) = \frac{1}{1+\exp(-\boldsymbol{\theta}^{\mathrm{T}}\boldsymbol{x})} \tag{10-15}$$

式中，$\boldsymbol{\theta}$为使损失函数最小的网络参数。

对于给定的输入样本，使用假设函数计算每类的概率值$p(y=j\mid\boldsymbol{x})$。针对二分类问题，假设函数形式如下：

$$h_\theta(\boldsymbol{x}^{(i)}) = \frac{1}{\mathrm{e}^{\boldsymbol{\theta}_1^{\mathrm{T}}\boldsymbol{x}^{(i)}} + \mathrm{e}^{\boldsymbol{\theta}_2^{\mathrm{T}}\boldsymbol{x}^{(i)}}} \begin{bmatrix} \mathrm{e}^{\boldsymbol{\theta}_1^{\mathrm{T}}\boldsymbol{x}^{(i)}} \\ \mathrm{e}^{\boldsymbol{\theta}_2^{\mathrm{T}}\boldsymbol{x}^{(i)}} \end{bmatrix} \tag{10-16}$$

式(10-16)所示假设函数的输出值为样本所属类别的概率，用于判定样本所属类别。

基于 SAE 的深度学习框架及两阶段参数优化方案如图 10-2 所示。

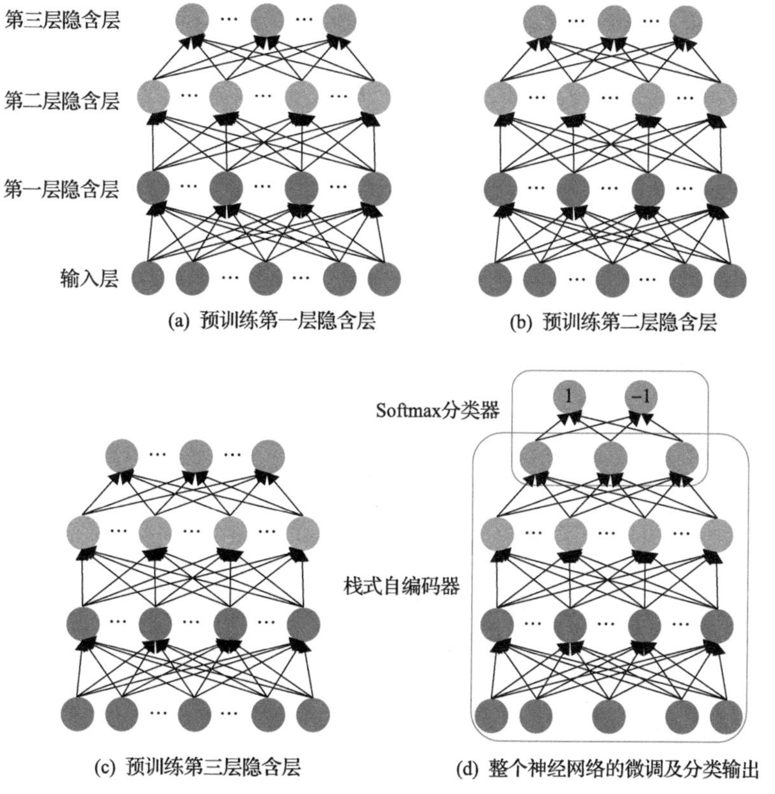

图 10-2　基于 SAE 的深度学习框架及两阶段参数优化方案

10.2　光伏并网与孤岛仿真系统

10.2.1　仿真环境及参数设定

本节基于 PSCAD 搭建了如图 10-3 所示的光伏系统并网与孤岛仿真模型，仿真环境设定包括：电网电压 220V，系统频率 f=50Hz，负载为 RLC 并联方式，其中 R=8Ω，C=995.22μF，L=10.2mH，品质因数 Q_f=2.5，对应感抗 X_L=3.204Ω，容抗 X_C=3.198Ω，功率因数约为 1.0。该光伏并网系统选取了电网电压前馈补偿的电流跟踪控制策略。光伏系统有功功率为 6kW，能够满足功率因数为 1 的并网要求。模拟含 6kW 分布式光伏系统的配电网孤岛与扰动事件，用于产生训练样本和测试样本。选取系统中公共点电压作为输入信号，采样频率为 30kHz，仿真时间为 0.2s。

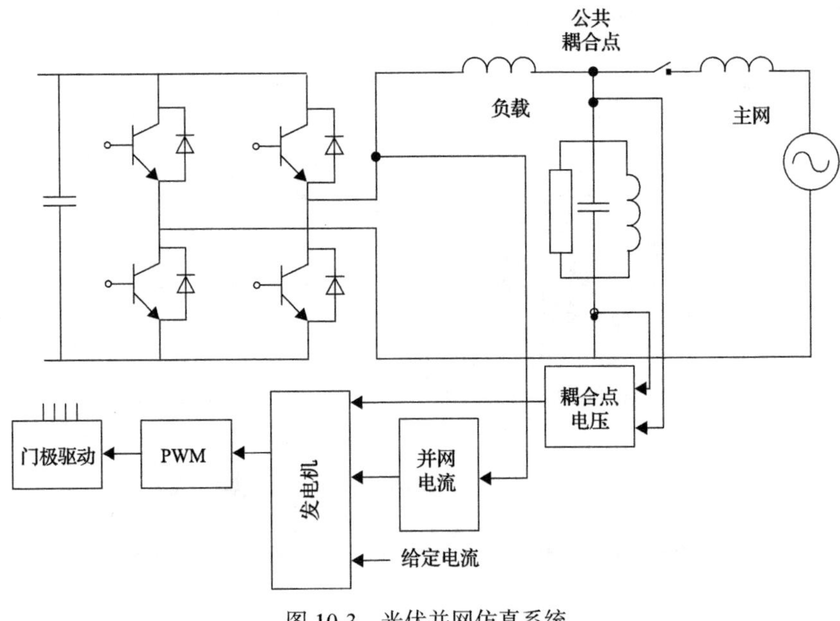

图 10-3　光伏并网仿真系统

分析对象包括 2 类 6 种样本，即扰动情况下的电压暂升、暂降与无干扰，以及孤岛情况下的电压暂升、暂降与无干扰。

10.2.2　控制策略

本书控制策略加入了电网电压前馈补偿，使得输出的电能质量能够得到保障，可有效地减小电网电压对并网系统的干扰。控制策略系统框图如图 10-4 所示。

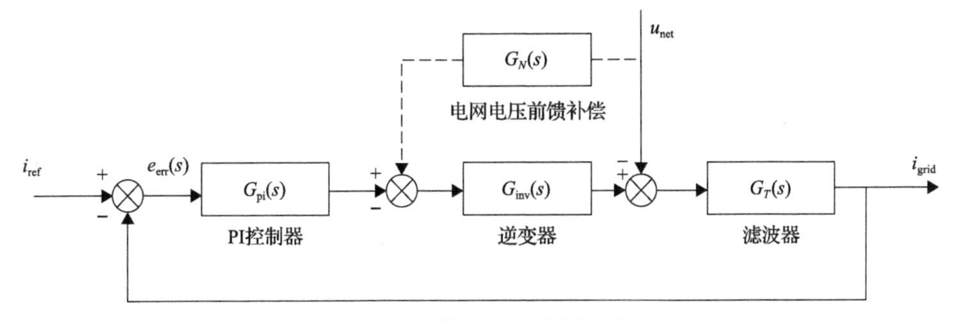

图 10-4　控制策略系统框图

电流内环控制的状态变量是其中的并网电流 I_{grid}，进而系统中的电压平衡可以通过式(10-17)进行表示：

$$u_0 = L\frac{\mathrm{d}i_{grid}}{\mathrm{d}t} + ri_{grid} + u_{grid} \tag{10-17}$$

式中，r 与 L 分别表示的是系统等效电阻与滤波电感；i_{grid}、u_{grid} 分别表示瞬时电流和瞬时电压。对式(10-17)进行拉普拉斯变换可得

$$I_{grid}(s) = \frac{1}{Ls+r}[U_0(s) - U_{grid}(s)] = G_T(s)[U_0(s) - U_{grid}(s)] \tag{10-18}$$

式中，G_T 为系数。

此外，逆变器传递函数可以表示为

$$G_{inv}(s) = \frac{K_{pwm}}{T_{pwm}s + 1} \tag{10-19}$$

式中，$K_{pwm}=U_d/L_m$ 为逆变系统增益；L_m 是控制算法环节调节器的饱和限幅值；T_{pwm} 是 IGBT 导通周期的时间常数。

除上述模块传递函数外，控制器的传递函数表达式如式(10-20)所示。

$$G_{pi}(s) = \frac{K_p s + K_i}{s} \tag{10-20}$$

进一步，光伏并网系统的开环传递函数可以通过式(10-21)进行表示：

$$G(s) = \frac{K_p s + K_i}{s} \cdot \frac{K_{pwm}}{T_{pwm}s + 1} \cdot \frac{1}{Ls + r} \tag{10-21}$$

式中，K_p、K_i 为比例调节系数和积分调节系数。

图 10-5 中为光伏系统的并网电流电压，从图中可以看出系统中并网电流波形能够实现对电压波形较好地跟踪。

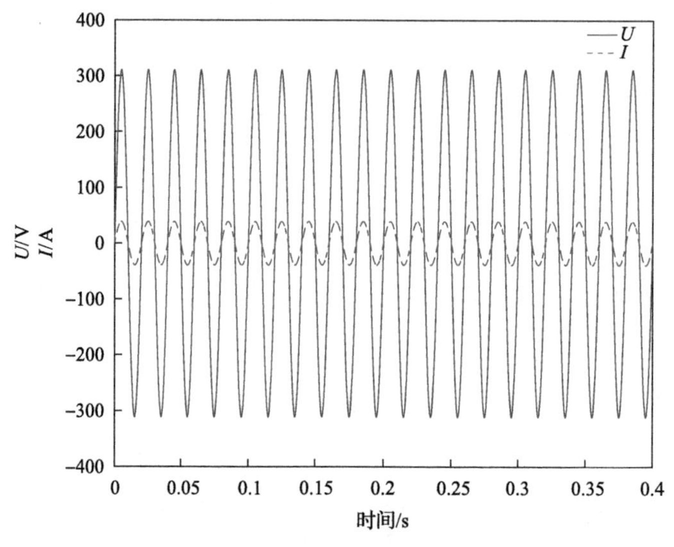

图 10-5　光伏系统的并网电流电压

10.3　算 例 分 析

本节基于 PSCAD 搭建了如图 10-3 所示的光伏系统并网与孤岛仿真模型，控制策略采用的是引入电网电压前馈补偿的电流跟踪控制。主要的仿真参数设定见 10.2.1 节。

10.3.1　仿真波形分析

样本信号的时域仿真波形与经验模态分解后的频域波形分别如图 10-6、图 10-7 所示。

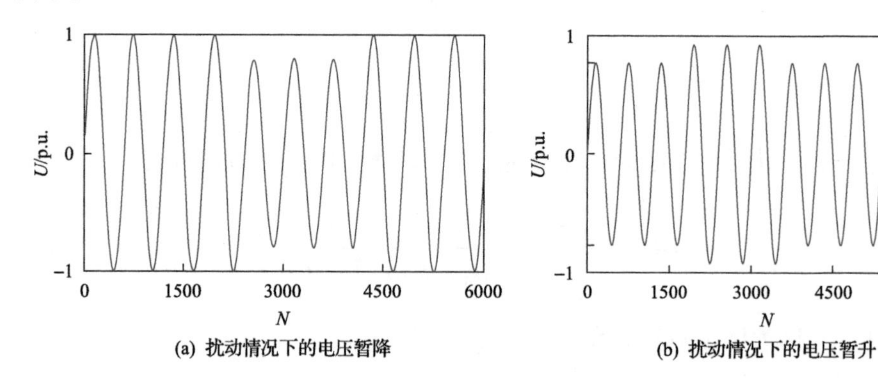

(a) 扰动情况下的电压暂降　(b) 扰动情况下的电压暂升

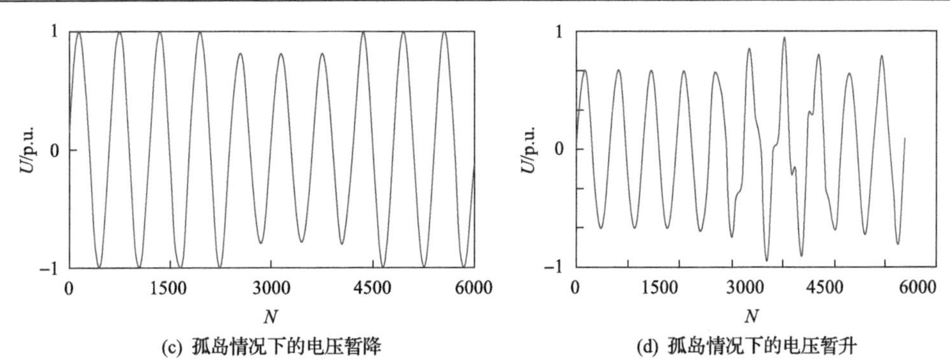

(c) 孤岛情况下的电压暂降　　(d) 孤岛情况下的电压暂升

图 10-6　四种类型电压样本的时域仿真波形

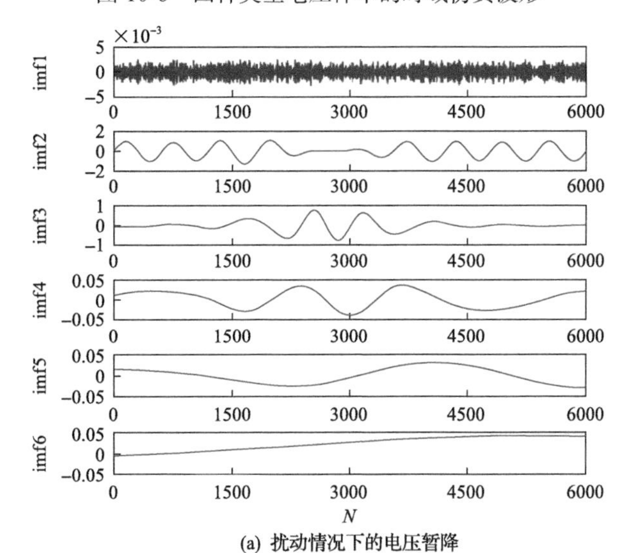

(a) 扰动情况下的电压暂降

(b) 扰动情况下的电压暂升

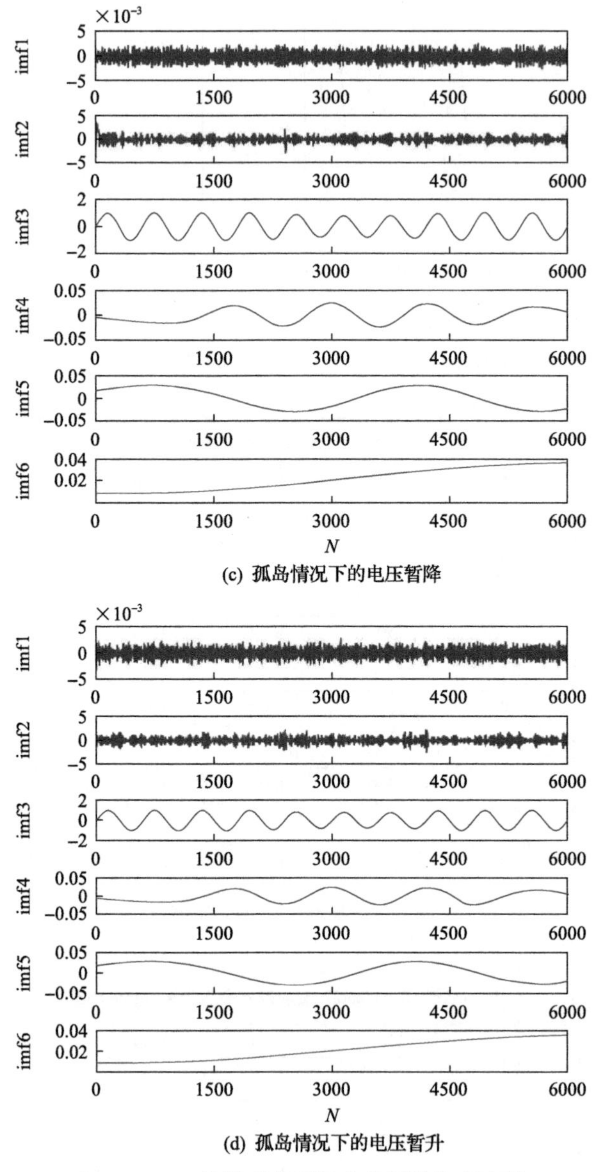

(c) 孤岛情况下的电压暂降

(d) 孤岛情况下的电压暂升

图 10-7　四种类型电压样本的频域仿真波形

通过波形分析可以分析出：①孤岛与扰动两类情景设定下，其电压暂升与暂降的波形在时域中非常接近，难以通过设置幅值阈值法进行直接判定；②孤岛与非孤岛情况的频域波形存在一定差异，但是两者不能通过比较分解值来区分，因为两种情况都有达到同样值的可能。因此，对频域信号进一步地采用多尺度高阶奇异谱分析进行特征提取是必要的。

10.3.2　MSHOSSE 计算结果分析

对上述 4 种样本进行高阶奇异谱熵求解，求解结果如表 10-1 所示。

表 10-1　多尺度高阶奇异谱熵求解结果

情况	电压变化率/%	h_1	h_2	h_3	h_4	h_5	h_6
孤岛情况电压暂升	20	1.98676	0.85955	0.69829	0.09059	0.06070	0.01360
	15	1.77971	0.77358	0.62809	0.08143	0.05467	0.01209
	10	1.86449	0.77726	0.63119	0.08187	0.05496	0.01191
孤岛情况电压暂降	20	1.97554	0.84840	0.68868	0.08951	0.06007	0.01307
	15	1.86780	0.77475	0.62897	0.08198	0.05475	0.01207
	10	1.90328	0.80922	0.65713	0.08530	0.05747	0.01240
扰动情况电压暂升	20	1.82657	0.79500	0.65260	0.08350	0.06109	0.01441
	15	1.79308	0.75828	0.61579	0.08027	0.05361	0.01169
	10	1.71274	0.76893	0.62416	0.08091	0.05461	0.01193
扰动情况电压暂降	20	1.81053	0.78104	0.63413	0.08264	0.05515	0.01216
	15	1.87183	0.79254	0.64339	0.08356	0.05602	0.01257
	10	1.86934	0.79000	0.64149	0.08343	0.05585	0.01221

从熵值结果分析可得到两方面特点：①差异性，孤岛与非孤岛两种情况下电压暂升或暂降对应的熵值存在明显区别，同种情况下各层熵值均不相同；②稳定性，同种样本之间虽状态不同，但其 MSHOSSE 值具有相对稳定性，变化较小且趋势相近。

MSHOSSE 具有差异性与稳定性的特点，便于后续深度学习并进行训练与测试。

进一步，为分析高阶奇异谱熵的抗噪效果，分别将信噪比为−5dB，0dB，5dB 的高斯噪声叠加在原始信号中，并求取对应的高阶奇异谱熵。以孤岛电压暂升 15% 情况作为仿真测试情景，重构延迟 P=102，嵌入维数 m 取 6、8、10、12，结果如图 10-8 所示。

从图 10-8 中可以分析得出，重构参数相同的情况下，相同噪声等级下 MSHOSSE 数值小于 MSSSE，说明其可以实现对噪声干扰的有效抑制。此外，在重构延迟参数 P 一定时，且同样的嵌入维数下，原始电压信号的 MSHOSSE 要比 MSSSE 表现得更加平滑，并且有着更迅速的衰减，崩溃现象也能够更加显著，可以更为有效地对系统结构信息进行提取。随着嵌入维数 m 增大，MSHOSSE 波形包络与 MSSSE 相比较并未出现较为显著的变化，MSHOSSE 对嵌入维数具有更好鲁棒性。

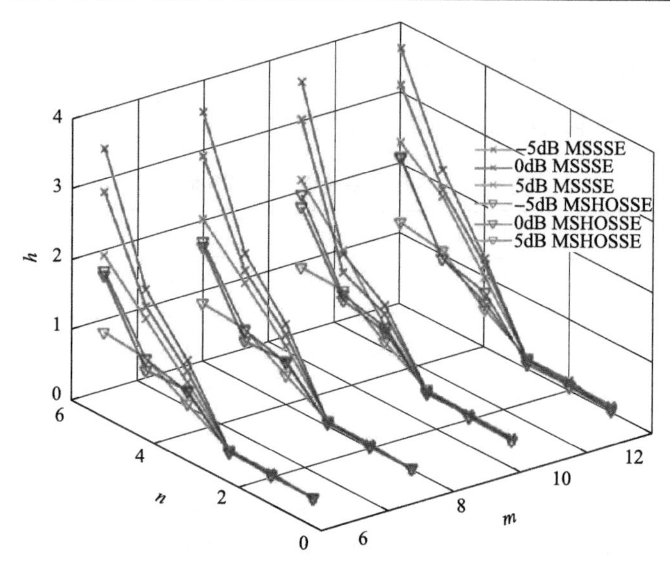

图 10-8　不同噪声等级和重构参数下 MSHOSSE 与 MSSSE 的比较

10.3.3　孤岛检测结果分析

DNN 分类结果如表 10-2 所示。训练样本集的数目共计 5000 个，测试样本分别包含了孤岛和扰动两类情景下的 6 种场景。

表 10-2　DNN 分类结果

情况	电压	样本大小	误分类数量	准确性/%
孤岛	暂升	360	6	98.33
	暂降	360	6	98.33
	无干扰	120	5	95.83
扰动	暂升	360	7	98.06
	暂降	360	9	97.50
	无干扰	120	3	97.50

进一步地考虑负载增减进行仿真分析，对比孤岛与扰动的检测结果。在孤岛与扰动情形下，负载分别增减 15%时，分类结果如表 10-3 所示。

从结果可以看出，负载增减扰动对本章所提孤岛检测方法的准确性影响较小。

除此之外，本书对深度神经网络中神经元层数及神经单元个数对结果的影响进行了探究。基于现阶段研究进展，神经网络中神经元数目一般根据经验选取，本章针对结果受神经网络层数和神经单元数目的影响开展了检验分析。从图 10-9 的结果可知，在 4 层结构网络及 7 个神经单元下获得最为精确的孤岛检测结果，随着层数和单元数的增加，孤岛检测结果精度并没有得到明显的提升。

表 10-3　不同负荷程度下的检测结果

情况	负载	样本大小	误分类数量	准确性/%
孤岛	增加 15%	360	7	98.06
	减少 15%	360	5	98.61
扰动	增加 15%	360	6	98.33
	减少 15%	360	5	98.61

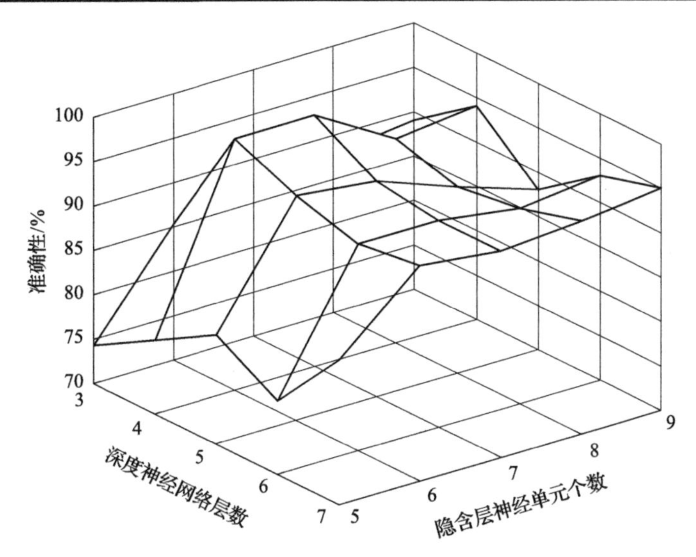

图 10-9　不同网络层数及神经单元数目对孤岛分类结果的影响

本章所提方法与支持相量机(SVM)和决策树(DT)等其他机器学习方法在孤岛检测的效果比较见表 10-4。从结果分析可得，本章方法在孤岛检测准确性与检测时间方面均取得更好的表现，在噪声环境下也体现了更出色的稳定性，体现了较好的抗噪性能。

表 10-4　本章方法与其他机器学习算法的效果比较

信噪比/dB	方法	准确性/%	检测时间/s
−5	DT	91.38	0.33
	SVM	93.61	0.27
	本章方法	98.33	0.19
0	DT	92.79	0.32
	SVM	95.65	0.26
	本章方法	98.61	0.18
5	DT	91.11	0.32
	SVM	92.78	0.27
	本章方法	98.06	0.19

10.3.4 检测盲区分析

本节重点对本章方法的检测盲区展开分析。

理论上，当源荷平衡时，常规的孤岛检测方法在没有扰动的情况下是无法检测出孤岛的，即存在检测盲区。算例包含了两类测试环境：一类是模拟出电压暂升、暂降下孤岛与扰动的相似情景样本，以判断在波形接近的多种不同的相似情景中是否能够准确地区分孤岛与扰动情形；另一类是不设定扰动，将负载参数设定为源荷匹配情况下，以观察所提方法是否依然能在源荷匹配前提下检测出孤岛。

第一类由于是源荷不匹配，检测精度较高。而第二类源荷匹配情况下，理论上无法检测出孤岛情况，而算例结果是准确性虽然有所下降，但所提方法依然可以检测出孤岛情况。无扰动的源荷平衡环境下能够检测出孤岛的本质原因在于：一方面 8Ω 的负载参数对应 6.05kW 的负荷，与 6.0kW 输出功率有微小差异；剔除这一因素外，更重要的核心原因在于：微网系统光伏仿真模型输出的电源，在经过了 DC/AC 及滤波电路之后，电压波形中存在了谐波及畸变；微网中光伏电源的输出电压波形与主网输出的电压波形存在细微差异，从图 10-10 中对波形的谐波总失真(total harmonic distortion，THD)分析可看出，微网侧光伏系统输出的电压波形 THD 为 1.29%；而主网电源仿真设定为理想电源，输出电压波形 THD 为 0。光伏发电系统本身的功率输出机理导致了公共耦合点电压波形在孤岛与非孤岛两种情形下存在一定差异。

正是主网与并网系统两侧电源波形存在一定的微小差异，使得深度神经网络能够在源荷匹配设定下提取分析孤岛与非孤岛情况下关键特征的差异，从而有效地识别出孤岛情况。验证了本章方法在配电网电力电子化程度不断加深、谐波影响更加显著的趋势下，能够比较有效地对孤岛情形进行检测识别。

10.3.5 基于深度学习孤岛检测方法的可解释性分析

现阶段许多前沿的机器学习方法一般被认为是“黑盒过程”，难以实现对其内部工作状态的感知。机器学习方法的这种不可解释性带来了包括可信度在内的诸多障碍。

为了强化深度神经网络等复杂网络的可解释性和透明性，目前的研究主要沿两种方式开展，一种方式通过对学习模型的调整变化来生成更多对可解释特征的深入解释；另一种方式则是模型归纳，即利用局部近似来推断个体决策解释，上述两种方式都能够在一定程度上为复杂网络决策提供表征解释。

其中，对第一种方式，即通过调整变化学习模型来生成更多可解释特征的深入解释，主要的研究工作集中在利用一些可解释的机器学习模型来近似等效模拟不可解释的深度神经网络，从而识别对结果影响最为显著的具体样本构成成分。

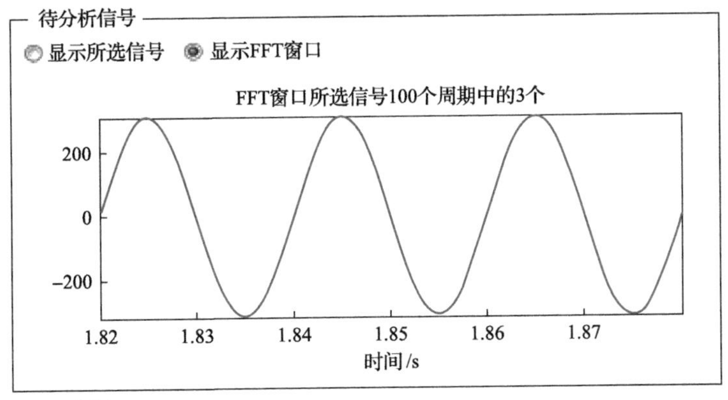

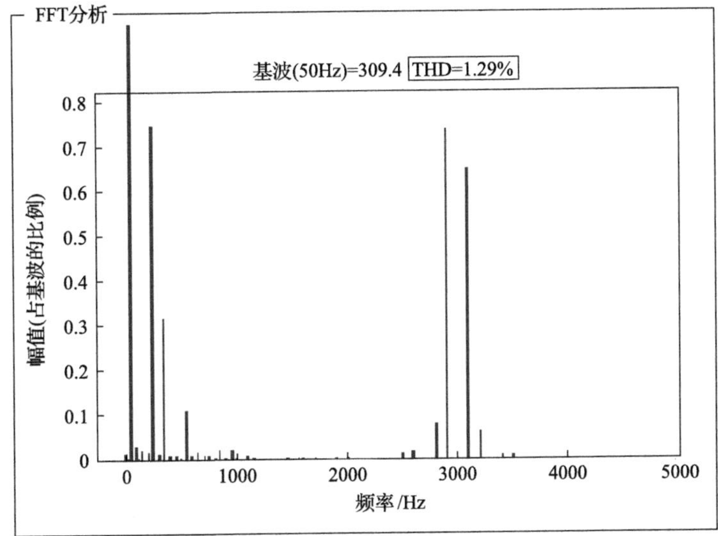

图 10-10　光伏输出电压波形谐波分析

如 Grad-Cam 通过使用最后卷积层的梯度生成热力图，能够实现对输入图像中重要像素的突出显示，从而用于分类等应用。第二种方式中的主要方法为对不可知模型的局部解释(local interpretable model-agnostic explanations，LIME)[13]：通过使用可轻松识别重要特征的稀疏线性模型来逼近深度神经网络的预测。本章利用此方法尝试去分析所提出孤岛检测方法的可解释性。

我们通过随机森林这一可解释机器学习工具，开展了对神经网络的近似逼近研究。对被误分类为孤岛的扰动样本进行可解释分析。结果如图 10-11 所示，得到了导致结果错误的前两大成分分量，主要为第 5 维特征相量和第 6 维特征相量。进一步地，对其解释能力进行分析：对该仅有 6 维特征的稀疏线性模型，尽管底层分类器为较为复杂的随机森林，但在本章中可近似认为是线性模型。基本能够确定，如果从算例特征相量中剔除第 5 维特征相量和第 6 维特征相量，样本被预测为孤岛的概率值将会为 0.53–0.14–0.04=0.35。

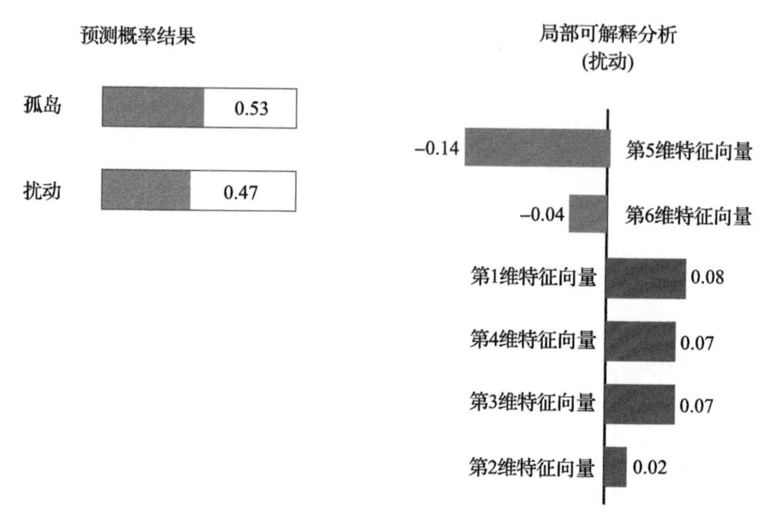

图 10-11　LIME 方法对结果的解释

由图 10-11 可知本章所提方法中导致扰动样本被误判断为孤岛的原因：对结果影响最为显著的是特征相量中的第 5 维，但是受限于抽象提取特征过程中的分解重构等步骤导致了方法对物理意义的隔断，已难以回溯至光伏并网仿真系统中开展相应的参数判别。

同时值得注意的是，从图 10-11 还可以看出，第 2 维特征相量对结果的影响相对较小，第 2 维特征相量来自于分解结果中的第 2 个本征模态函数，其本质上是不包含有用信息的无关噪声。

10.4　本 章 小 结

本章将基于多尺度高阶奇异谱熵的深度学习概念应用于孤岛检测问题，介绍了一种结合完备集合经验模态分解与高阶奇异谱熵的新型混合深度学习架构。作为经验模态分解后的信号处理方法，多尺度高阶奇异谱熵结合多分辨率高阶统计分析与谱分析并以熵值作为特征提取输出，进而通过深度学习架构对所提取的孤岛与扰动特征量进行训练及测试。仿真结果表明基于深度学习的孤岛检测方法能够准确、快速地识别孤岛与电网扰动，从而实现对含大量分布式电源配电网安全运行的有效保障。基于高阶奇异谱熵的特征提取方法可以实现对噪声的有效抑制，且能够在不同场景中表现出差异性与稳定性，MSHOSSE 对嵌入维数具有更好的鲁棒性，能够实现对系统结构信息更为有效的提取。本章探讨了基于深度学习的孤岛检测方法的检测盲区，在源荷平衡的孤岛场景下依然能够在无干扰情况下准确地检测出孤岛。本章最后探讨了深度学习模型的可解释性，利用 LIME 模型分析了本章方法导致错误分类的原因。

参 考 文 献

[1] 王耀华, 焦冰琦, 张富强, 等. 计及高比例可再生能源运行特性的中长期电力发展分析[J]. 电力系统自动化, 2017, 41(21): 9-16.

[2] 陈恒安, 管霖, 卢操, 等. 新能源发电为主电源的独立微网多目标优化调度模型和算法[J]. 电网技术, 2020, 44(2): 664-674.

[3] 张旭, 王洪涛. 高比例可再生能源电力系统的输配协同优化调度方法[J]. 电力系统自动化, 2019, 43(3): 67-83, 115.

[4] 吴悦华, 高厚磊, 徐彬, 等. 有源配电网分布式故障自愈方案与实现[J]. 电力系统自动化, 2019, 43(9): 140-155.

[5] 唐成虹, 朱亚军, 金鹏. 分布式新能源发电系统孤岛检测和反孤岛控制技术研究及应用[J]. 电气自动化, 2019, 41(6): 25-28.

[6] 何正友, 钱清泉. 多分辨率信息熵的计算及在故障检测中的应用[J]. 电力自动化设备, 2001, 21(5): 9-11, 28.

[7] 贾勇, 何正友, 赵静. 基于小波熵和概率神经网络的配电网电压暂降源识别方法[J]. 电网技术, 2009, 33(16): 63-68.

[8] 杨文献, 姜节胜. 机械信号奇异熵研究[J]. 机械工程学报, 2000, 36(12): 122-126.

[9] 张沛超, 陈琪蕾, 李仲青, 等. 具有增量学习能力的智能孤岛检测方法[J]. 电力自动化设备, 2018, 38(5): 83-89.

[10] 朱艳伟, 石新春, 李鹏. 多分辨率奇异谱熵和支持向量机在孤岛与扰动识别中的应用[J]. 中国电机工程学报, 2011, 31(7): 64-70.

[11] 唐忠廷, 粟梅, 刘尧, 等. 带负载阻抗角反馈的主动频移孤岛检测技术[J]. 电力系统自动化, 2018, 42(7): 199-207.

[12] 谢平, 刘彬, 林洪彬, 等. 多分辨率奇异谱熵及其在振动信号监测中的应用研究[J]. 传感技术学报, 2004, 17(4): 547-550.

[13] Ribeiro M T, Singh S, Guestrin C. Why should I trust you? Explaining the predictions of any classifier[C]. 22nd ACM SIGKDD International Conference, San Francisco, 2016.